जल विज्ञान के तत्त्व
(ELEMENTS OF HYDROLOGY)

जल विज्ञान के तत्त्व
(ELEMENTS OF HYDROLOGY)

लेखक

डॉ॰ गोविन्द प्रसाद

एम.ए., पी-एच.डी.,डी.लिट्, एफ.ए.एम.एस.ई.

रीडर, भूगोल विभाग

राणा प्रताप स्नातकोत्तर महाविद्यालय

सुलतानपुर (उ.प्र.)

एवं

डॉ॰ शरदेन्दु किसलय

एम.एस.-सी., पी-एच.डी.

शिक्षक हवलदार

सेना शिक्षा कोर, भारतीय सेना

डिस्कवरी पब्लिशिंग हाउस

नई दिल्ली–110 002

प्रथम संस्करणः 2007
पुनर्मुद्रणः 2024

ISBN: 978-93-5056-691-6

जल विज्ञान के तत्व

प्रकाशकः

डिस्कवरी पब्लिशिंग हाऊस

4383/4B, अन्सारी रोड, दरियागंज
नई दिल्ली - 110 002
दूरभाष—+91-11-23279245, 23253475, 43596065
E-mail: discoverybooksindia@gmail.com
orderdphbooks@gmail.com
namitwasan9@gmail.com
web: www.discoverypublishinggroup.com

Printed at:
Infinity Imaging Systems
Delhi

प्राक्कथन

'जल विज्ञान' प्राकृतिक विज्ञान की एक अभिन्न इकाई है तथा मूल रूप में 'भू-विज्ञान' के महत्वपूर्ण अंग के रूप में जाना जाता है। यह जल सम्बन्धी विशेष ज्ञान को प्रतिबिम्बित करने वाला एक विशिष्ट विज्ञान है जिसमें भूपटल पर जल संसाधन की विभिन्न स्थितियों, दशाओं, अवस्थाओं, संचरण तथा गुणात्मक विशेषताओं का मापन, मूल्यांकन, मानचित्रण, वैज्ञानिक उपयोग, संरक्षण, प्रबन्धन और सम्बर्द्धन स्थानिक–कालिक सन्दर्भ में मानव कल्याण एवं पर्यावरण सुरक्षा तथा सन्तुलन की दृष्टिकोण से किया जाता है। जल विज्ञान किसी न किसी रूप में विज्ञान की विशिष्ट शाखाओं से जुड़ा है। अतः इसे अन्तर्सम्बद्धता का विज्ञान भी कहते हैं। मानव जीवन के विविध क्रियाकलाप तथा पार्थिव दृश्य घटनाएं, उनकी एकता एवं विविधता जल के बहुआयामी स्वरूपों, लक्षणों, प्रयोजनों तथा बहुस्तरीय वितरणों का प्रतिफल है। धरातल पर जल के विभिन्न रूपों का वैज्ञानिक अध्ययन समाविष्ट करने वाला यह विज्ञान भौतिक भूगोल की एक कड़ी है। भौगोलिक अध्ययनों में इस विज्ञान की व्यावहारिक जानकारी अत्यन्त आवश्यक है। प्रायोगिक महत्व के कारण यह एक व्यावहारिक विज्ञान है।

भारतीय विश्वविद्यालयों में स्नातक एवं स्नातकोत्तर स्तर पर इस विज्ञान का अध्ययन एवं अध्यापन अनिवार्य विषय के रूप में होता है। कहीं पर भौतिक भूगोल की एक शाखा (जलमण्डल) के रूप में, कहीं पर समुद्र विज्ञान के रूप में, कहीं पर जलवायुविज्ञान के साथ तो कहीं पर एक स्वतन्त्र विषय के रूप में स्नातक एवं स्नातकोत्तर (भूगोल) पाठ्यक्रमों में इसका समावेश किया गया है। स्नातक तथा स्नातकोत्तर स्तर पर जल विज्ञान विषय पर हिन्दी भाषा में प्रामाणिक पाठ्यपुस्तकों का प्रायः अभाव रहा है। अतः छात्रों एवं अध्यापकों की महती आवश्यकता को ध्यान में रखते हुए इस पुस्तक का सृजन किया गया है।

जल विज्ञान के तत्व की विषय वस्तु को 13 अध्यायों में विभक्त किया गया है। प्रथम अध्याय में जल विज्ञान की परिभाषा, विषय क्षेत्र, संकल्पना, सिद्धान्त, अध्ययन के विकास तथा प्रायोगिक महत्व की विवेचना की गयी है जबकि द्वितीय अध्याय में जलीय चक्र के अर्थ, परिभाषा, क्रियाविधि, प्रतिरूप, आयतन, संतुलन तथा जलीय चक्र पर मानवीय क्रियाओं के प्रभावों का विशद् उल्लेख समाहित है। अध्याय तृतीय में धरातलीय जल बजट एवं जल संतुलन की समीक्षा तथा चतुर्थ

अध्याय में वाष्पीकरण, वाष्पोत्सर्जन एवं वाष्पन वाष्पोत्सर्जन के प्रत्येक पहलू को स्पष्ट किया गया है। पंचम अध्याय मृदानमी अर्थ, परिभाषा, आवश्यकता मापन तथा संरक्षण सम्बन्धी विषयों पर आधारित है। षष्टम् अध्याय में भौम जल अध्ययन की आद्योपान्त आख्या प्रस्तुत की गयी है। अध्याय-सात अवक्षेपण (वर्षण) पर आधारित है जिसमें अवक्षेपण प्रक्रिया, प्रकार, विशेषताएं तथा मापन तकनीक का विशद् उल्लेख है। अध्याय-आठ में अन्त: स्पन्दन सम्बन्धी वैज्ञानिक तत्वों का समावेश किया गया है जबकि नवम् अध्याय में अपवाह सम्बन्धी वैज्ञानिक समीक्षा का निरूपण किया गया है। अध्याय-दस प्रवाह बेसिन आकारिकी के रैखिक, क्षेत्रीय एवं उच्चावच पहलू के अंतर्गत आने वाले विविध शोध विषयों की उदाहरण सहित व्याख्या करने का प्रयास किया गया है। अध्याय-ग्यारह जीवन के प्राण तत्व, जल की गुणवत्ता के विविध उपादानों को आलोकित करता है। बाढ़ नियंत्रण एवं बाढ़ नियोजन की रूप-रेखा अध्याय-बारह में प्रस्तुत की गयी है जबकि पुस्तक के अन्तिम अध्याय-तेरह में जल संसाधन के प्रबंधन एवं नियोजन पर अध्ययन किया जाना उचित समझा गया है। पुस्तक में कुल 53 चित्र एवं कुल 52 तालिकाएं हैं, जिनका उचित स्थानों पर समावेश किया गया है। लेखक उन समस्त भूगोलवेत्ताओं एवं वैज्ञानिकों के प्रति हृदय से आभारी है जिनकी कृतियों से प्रत्यक्ष एवं अप्रत्यक्ष रूप में इस पुस्तक के प्रस्तुतीकरण में मिली है। प्रस्तुत पुस्तक को मूर्त रूप देने में 'डिस्कवरी पब्लिशिंग हाउस' नयी दिल्ली के व्यवस्थापक श्री. टी.आर. वासन जी धन्यवाद के पात्र है जिनकी लगन एवं उत्साह से अल्प अवधि में यह पुस्तक पाठकों के समक्ष प्रस्तुत हो रही है।

महाशिवरात्रि

26 फरवरी, 2006

गोविन्द प्रसाद

शरदेन्दु किसलय

विषय-सूची

अध्याय	जल विज्ञान : परिभाषा, विषय क्षेत्र, अध्ययन का विकास तथा प्रायोगिक महत्व
1	

1.1 जल विज्ञान का अर्थ एवं परिभाषा (Meaning And Definition of Hydrology)

जल विज्ञान प्राकृतिक विज्ञान की एक अभिन्न इकाई है तथा मूल रूप में भूविज्ञान से महत्वपूर्ण अंग के रूप में जुड़ा है। यह विज्ञान भूपटल पर जल संसाधन की विभिन्न स्थितियों (वायुमण्डलीय, स्थलीय, महासागरीय एवं भूमिगत), दशाओं एवं अवस्थाओं (ठोस, तरल, गैसीय एवं मृदा संपृक्त) संचरण तथा गुणात्मक विशेषताओं (ताजा, खारा, गंदला, स्वच्छ, मृदु, कठोर, रासायनिक तत्व युक्त या रहित, पीने योग्य या अयोग्य) का मापन, मूल्यांकन, मानचित्रण, वैज्ञानिक उपयोग, संरक्षण, प्रबन्धन और सम्बर्धन स्थानिक-कालिक सन्दर्भ में मानव कल्याण एवं पर्यावरण सुरक्षा तथा सन्तुलन की अवधारणा से वैज्ञानिक रीति से करता है। यही कारण है कि इस विज्ञान के अध्ययन की महत्ता दिन प्रतिदिन बढ़ती जा रही है।

जल विज्ञान जल सम्बन्धी विशेष ज्ञान को प्रतिबिम्बित करने वाला एक विशिष्ट विज्ञान है। इस विज्ञान में जल के बहुआयामी स्वरूपों एवं लक्षणों, बहुउद्देश्यीय प्रयोजनों तथा बहुस्तरीय वितरणों के सकारण प्रसंगों का समावेश मिलता है। एक निश्चित वैज्ञानिक आधार पर यह विज्ञान किसी न किसी रूप में विज्ञान की विशिष्ट शाखाओं से जुड़ा है। इसीलिए इसे 'अन्तर्सम्बद्धता का विज्ञान' भी कहते है। वैज्ञानिक दृष्टि से यह विज्ञान जल के मण्डलीय वितरण, भण्डारण की निश्चितता, सम्भाव्यता, स्थिरता, अस्थिरता, गतिशीलता तथा जैविक एवं अजैविक परिवेश पर जल की प्रभावशीलता का अध्ययन करता है। मानव जीवन के विविध क्रियाकलाप तथा पार्थिव दृश्य घटनाएं; उनकी एकता एवं विविधता इस विज्ञान की बहुसंदर्भित प्रवृत्तियों का प्रतिफल है। निःसंदेह यह जल के वैज्ञानिक अध्ययन का प्राचीनतम एवं अभिनूतन विज्ञान है। Hydrology नामावली का विन्यास आधुनिक लैटिन भाषा के शब्द 'Hydrologia' तथा जर्मन भाषा के दो शब्दों 'Hydor' तथा 'Logos' से हुआ है। 'Hydor' का अर्थ जल (Water) तथा 'Logos' का अर्थ किसी विषय के क्रमबद्ध अध्ययन (Discourse-Systematic Examination of a Subject) से होता है। इस प्रकार शाब्दिक व्याख्या के आधार पर जल विज्ञान

जल के क्रमबद्ध अध्ययन का विज्ञान है। जल का अपना एक निश्चित प्राकृतिक नियम होता है। जिसके अंतर्गत जल का परिसंचरण एक निश्चित चक्रीय प्रणाली में सम्पन्न होता है। एक निश्चित चक्रीय प्रणाली में ऊष्मन (Heating), वाष्पन (Evaporation) वाष्पन-वाष्पोत्सर्जन (Evapo-transpiration), वर्षण (Precipitation), हिमीकरण (Glaciation), अन्तःस्पन्दन (Infiltration) तथा मृदा नमी संरक्षण (Soil Moisture Conservation) जैसी महत्वपूर्ण जल की क्रियायें वायुमण्डलीय तापक्रम की परिवर्तनशील स्थितियों तथा धरातलीय गुणों में विभिन्नता के कारण होती हैं।

Adhoc Panel on Hydrology (U.S. FCST, 1962)[1] के अनुसार: "जल विज्ञान वह विज्ञान है जो पृथ्वी के जल की उपलब्धता, संचरण और वितरण, उसके रासायनिक एवं भौतिक गुणों और पर्यावरण के साथ उनकी प्रतिक्रिया तथा प्राणिवर्ग के साथ उनके सम्बन्धों की विवेचना करता है।"

विसलर एवं ब्रेटर (C. O. Wisler and E. F. Brater : Hydrology, 1949)[2] के अनुसार : "जल विज्ञान वह विज्ञान है जो पृथ्वी के स्थल क्षेत्रों के जल संसाधनों के दोहन एवं संपूर्ति को नियंत्रित करने वाले प्रक्रमों का अध्ययन करता है।"

रेड्डी (J.R. Reddy; A Text Book of Hydrology, 1986)[3] के अनुसार : "जल विज्ञान वह विज्ञान है जो जल के समस्त पहलुओं तथा उसकी उपलब्धता गति एवं संचार से सम्बन्धित है.... जल विज्ञान एक विज्ञान है जो जल संसाधनों के विकास एवं नियंत्रण को अभिव्यक्त करता है।"

जल विज्ञान को परिभाषित करने तथा उसके व्यावहारिक ज्ञान की विशद व्याख्या करने में टोड (D.K. Todd, Ground Water Hydrology, 1959), ब्रूस एवं क्लार्क (J. P. Bruce and R. H. Clark, Introduction to

---

1. "Hydrology is the science that treats of the waters of the earth, their occurrence, circulation and distribution, their chemical and physical properties and their reaction with their environment including their relation to living things."
2. "Hydrology is the science that deals with the processes governing the depletion and replenishment of the water resources of the land areas of the Earth."
3. "Hydrology is the science which is concerned with all aspects of water including its occurrence, movement and circulation.....Hydrology is a science that underlies the development and control of water resources."

Hydrology, 1966), शार्ले (R. J. Chorley, Introduction to Geographical Hydrology, 1971), चाऊ (V. T. Chow, Handbook of Applied Hydrology, 1964), वार्ड (R. C. Ward, Principles of Hydrology, 1975), वार्ष्णेय (R. S. Varshney, Engineering Hydrology, 1979) तथा रघुनाथन (H. M. Raghunathan, Hydrology, 1985) जैसे प्रमुख वैज्ञानिकों का सराहनीय योगदान रहा है। वैज्ञानिकों के विचार प्रायः एक दूसरे से मेल खाते हैं। कुछ वैज्ञानिकों का मत है कि जल विज्ञान जलीय चक्र का वैज्ञानिक मूल्यांकन करता है। जल के व्यावहारिक उपयोग को ध्यान में रखते हुए विद्वानों ने इसे व्यावहारिक जल विज्ञान (Applied Hydrology) की संज्ञा दी है।

Hydrology से मिलते-जुलते दो शब्दों; Hydrography एवं Hydrometry की व्याख्या करना अनिवार्य है। हाइड्रोग्रैफी के अंतर्गत स्थलीय जल के भौतिक रूपों एवं दशाओं की विवेचना की जाती है तथा इसका उपयोग नौकाविज्ञान (Navigation) में होता है। हाइड्रोमेट्री जल का मापन एवं मूल्यांकन करता है तथा स्थलीय जल के मानचित्रण एवं चार्ट निर्माण में इसकी प्रमुख भूमिका होती है।

जल विज्ञान की उपर्युक्त वैज्ञानिक व्याख्या से स्पष्ट है कि जल विज्ञान के अध्ययन की परिधि अत्यन्त विस्तृत, विकसित एवं प्रायोगिक तौर पर पूर्णतया व्यावहारिक है। इस विज्ञान के अंतर्गत सम्पूर्ण समुद्रविज्ञान का अध्ययन नहीं किया जाता क्योंकि सामुद्रिक क्षेत्रों में कुछ ऐसे जलीय विवरण होते हैं जिनका इस विज्ञान से कोई विशेष सम्बन्ध नहीं है। यह विज्ञान जल के औषधीय गुणों के ऊपर भी कोई विशेष टिप्पणी नहीं करता।

1.2 जल विज्ञान का विषय क्षेत्र (Scope of Hydrology)

प्रकृति की संरचना में जल एक परम तत्व है। 'जलम् जीवनम्' अर्थात जल ही जीवन है। सम्पूर्ण पृथ्वी पर जीवन प्रदायी तत्वों में जल की उपादेयता सर्वोपरि है। प्रकृति के सभी रचना विधान चाहे जड़ (अजैविक तत्व) हो या चेतन (जैविक तत्व) का अस्तित्व बोध प्रत्यक्ष या परोक्ष रूप में जल की यौगिक क्रिया से होता है। 'बिन पानी सब सून' अर्थात् जल के अभाव में जीवन की कल्पना ही व्यर्थ है। अतः जल विज्ञान की अध्ययन सामग्री प्राकृतिक एवं सांस्कृतिक परिवेश में सर्वत्र विद्यमान है। पार्थिव दृश्य घटनाएं ही नहीं, भूपटल पर अद्यतन मानव की समस्त प्रक्रियाओं एवं प्रतिफलों में प्रतिक्षण इस विज्ञान की अनिवार्यता एवं सर्वव्यापी झलक दृष्टिगोचर होती है।

जल की प्रकृति के आधार पर जल विज्ञान के विषय क्षेत्र का निर्धारण (Determination of Scope of Hydrology on the basis of the nature of water)

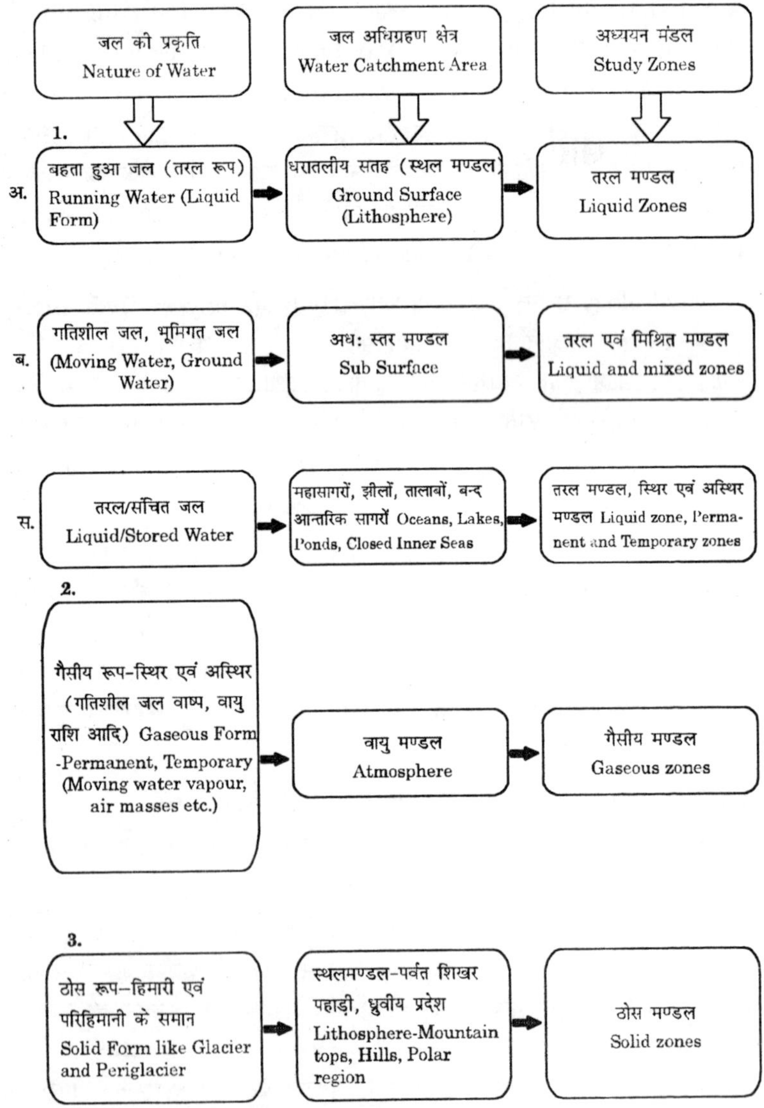

Fig. 1.1

वैज्ञानिक साक्ष्यों के आधार पर सम्पूर्ण वायुमण्डल में व्याप्त जल की मात्रा का 77% भाग महासागरों द्वारा प्राप्त होती है। शेष 23% भाग धरातलीय प्रवाहों, अध:स्तरीय संचलनों तथा वनस्पतियों के सानिध्य में विभिन्न रूपों में मौजूद है। सम्पूर्ण ग्लोब का 70.8% भाग महासागरीय पिण्डों से आवृत्त है तथा धरातलीय जल भण्डारण का 97.20% भाग केवल महासागरों में संचित है। जल की प्रकृति सर्वत्र एक जैसी नहीं है। धरातल का वाही जल तरल अवस्था में है और ध्रुवीय प्रदेशों एवं पर्वतीय शिखरों पर यही जल हिम के रूप में ठोस है। वायुमण्डल में यही जल गैसों के रूप संचरित है जबकि धरातल के नीचे मृदासिक्त अवस्था में देखा जा सकता है। इस प्रकार जल के विभिन्न स्वरूपों के आधार पर जल विज्ञान के अध्ययन क्षेत्र को निश्चित किया जा सकता है (चित्र 1.1)।

जल प्रभाव क्षेत्रों पर आधारित विज्ञान की प्रमुख शाखाओं द्वारा जल विज्ञान के विषय क्षेत्र का निर्धारण

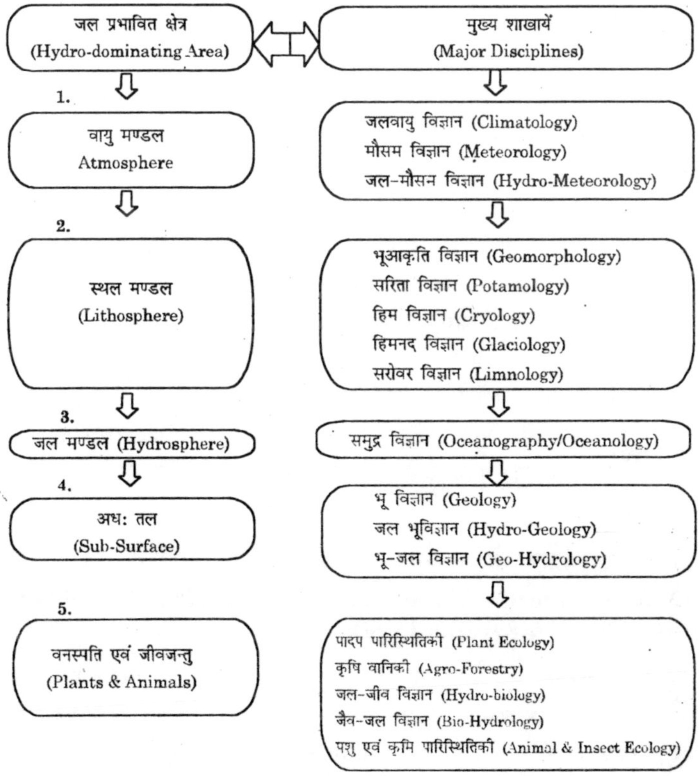

Fig. 1.2

चित्र संख्या 1.1 में प्रस्तुत जल की प्रकृति, जलाधिग्रहण क्षेत्र एवं जल विज्ञान के अध्ययन मण्डलों से स्पष्ट है कि जल विज्ञान का विषय क्षेत्र जल के तरल, गैसीय, ठोस एवं मिश्रित मण्डलों से सम्बन्धित एवं अत्यन्त व्यापक है। इस प्रकार जल विज्ञान के अध्ययन के लिए वायुमण्डलीय दशाओं, भूपटल पर प्रवाहित नदियों, झीलों, तालाबों, आन्तरिक सागरों, महासागरों, हिमानी एवं परिहिमानी क्षेत्रों तथा भौमजल स्थितियों का सम्यक ज्ञान होना अतिआवश्यक है। इस संदर्भ में यह भी कहा जा सकता है कि जल विज्ञान की विषय सामग्री हिम विज्ञान (Cryology), स्थलविज्ञान/भूआकृतिविज्ञान (Geomorphology) तथा समुद्रविज्ञान (Oceanology/ Oceanography) के मूलभूत उपादानों से सम्बन्धित है। यही नहीं इसका विषय क्षेत्र अन्तःस्थलीय अध्ययन (Sub-Surface Study) या भू-वैज्ञानिक अध्ययन (Geologist Study) भूजलीय अध्ययन (Geo-Hydrological Study), पादप परिस्थितिकी (Plant-Ecology), कृषि वानिकी (Agro-Forestry), जलजीवविज्ञान (Hydro-biology) जैवजलविज्ञान (Bio-Hydrology) तथा पशु एवं कृमि परिस्थितिकी (Animal And Insect Ecology) से भलीभांति अंतर्सबन्धित है।

यदि सूक्ष्म परीक्षण किया जाये तो स्पष्ट है कि जल विज्ञान की विषय सामग्री विज्ञान की प्रमुख शाखाओं जैसे–रसायन विज्ञान, भौतिक विज्ञान, जीवविज्ञान एवं वनस्पतिविज्ञान से भी अनुप्राणित है। इस विज्ञान में सरिता विज्ञान (Potamology), मौसम विज्ञान (Meteorology) तथा हिमनद विज्ञान (Glaciology) की महत्वपूर्ण संकल्पनाएं स्पष्ट रूप से परिलक्षित होती है। इस प्रकार यदि भूपटल के जल प्रभाव क्षेत्रों और उस पर आधारित विज्ञान की प्रमुख शाखाओं को क्रमबद्ध रूप में संजो कर रख दिया जांये तो जल विज्ञान के विषय क्षेत्र की व्यापकता को रेखांकित किया जा सकता है (चित्र 1.2)। जल विज्ञान का विषय क्षेत्र मानविकी एवं समाजविज्ञान के विषयों से भी जुड़ा है। व्यावहारिक रूप में यह विज्ञान इन्जीनियरिंग, जल आपूर्ति, नियोजन, सिंचाई, बाढ़ नियंत्रण, जलशक्ति, नौकायन, यातायात, मनोरंजन, मत्स्यन, औद्योगीकरण, कृषि जैसे महत्वपूर्ण मानवीय क्रियाकलापों से घनिष्ठ रूप से जुड़ा है।

1.3 जल विज्ञान के अध्ययन की संकल्पनाएं, सिद्धान्त एवं ऐतिहासिक विकास (Concepts, Theories and Historical Development of the Study of Hydrology)

मानव सभ्यता एवं जल का परस्पर घनिष्ठ सम्बन्ध है। विश्व की प्राचीनतम सभ्यंता से लेकर वर्तमान काल तक मानव जीवन के विकास की कहानी जल के उद्गमस्थलों से ही प्रारम्भ होती है। जीवन की विकास प्रक्रिया को मानव ने अपनी बुद्धि एवं विवेक से नाना रूपों में परिवर्तित किया है किन्तु चरम विकास की

परिणति तक उसने अपने आपको जल संसाधन पर आश्रित पाया है। विज्ञान के रूप में भले ना सही किन्तु दैवी शक्ति, आध्यात्म एवं आवश्यक आवश्यकता के रूप में उसने जल की आवश्यकता प्रकृति से अपने जीवन का वरदान पाने के क्षण से ही समझी है। अत: इस विज्ञान के अध्ययन का विकास धरातल पर मानव सभ्यता के विकास से जुड़ा है। संक्षेप में जल विज्ञान के अध्ययन के ऐतिहासिक विकास को विभिन्न चरणों में इस प्रकार प्रस्तुत कर सकते है।

विकास का प्रारम्भिक चरण

जल विज्ञान के अध्ययन का प्रारम्भिक चरण पूर्व ऐतिहासिक काल (Pre-Historic Period) से शुरू होता है। पुरातत्व साक्ष्यों एवं वैज्ञानिक अन्वेषणों से इस बात की जानकारी मिलती है कि प्रारम्भिक काल में जल स्रोतों एवं कुओं की खोज की गयी थी। आज के 3000 वर्ष से भी अधिक पहले शुष्क जलवायु प्रदेशों (दक्षिणी पश्चिमी एशिया, उत्तरी अफ्रीका तथा अफगानिस्तान से मोरक्को तक) में पेयजल की प्राप्ति, क्षैतिजिक कुओं 'कनात' (Horizontal wells known as 'Qanats') से की जाती थी। टालमन ने 800 ई. पूर्व फ्रांस एवं मिस्र में पायी गयी भूमिगत बृहत जल सुरंगों का उल्लेख किया है। ग्रीक एवं रोमन दार्शनिकों ने अपने लेखों में भौमजल एवं झरनों की उत्पत्ति के सिद्धान्तों की व्याख्या की है उनमें से कुछ काल्पनिक है और कुछ किसी सीमा तक सत्य भी है।

ग्रीक दार्शनिक होमर, थेल्स एवं प्लेटो ने झरनों की उत्पत्ति पर सर्वमान्य, सिद्धान्त प्रस्तुत किये। उनकी परिकल्पना के अनुसार झरनों की उत्पत्ति समुद्री जल से है। समुद्री जल पर्वतों के नीचे भूमिगत जल मार्गों से बहकर शुद्ध होकर पुन: धरातलीय सतह पर आ जाता है। अरस्तू ने यह संकल्पना प्रस्तुत की कि वायु पर्वतों के नीचे उपस्थित अंधेरी ठंडी गुफाओं में शीतल होकर जल में परिवर्तित हो जाती है एवं झरनों के रूप में सतह पर आ जाती है। सेनेका (Seneca) एवं प्लिनी (Pliny) जैसे रोमन दार्शनिकों ने ग्रीक विचारधारा का अनुसरण किया। रोमन शिल्पी विट्रवियस पोलियो (Vitruvius Pollio) ने पहली शताब्दी ईसा पूर्व अन्त: स्पन्दन सिद्धान्त (Infiltration Theory) का प्रतिपादन किया और बताया कि धरातलीय जल केवल वर्षा एवं बर्फ से प्राप्त होता है। वर्षा का जल भूस्तरों से अन्दर की ओर रिसता हुआ पर्वतों के निचले स्थानों में झरनों के रूप में प्रकट होता है। अन्त:स्पन्दन सिद्धान्त के साथ अरस्तू ने 4वीं शताब्दी ईसापूर्व, 'संघनन सिद्धान्त (Condensation Theory)' की भी पुष्टि की।

ग्रीक सिद्धान्त बिना किसी प्रगति के मध्यकालीन कला कौशल एवं विद्या की जागृतिकाल की समाप्ति तक मान्य रहे। फ्रेंच दार्शनिक बर्नार्ड पेलिसी (Bernarda Pelicy, 1510-1589) ने 1580 में अन्त:स्पन्दन के सिद्धान्तों की पुनरावृत्ति की।

लियो नार्डो विन्सी (Leonordovinci, 1452-1519) ने भी अन्तःस्पन्दन सिद्धान्त की विवेचना की तथा बताया कि जलस्रोत के अंतर्गत जल की सम्भाव्यता और शुष्क मौसम में नदियों के जल के प्रवाह का अध्ययन किया जाता है। जर्मन खगोल शास्त्री जौहान केपलर (1571-1630) ने झरनों एवं भौमजल की उत्पत्ति की व्याख्या की। फ्रेंच दार्शनिक रेने डिस्कार्टस (1596-1650) ने ग्रीक वैज्ञानिकों के 'समुद्र जल सिद्धान्त' जो पृथ्वी के अभ्यान्तराल में वाष्पीकरण एवं द्रवण क्रिया पर आधारित था, को अपनी संकल्पनाओं में विशेष स्थान दिया। इस प्रकार जल विज्ञान के अध्ययन का प्रारम्भिक चरण झरनों, कुओं, सरित प्रवाह, सिंचाई एवं वर्षा जल की प्राप्ति तथा धरातल के नीचे उसके अंतः निवेशन जैसी संकल्पनाओं पर आधारित था। अरस्तू का संघनन सिद्धान्त वायुमण्डलीय आर्द्रता तथा नदियों में जल की प्राप्ति के लिए वर्षा जल तथा भूमिगत शीतल कन्दराओं में वायुमण्डलीय जल वाष्प के संघनन द्वारा प्राप्त जल के कतिपय अभिनव विचारों से ओत–प्रोत था।

सत्रहवीं शताब्दी में अध्ययन का विकास

विकास का यह चरण विशेष रूप से उल्लेखनीय है क्योंकि इस समय प्रेक्षण एवं परिमाणात्मक आंकड़ों पर आधारित जलीय सिद्धान्तों का प्रतिपादन पहली बार किया गया। सत्रहवीं शताब्दी के अन्तिम चरण में ही जलीय चक्र के विषय में सही जानकारी वैज्ञानिकों को हासिल हुई। पियरे पेराट (Pierre Perrault, 1611-1680) ने वर्षा मापन तथा सेन नदी के जल निकास और वाही जल का ऑकलन किया तथा 1674 में एक अवधारणा प्रस्तुत की कि बेसिन में होने वाली वर्षा वहाँ की नदी के द्वारा निकासी से 6 गुना अधिक है। फ्रेंच भौतिक विज्ञानी एडमे मेरियोटे (Edme Mariotte, 1620-1684) ने पेरिस में सेन नदी पर जल का मापन कर पेराट के अन्वेषणों की पुष्टि की तथा मृत्यु के पश्चात् सन् 1686 में उसके प्रकाशित लेखों द्वारा अन्तःस्पन्दन सिद्धान्त की पुष्टि हुई। बाद में मीजर (Meger, 1934) ने स्वीकार किया कि "मेरियोटे शायद किसी भी व्यक्ति से अधिक भौमजल विज्ञान का जन्मदाता होने का गौरव प्राप्त करता है सम्भवतः मुझे कहना चाहिए कि पूरे जल विज्ञान का ही वह जन्मदाता है।" इस काल में जल विज्ञान के अध्ययन पर महत्वपूर्ण योगदान देने वाले वैज्ञानिकों में तीसरे व्यक्ति के रूप में एक अंग्रेज खगोलशास्त्री एडमंड हेली, (1656-1742) का नाम आदर के साथ लिया जाता है। हेली ने 1693 में वाष्पीकरण की क्रिया का मापन किया और बताया कि समस्त नदियों और झरनों का बहाव समुद्री वाष्पीकरण की क्रिया पर आधारित है। इस प्रकार देखा जाये तो 17 वीं शताब्दी में अन्तःस्पन्दन सिद्धान्त का बोलबाला था।

अठ्ठारहवीं शताब्दी में अध्ययन का विकास

18वीं शताब्दी में सोवियत रूस के वैज्ञानिक एम.वी. लोमनोसोव (M. V. Lomonosov) ने अन्तःस्पन्दन सिद्धान्त की, पुष्टि की तथा वर्षाजल के अन्तःस्पन्दन

से भूमिगत जल की उत्पत्ति की अवधारणा से अवगत कराया। इस काल में अध्ययन की शुरूआत मुख्य रूप से पिटाट (Pitot) की जल की गति नली से होती है। दूसरा प्रमुख अध्ययन चेजी (Chezy) महोदय द्वारा प्रस्तुत किया जाता है जिन्होंने मुख्य नदी के जल प्रवाह पर आधारित एक गणितीय सूत्र का प्रतिपादन किया। इस प्रकार 18वीं शताब्दी में भी अन्तःस्पन्दन सिद्धान्त को पूर्णतया वैज्ञानिक माना गया और एक सर्वमान्य संकल्पना प्रस्तुत की गयी कि समस्त शुद्ध जल एवं विभिन्न प्रकार के खनिजपूरित जल की उत्पत्ति एवं विकास वर्षाजल के अन्तःस्पन्दन क्रिया द्वारा ही सम्भव हुआ है। इस काल में भूविज्ञान के मूल सिद्धान्तों की स्थापना हुई जिससे भौमजल की उपस्थिति एवं गति के अध्ययन को बल मिला।

उन्नीसवीं शताब्दी में अध्ययन का विकास

उन्नीसवीं शताब्दी के प्रथम चरण में कई उत्स्रुत कूप (Artesian well) फ्रांस में बनाये गये। इस समय फ्रेंच द्रव चालित इन्जीनियर हेनरी डारसी ने रेत में जलगति का अध्ययन किया तथा जलगति सम्बन्धी नियमों का प्रतिपादन किया। यूरोप में इस दौरान जितने भी अध्ययन किये गये वे सभी भौमजल के द्रव चालित सिद्धान्तों के विकास पर आधारित थे। इस सन्दर्भ में जे. वाउजीनेक, जी.ए. डर्बी, जे. ड्यूप्यूट, पी. फार्चहीमर एवं ए. थीम का कार्य सराहनीय है। सोवियत रूस के वैज्ञानिक ओ. फोजर (O. Folger) ने 1877 में जल विज्ञान के सन्दर्भ में भौमजल की स्थितियों के लिए संघनन सिद्धान्त की अनिवार्यता की वकालत की। यद्यपि फोजर की अवधारणा में कई त्रुटियां थी। इस शताब्दी में जल विज्ञान के अध्ययन की महत्वपूर्ण उपलब्धियों में फ्रांसिस (Francis) का नदी बाँध सूत्र (Weir Formula), गांगुइलेट और कटर्स (Ganguilet and Kutters) द्वारा प्रस्तुत चेजी महोदय की समुद्रमापन तकनीक, जो गणितीय सूत्र पर आधारित था, को विशेष स्थान दिया जाता है। फ्रांसिस के नदी बांध सूत्र का ही प्रभाव था जिसके कारण इस काल के दौरान 1809 में ऊपरी राईन नदी, 1825 में रोम में ताइवर नदी तथा 1837 में गैलोन नदी के जल प्रवाह का मापन मैविंग महोदय ने किया। संयुक्त राज्य अमेरिका में भू-जल विज्ञान के क्षेत्र में उन्नीसवीं शताब्दी के अन्त में कार्य सम्पादित किये गये। मुख्य रूप से नदी जल निस्तारण एवं वितरण का मापन ओहियो नदी पर पश्चिमी वर्जीनिया प्रान्त में ह्वीलिंग में 1838 से 1848 के बीच किया गया। 1862 में शताब्दी की पहली पुस्तक वियर्डमोर द्वारा जल विज्ञान की हस्तपुस्तिका (Mannual of Hydrology) नाम से प्रकाशित हुई।

बीसवीं शताब्दी में अध्ययन का विकास

20वीं शताब्दी में जल विज्ञान के अध्ययन में आधुनिक वैज्ञानिक विचारधाराओं का समावेश होता है। विशेष रूप से संयुक्त राज्य अमेरिका में 1930 के दशक में जल संरक्षण, सिंचाई बाढ़ नियंत्रण, जल प्रदूषण नियंत्रण,

जलाधिग्रहण क्षेत्र व्यवस्थापन, जल शक्ति एवं लवणता नियंत्रण जैसे महत्वपूर्ण क्षेत्रों में अध्ययन एवं अनुसंधान कार्य किये गये तथा बहुउद्देशीय योजनाओं पर भारी मात्रा में धन खर्च किया गया। अमेरिकन विद्वानों में ए. हेजन्, एफ.एच. किंग, सी. एस. स्लिचर ने इस विषय पर प्रारम्भ में महत्वपूर्ण सैद्धान्तिक योगदान दिये। इस विषय का विस्तृत क्षेत्रीय अध्ययन टी.सी चेम्बरलीन, एन.एच. डार्टन, डब्ल्यू.टी. ली एवं डब्ल्यू सी. मेडनहाल द्वारा शुरू किया गया। एफ.डी. एडम्स (1928) द्वारा प्रस्तुत झरनों एवं नदियों की उत्पत्ति की अवधारणा, स्लिचर सी.एस. (1902, 1905) द्वारा प्रस्तावित भूमिगत जल गति संकल्पना टालमैन सी.एफ. (1937) का भूमिगत जल अध्ययन तथा ओ.ई. मींजर (1923, 27, 34, 39) द्वारा प्रस्तुत झरनों की उत्पत्ति, भूमिगत जल अध्ययन एवं जल विज्ञान की वैज्ञानिक, व्याख्या अपना विशेष स्थान रखती है। ईंगलंसन (Eglanson) ने इस युग को जल विज्ञान के 'प्रथम स्वर्णयुग' की संज्ञा दी थी। इस दौरान शेरमन (Scherman) का इकाई जलारेख संकल्पना (Unit Hydrograph Concept) सबसे अधिक महत्वपूर्ण मानी गयी। ए. हेजन का जलीय अध्ययन में सांख्यकीय विधियों के प्रयोग के साथ 20वीं शताब्दी में जलवैज्ञानिक विधियों के आधुनिकीकरण ने गति प्राप्ति की।

द्वितीय विश्व युद्ध के उपरान्त सैन्य तकनीक में विकास के कारण संयुक्त राज्य अमेरिका में एक बार फिर से जलविज्ञान के अध्ययन एवं शोधकार्यों में लहर सी दौड़ उठी। इस दौरान जल विज्ञान के अध्ययन में तंत्र उपागम का प्रयोग, गणितीय मॉडल का विकास, अंकीय प्रतिरूप तथा दूरस्थ संवेदन तकनीक द्वारा एक नवीन क्रान्ति आयी जिसके कारण ईगलंसन ने पुनः इस काल को जल विज्ञान के 'द्वितीय स्वर्णयुग' का नाम दिया। आमरे (1949, 50, 54) की जल विज्ञान हस्तपुस्तिका, ए.जे. अल्टर (1950) द्वारा अलास्का में जलापूर्ति, फेरिस (1949) द्वारा भूमिगत जल का अध्ययन, एच.ही. थामस (1951) का भूमिगत जल संरक्षण, जी.एम. फेयर एवं एल.पी. हैच (1953) द्वारा सरिता खण्ड में जल प्रवाह का अध्ययन, 1950 के आसपास किये गये अध्ययनों में सर्वश्रेष्ठ माना जाता है। यूनेस्को के तत्वावधान में सम्पन्न 1953 की पेरिस की 'अंकारा सिम्पोजियम आन एरिड जोन हाइड्रोलाजी' की सूचना एवं शोध संकलनों द्वारा जल विज्ञान के अध्ययन की वैज्ञानिकता का स्पष्ट संकेत मिलता है। जल विज्ञान के अध्ययन की बढ़ती प्रगति के कारण संयुक्त राष्ट्र संघ ने 1965 से 1975 के दशक को 'अंतर्राष्ट्रीय जल वैज्ञानिक दशक' के रूप में घोषित किया जिसके अंतर्गत जलवैज्ञानिकों को अभिनव शोध, शिक्षा, विश्लेषण, प्राविधिकी जैसे विविध आयामों पर विशेष जानकारी दी गयी और भूमण्डलीय स्तर पर जल सम्बन्धी सूचनाओं के एकत्रीकरण के लिए शोध संस्थानों एवं सरकारी संगठनों को प्रोत्साहित किया गया। UNESCO ने 1975 में इस संस्था (International Hydrologic Decade, IHD) का नाम बदलकर

International Hydrologic Programme (IHP) कर दिया। 1975 से लेकर अबतक जल विज्ञान के ऊपर किये जाने वाले शोध सम्बन्धी अंतर्राष्ट्रीय क्रियाकलाप IHP के ही तत्वावधान में होते हैं। IHP द्वारा वर्तमान समय में इन्जीनियरिंग कालेजों एवं विश्वविद्यालयों में स्नातक स्तर पर जल विज्ञान के अध्ययन को सम्मिलित किया गया है। अमेरिकन विद्वानों में बुडिको (Budyko, 1971), ए.एन. स्ट्राहलर एवं ए.एच. स्ट्राहलर (1977) का नाम विशेष रूप से लिया जाता है क्योंकि इन विद्वानों ने सम्पूर्ण विश्व के जल संतुलन का विवरण प्रस्तुत किया है।

सोवियत रूस के जिन वैज्ञानिकों ने जल विज्ञान के विविध पहलुओं पर अपने अन्वेषण किये हैं उनमें पी.एन. किरविन्सकी (1922), एफ.पी. सावेरन्स्की (1935), ए.एन. सेमीखातोव (1954), ए.एम. ओवचिन्नीक्रोव (1955, 60), पी.पी. क्लीमेन्टोव (1967, 71, 73, 77, 80), डी.एम. कज़ (1969), ओ.ए. अलेकिन (1970), एन. ए. बेलमिना (1970) तथा ए.ए. लकशेवा (1972) का नाम विशेष उल्लेखनीय है। इन वैज्ञानिकों ने जल विज्ञान के व्यावहारिक, गणितीय एवं सामान्य गुण धर्मों की क्षेत्रीय एवं अंतर्राष्ट्रीय स्तर पर विशद व्याख्या की है। भारतीय वैज्ञानिकों में एम. एम. रघुनाथन (1985), जे.आर. रेड्डी (1986), आर.के. शर्मा तथा आर.एस. वार्ष्णेय (1979) का योगदान उल्लेखनीय है। भारत में इन्जीनियरिंग विभाग द्वारा जल विज्ञान पर कार्य किये जा रहे हैं।

1.4 जल विज्ञान का प्रायोगिक महत्व (Practical Significance of Hydrology)

जल की उपयोगिता मानव जीवन के प्रत्येक क्षेत्रों में है। जल मानव की आवश्यक आवश्यकता है। जल की व्यावहारिक उपादेयता सामाजिक आर्थिक क्रियाकलापों में ही नहीं उन समस्त वैज्ञानिक उपलब्धियों में भी है जहाँ मानव चरम विकास की कल्पना से प्राविधिकी एवं अभियान्त्रिकी विधियों का प्रयोग करता हुआ अपने प्रयोजनों का प्रबन्धन, नियंत्रण एवं सम्बर्द्धन करता है। विकास की जिन स्थितियों में जल विज्ञान के अध्ययन की प्रायोगिक महत्ता है उसका उल्लेख हम इस प्रकार कर सकते हैं–

(*i*) संरचनात्मक डिजाइन का निर्माण (Construction of Structural Designs) : जल विज्ञान जल की मात्रा, प्रवाह गति, प्रवाह दिशा एवं जल की गहराई के आधार या विभिन्न आकार के बाँधों एवं पुलों की संरचनात्मक डिजाइनों के निर्माण में सहायक होता है। जल प्रवाह की विशेषता के आधार पर ही बाँधों की क्षमता, ऊँचाई तथा उनसे सम्बन्धित बहुउद्देशीय योजनाओं का आयोजन एवं क्रियान्वयन किया जाता है। जलीय ढाँचों के निर्माण निम्न प्रकार की दशाओं में किये जाते हैं।

प्रथम–जलीय डिजाइन (Hydrologic Design) द्वारा : इसके अंतर्गत जलढाँचा निर्माण करते समय जल की मात्रा, जल का वितरण, आवृत्ति तथा जल आगमन के समय पर विशेष ध्यान दिया जाता है।

द्वितीय–जलगति डिजाइन (Hydraulic Design) द्वारा : इसके अंतर्गत निर्माणाधीन डिजाइन (जलढाँचा) तथा संरचना निर्माण के साथ जल के सम्बन्धों का विशेष अध्ययन होता है।

तृतीय–संरचनात्मक डिजाइन (Structural Design) द्वारा : इस प्रकार की डिजाइन में प्रत्येक कार्य सम्मिलित होता है जिसमें सतर्कता बरती जाती है कि संरचनात्मक ढाँचा इतना ठोस हो कि उसपर जल तथा अन्य किसी प्रकार का दबाव प्रभावकारी न हो सके तथा लम्बे समय तक के लिए स्थायी हो। इस प्रकार जलविज्ञान के अध्ययन द्वारा जल का वैज्ञानिक मूल्यांकन कर विभिन्न प्रकार की संरचनात्मक डिजाइनों का निर्माण किया जाता है।

(*ii*) नगरीय एवं औद्योगिक जल आपूर्ति एवं प्रबन्धन (Urban and Industrial Water Supply and Management) : नगरीय एवं औद्योगिक क्षेत्रों में जल की सुलभ प्राप्ति, सुचारू वितरण व्यवस्था, जल निस्तारण तथा जलापूर्ति का समुचित उपयोग जल विज्ञान की जानकारी के आधार पर ही सम्भव होता है। जलस्रोतों की व्यवस्था, जलस्तर की परख, मौसम के अनुसार जलापूर्ति, जल की भूमिगत एवं धरातलीय सम्भाव्यता, जल उपभोग की मात्रा, जल संचित गुणों का परीक्षणं तथा आवासीय क्षेत्रों में जल वितरण के नियमन एवं प्रबन्धन की जानकारी एक वैज्ञानिक को ही होती है। अतः जलापूर्ति एवं जल प्रबन्धन में जलविज्ञान की वैज्ञानिक जानकारी आवश्यक है। नगरीय एवं औद्योगिक क्षेत्रों में जल की आपूर्ति आवासीय क्षेत्रों से दूर स्थित जलाशयों एवं नदियों के जल से की जाती है। ऐसी स्थिति में जल अभियन्ता उसके वितरण एवं संचरण की उपयुक्त तकनीक की खोज करता है।

(*iii*) सिंचाई (Irrigation) : जल की उपलब्ध मात्रा, जल की प्रवाहगति, भौमजल की निश्चितता तथा संचित भण्डार को ध्यान में रखकर विभिन्न क्षेत्रों में सिंचन तकनीक की खोज की जाती है। जल का सिंचन में प्रयोग पूंजी की व्यवस्था पर भी निर्भर करता है। नदियों एवं जलाशयों से नहरों का निर्माण, ट्यूबवेल एवं कुओं द्वारा भौमजल की प्राप्ति, तालाबों एवं झीलों (कृत्रिम एवं प्राकृतिक) से सिंचाई हेतु जल की निस्तारण व्यवस्था जैसे महत्वपूर्ण कार्यों में जल वैज्ञानिक की प्रमुख भूमिका होती है। एक जल वैज्ञानिक को भौमजल के स्तरों, संचित भण्डारों, जल गहराई तथा जलाशयों में जल संचयन एवं नहरों द्वारा जल संचरण में जल के वाष्पीकरण तथा रिसाव जैसे ह्रासों का ऑकलन करने के लिए जल विज्ञान के

सिद्धान्तों पर आश्रित होना पड़ता है। जल विज्ञान की वैज्ञानिक जानकारी के आधार पर ही एक जल वैज्ञानिक विभिन्न भ्वाकृतिक इकाइयों में शैल संरचनाओं का परीक्षण एवं जल की सम्भाव्यता पर अनुसंधान करके सिंचाई के उपयुक्त साधनों का आर्थिक दृष्टिकोण से विकास करता है।

(*iv*) जलशक्ति एवं बहुउद्देशीय योजनाओं का व्यवस्थापन (Management of Hydropower and Multipurpose Schemes) : बहुउद्देशीय योजनाओं का क्रियान्वयन एवं व्यवस्थापन तथा जल शक्ति निर्माण की प्राविधि नदी बेसिन में उपलब्ध जल की मात्रा तथा प्रवाहगति पर निर्भर करता है। अतः जल शक्ति निर्माण (उत्पादन) तथा बहुउद्देशीय योजनाओं को फलीभूत करने के लिए प्रवाह बेसिन के जलाधिग्रहण क्षेत्र का सम्यक ज्ञान, जल अवरोधन तथा बाँधों का निर्माण, योजना प्रारूप का सकल परिवेश पर प्रभाव तथा मानव कल्याण की भावी रूपरेखा की सही झलक एक जलवैज्ञानिक जलविज्ञान के व्यावहारिक ज्ञान से ही करता है।

(*v*) बाढ़ नियंत्रण (Flood Control) : बाढ़ एक प्राकृतिक आपदा है जो अप्रत्याशित और अतिवृष्टि के कारण विकराल रूप धारण करती है। बाढ़ में जलप्लावन का कारण प्रवाह बेसिन तली का अवसादीकरण के कारण छिछला होना भी माना जाता है। बाढ़ नियंत्रण नियोजन की प्रक्रिया तभी सफल हो सकती है जब सम्भावित बाढ़ बारम्बारता एवं बाढ़ प्रक्रिया का पूर्वानुमान हो। बाढ़ नियंत्रण जलवैज्ञानिक के लिए एक चुनौती भरा कदम है। बाढ़ नियंत्रण हेतु एक जलवैज्ञानिक को जलाशयों, जल मार्गों एवं जल प्रवाहों से सम्बन्धित बाढ़ संदिग्ध क्षेत्रों में तटबन्धों के निर्माण, जलमार्ग सुधार, समानान्तर प्रवाहमार्ग का निर्माण तथा जलमार्ग दिशा में परिवर्तन की आवश्यकता पड़ती है और किसी भी समस्या समाधान के तरीकों को अमल में लाने के पहले समीपवर्ती क्षेत्रों में बाढ़ न आने के खतरे से जनमानस को आश्वस्त कराना पड़ता है। इसीलिए जलवैज्ञानिक को बाढ़ प्रभावित क्षेत्रों के साथ-साथ संलग्न समीपवर्ती भू-भागों का विस्तृत सर्वेक्षण एवं निरीक्षण करना पड़ता है जिस सन्दर्भ में आवश्यक जानकारी केवल जलविज्ञान ही प्रदान करता है।

(*vi*) नौकायन (Navigation) : नदियों, झीलों, सागरों एवं महासागरों में नौकायन का कार्य एवं सम्बन्धित उद्योग का विकास जलविज्ञान द्वारा सम्भावित एवं जलवैज्ञानिकों द्वारा संचालित होता है। नौकायन प्रक्रिया, विकास की प्रारम्भिक अवस्था में परम्परागत तकनीक पर आधारित थी किन्तु जलवैज्ञानिकों ने कृत्रिम जलाशयों के निर्माण एवं प्रकृति में संरक्षित जलाशयों का वैज्ञानिक उपयोग कर नौकायन जनित मनोरंजन की अभिनूतन शैली का जन्म समाज के उच्च वर्ग के लोगों को प्रदान की है। महासागरीय क्षेत्रों में नौकायन के सुरक्षित क्षेत्रों के बारे में मछुआरों को दी जाने वाली जानकारी भी इस विज्ञान के द्वारा सम्भव हो पाती है।

(*vii*) यातायात एवं मनोरंजन (Transport and Recreation) : धरातल पर जल का विस्तृत साम्राज्य जल परिवहन विकास के लिए मानव को आमन्त्रित करता है। जल परिवहन केवल गमनागमन की दृष्टि से ही महत्वपूर्ण नहीं है बल्कि औद्योगिक एवं विदेशी व्यापार की दृष्टि से भी इसका विशिष्ट योगदान है। जल जीवन की प्राथमिक आवश्यकता है साथ ही मनोरंजन का लुभावना आधार भी जलराशियों के सानिध्य से सम्भावित है। यही कारण है कि पर्यटन उद्योग एवं मनोरंजन उद्योग के विकास में जलविज्ञान की महती आवश्यकता महसूस की जाती रही है। सम्पूर्ण विश्व में जल यातायात, मनोरंजन एवं पर्यटन के विकास तथा उपयुक्त क्षेत्रों के चयन में जलवैज्ञानिक के दिशा निर्देश की विशेष आवश्यकता पड़ती है।

(*viii*) मत्स्यन एवं वन्यजीव संरक्षण (Fisheries and Wild Life conservation) : जलीय क्षेत्रों में प्राकृतिक एवं कृत्रिम ढंग से मछलियों के भण्डारण एवं संरक्षण में जलविज्ञान आवश्यक जानकारी देता है। इसी प्रकार वनप्रदेशों में रहने वाले जीवों के विभिन्न समुदायों के विकास एवं प्रजातियों की सुरक्षा में यह विज्ञान आवश्यक कार्यवाही करता है। जलवैज्ञानिक के निर्देशन में ही मत्स्यपालन, राष्ट्रीय पार्क, पशु-पक्षी एवं वन-विहार की स्थापना की जाती है।

(*ix*) प्रदूषण नियंत्रण (Pollution Control) : पर्यावरण प्रदूषण का समस्त प्राणिवर्ग एवं पादप जगत पर प्रतिकूल प्रभाव पड़ता है। जल एवं वायु प्रदूषण का प्रकोप ग्रामीण एवं नगरीय आवासीय क्षेत्रों, औद्योगिक संश्लिष्टों तथा कृषि संस्थानों से व्यक्त सामग्रियों के बाहर फेंके जाने वाले कूड़े-करकट के ढेरों, वाहित मलों एवं विसर्जित गन्दे जल के नदियों एवं जलाशयों में पहुँच जाने के कारण होता है। जलविज्ञान अवशिष्ट पदार्थों के उचित निस्तारण, पुनर्चक्रण, पुनरुपयोग, प्रवाहित मलमूत्र एवं गन्दगी के स्थानान्तरण तथा प्रकृति के निर्मलीकरण की तकनीक का बोध कराकर प्रदूषण को नियंत्रित एवं पर्यावरण को स्वच्छ तथा सुरक्षित करता है।

(*x*) कृमि नियंत्रण (Insect Control) : जलीय क्षेत्रों में नमी की अधिकता अपशिष्ट पदार्थों के संचयन तथा सूक्ष्म जीवों से सम्बन्धित आहार जाल की वृद्धि के कारण प्राय: घातक जीवाणुओं का जन्म होता है जिनसे बचाव के सम्बन्ध में एक जलवैज्ञानिक उपचार के तरीकों पर प्रकाश डालता है। शुद्ध पेयजल व्यवस्था, स्वच्छ जल प्रवाह, नालियां तथा शुद्ध भोज्य पदार्थ, फल एवं सब्जियाँ तभी प्राप्त की जा सकती है जब कीटाणुओं की वृद्धि को नियन्त्रित किया जाये।

(*xi*) जल क्षेत्र प्रबन्धन (Watershed Management) : जलविज्ञान नदी अधिग्रहण क्षेत्रों तथा अन्य जलीय भागों के उचित प्रबन्धन की तकनीक का ज्ञान देता है। प्रायः नदियों के प्रभाव क्षेत्रों में बाढ़ की विभीषिका के उदाहरण मिलते हैं। अतः जलवैज्ञानिक जलप्रवाह मार्गों में सुधार कर अनावश्यक जलप्लावन की स्थितियों से मुक्ति दिलाता है। जहाँ पर प्रवाह बेसिन तली एवं चैनेल को गहरा एवं चौड़ा नहीं किया जा सकता वहाँ पर सहायक सरिताओं (प्रवाहमार्गों) के निर्माण तथा तटबन्धों की व्यवस्था की जाती है।

(*xii*) तालाबों, झीलों एवं जलाशयों का निर्माण एवं संरक्षण (Construction and conservation of Ponds, Lakes and Reservoirs) : मानव जीवन के सामाजिक, आर्थिक, सांस्कृतिक एवं औद्योगिक विकास को दृष्टि में रखते हुए जलवैज्ञानिक आवश्यकतानुसार तालाबों, झीलों एवं जलाशयों का निर्माण एवं उनका संरक्षण करता है। उद्देश्य के आधार पर इस प्रकार की योजना लघु एवं बृहदस्तरीय दोनों हो सकती है। किन्तु किसी भी स्थिति में ऐसी योजनाओं से लाभ प्राप्त करने की सम्भावना केवल जल वैज्ञानिक के द्वारा ही सुनिश्चित हो पाती है।

(*xiii*) आवासीय एवं औद्योगिक क्षेत्रों में प्रवाह प्रणाली की व्यवस्था (Management of Drainage System in Residential and Industrial Areas) : ग्रामीण एवं नगरीय क्षेत्रों में खासकर आवासीय क्षेत्रों एवं औद्योगिक केन्द्रों के आसपास अवशिष्ट दूषित जल एवं मलमूत्र के निस्तारण के लिए प्रवाह प्रणाली (नालियों) का निर्माण करना पड़ता है। नालियों के आकार प्रकार तथा सीवेज प्रणाली को निश्चित करने के लिए जलवैज्ञानिक की आवश्यकता होती है। जलवैज्ञानिक अवशिष्ट पदार्थों की मात्रा एवं दैनिक बारम्बारता के आधार पर नालियों एवं सीवेज पाइपों का ढाँचा निश्चित करता है। यह कार्य पर्यावरण प्रदूषण की दृष्टि से भी अनिवार्य होता है।

(*xiv*) अपरदन एवं अवसाद नियंत्रण (Erosion and Sediment Control) : धरातल के ऊपरी भाग में स्थित मिट्टी का जल, वायु जैसे अपरदनात्मक कारकों से किया गया कटाव ही अपरदन कहलाता है। शैल आवरण से प्राप्त अवशिष्ट शैल चूर्ण ही सामूहिक रूप में अवसाद कहलाता है। अपरदनात्मक प्रक्रमों की निरन्तर सक्रियता से धरातल की मोटी परत नग्न सतह के रूप में परिवर्तित हो जाती है और निस्त्रित पदार्थों का अवसादीकरण क्रमिक रूप से जलाशयों एवं निम्न भूमियों के ऊपर होता रहता है। अवशिष्ट अवसादों के सिल्ट के कारण प्रभावित क्षेत्रों में बन्जर भूमियों का जन्म होता है तथा अवनलिका अपरदन द्वारा उपजाऊ

भूमि बीहड़ों में बदल जाती है। इन विषम परिस्थितियों में जलवैज्ञानिक अपरदन एवं अपरदनजनित अवसादों के नियंत्रण में सहायता प्रदान करता है। अपरदन की रोकथाम के लिए जल विज्ञान के अंतर्गत वृक्षारोपण, वनस्पति आवृत्तीरकण, भूमि सोपानीकरण, बन्धियों का निर्माण, फसल पुनर्चक्रण, समोच्चरेखण कृषि, पशुचारण नियंत्रण, ढालों के सहारे तथा प्रवाह की दिशा में अवरोध जालियों का क्रमिक प्रयोग जैसी अनिवार्य क्रियायें प्रस्तावित की गयी होती है। अत: जलवैज्ञानिक के परामर्श से अपरदन एवं अवसादीकरण समस्या से बचा जा सकता है।

(*xv*) अवशिष्ट जल निस्तारण, शुद्धीकरण एवं पुर्नप्रयोग (Waste Water Disposal; Treatment and Reuse) : जल विज्ञान नगरीय एवं औद्योगिक क्षेत्रों से निष्कासित दूषित जल एवं औद्योगिक कचरे के शुद्धीकरण एवं पुर्नप्रयोग की तकनीक प्रस्तुत करता है। औद्योगिक कचरे का पुर्नप्रयोग कर ऊर्जा का निर्माण गोवा, कलकत्ता, मद्रास तथा मुम्बई जैसे महानगरों में किया जा रहा है। एक जलवैज्ञानिक दूषित जल को सही स्थान पर स्थानान्तरित कर प्रदूषण की सम्भावित समस्या का निराकरण करता है। इस प्रकार समस्या का समाधान तथा नये संसाधन की खोज एक ही प्रयास में हो जाती है।

(*xvi*) लवणता नियंत्रण (Salinity Control) : धरातलीय सतह के क्रमिक अनावृत्तिकरण एवं मृदा संसाधन के उर्वरक तत्वों के क्षरण से जलाशयों एवं प्रवाहित जलधाराओं में लवणता की मात्रा में वृद्धि हो रही है। यही नहीं कृत्रिम सिंचाई के साधनों द्वारा कृषि भूमियों में संचरित जल से लवणता का एकत्रीकरण तेजी से हो रहा है। भारत में नहर बाहुल्य क्षेत्रों में सिंचित भू-भाग में लवणता आधिक्य एवं ऊसर भूमियों के प्रादुर्भाव का उदाहरण मिलता है। जल विज्ञान इस प्रकार की समस्याओं का सम्यक ज्ञान देता है और जलवैज्ञानिक समस्याओं के निदान से मृदा प्रदूषण की भयावह स्थिति का निराकरण करता है।

(*xvii*) समुद्र तटीय कार्यों का प्रबन्धन (Management of Coastal Works) : समुद्र तटवर्ती भागों की जनसंख्या, महासागरीय जल का उपयोग, परिवहन, मनोरंजन, पर्यटन, नौकायन, मत्स्यन तथा व्यापार, वाणिज्य और सैनिक कार्यों के सम्बन्ध में करता है। इस सन्दर्भ में समुद्र तटीय जल के उचित एवं वैज्ञानिक उपयोग की जानकारी जल विज्ञान द्वारा ही प्राप्त होती है।

(*xviii*) जल संरक्षण तकनीक (Water Conservation Techniques) : जलविज्ञान जल संसाधन संरक्षण सम्बन्धी वैज्ञानिक तकनीक से अवगत कराता है। आज के वैज्ञानिक युग में उद्योग एवं तकनीकी क्षेत्र में निरन्तर प्रगति, सघन कृषि के विस्तारण, सिंचन की बढ़ती आवश्यकता तथा तीव्रगति से बढ़ते मानव जनसंख्या अधिभार के कारण जल संसाधनों का निरन्तर दोहन हो रहा

है। यहाँ तक कि स्वस्थ जीवन के लिए अनिवार्य शुद्ध पेय जल का अभाव है। औद्योगिक धूल कणों के सम्मिश्रण, धूम कोहरे के निर्माण तथा आकस्मिक ताप वृद्धि के कारण तेजाबी वर्षा से वायुमण्डलीय जल भी विषाक्त हो उठा है। ऐसी स्थिति में समस्त प्राणिवर्ग के जीवन का खतरा है। अतः जलसंरक्षण या जल को प्रदूषण से मुक्त रखना अति आवश्यक है। एक जलवैज्ञानिक जलविज्ञान के सिद्धान्तों का अनुसरण करके जल संरक्षण कर सकता है।

इस प्रकार यदि उपर्युक्त कथोपकथन की समीक्षा की जाये तो सिद्ध होता है कि जल का व्यावहारिक जीवन में बहुत उपयोग है। 'जलं जीवनम्' की कहावत भी चरितार्थ होती है। इससे भी कहीं अधिक आवश्यक है कि जल विज्ञान का समुचित ज्ञान जनसाधारण में हो जिससे मानव जीवन की निश्चितता एवं सार्थकता सदियों तक कायम रहे।

सम्भावित प्रश्न

1. जल विज्ञान को परिभाषित कीजिए। इसके महत्व की विवेचना कीजिए। *(P.U. 1992)*
2. जल विज्ञान के क्षेत्र पर टिप्पणी लिखिए। *(P.U. 1991)*
3. जल विज्ञान के क्षेत्र पर एक निबन्ध लिखिए तथा ग्लोब के जल बजट अध्ययन में इसके महत्व को निर्धारित कीजिए। *(P.U. 1993)*
4. जल विज्ञान के अर्थ, विषय क्षेत्र तथा अध्ययन के ऐतिहासिक विकास पर प्रकाश डालिये।
5. जल विज्ञान की मूलभूत संकल्पनाओं एवं सिद्धान्तों की व्याख्या करते हुए उसके प्रायोगिक महत्व को स्पष्ट कीजिए।
6. जल विज्ञान की व्यावहारिक उपयोगिता को रेखांकित कीजिए।
7. 'जल विज्ञान अन्तर्सम्बद्धता का विज्ञान है।' सिद्ध कीजिए।
8. जल विज्ञान जल की उपलब्धता, संचरण एवं वितरण का विज्ञान है, स्पष्ट कीजिए।
9. जल विज्ञान को परिभाषित कीजिए तथा इसके अध्ययन से होने वाले लाभों की विवेचना कीजिए।
10. जल विज्ञान के अध्ययन के विभिन्न पहलुओं पर प्रकाश डालते हुए ऐतिहासिक परिप्रेक्ष्य में अध्ययन की अभिनव प्रवृत्तियों की समीक्षा कीजिए।
11. जल विज्ञान की परिभाषा दीजिए तथा इसके क्षेत्र एवं व्यावहारिक महत्व की विवेचना कीजिए। *(P.U. 1994, 96, P.U. 1995 Back Paper)*

अध्याय **2**

जलीय चक्र
(HYDROLOGICAL CYCLE)

2.1 जलीय चक्र का सामान्य अर्थ (General Meaning of Hydrological Cycle)

जलीय चक्र का जल विज्ञान के अध्ययन में केन्द्रीय स्थान है। जल के समस्त यौगिक स्वरूपों की सतत गतिशीलता तथा उनका परस्पर अन्योन्याश्रित सम्बन्ध जलीय चक्र की संकल्पना का आधार है। मींजर महोदय जलीय चक्र को जल विज्ञान की केन्द्रीय संकल्पना के रूप में स्वीकार करते हैं। इस प्रकार जलीय चक्र का सामान्य अर्थ सम्पूर्ण जल बजट की चक्रण क्रिया से लिया जाता है। जल के विभिन्न रूपों का विभिन्न दशाओं एवं स्थानों पर परिसंचरण की क्रिया को जलीय चक्र या जल चक्र कहते हैं।

जीवमण्डल के समस्त प्राणि वर्ग के जीवन अस्तित्व एवं जैविक क्रियाओं के संचालन के लिए आक्सीजन, कार्बन तथा हाइड्रोजन जैसे महत्वपूर्ण तत्वों की आवश्यकता होती है। ये तत्व जैविक पदार्थों के शुष्क वजन के लगभग 90% भाग का निर्माण करते हैं जिसके अंतर्गत जल के रूप में हाइड्रोजन तथा आक्सीजन सम्मिलित रूप में जीवों के सकल भार के 80.5% भाग का प्रतिनिधित्व करते हैं। जीवमण्डल में हाइड्रोजन की उपस्थिति जल के रूप में होती है। अत: हाइड्रोजन चक्र को जलीय चक्र के रूप में परिभाषित किया जाता है। जैवमण्डल में जल सर्वाधिक महत्वपूर्ण एवं उपयोगी तत्व है जिसका निर्माण हाइड्रोजन के दो एटम (H_2) तथा आक्सीजन के एक एटम (O) के सम्मिश्रण (H_2O) से होता है। जलीय-चक्र में जल का वितरण विभिन्न रूपों, दशाओं एवं अवस्थितियों में मिलता है उदाहरण के लिए–(1) वायुमण्डल में गैसीय या वाष्प रूप में (जलवाष्प एवं आर्द्रता), (2) उच्च अक्षांशों (ध्रुवीय प्रदेशों) तथा उच्च पर्वतीय शिखरों पर हिमानी एवं परिहिमानी के रूप में ठोस अवस्था में, (3) तालाबों, झीलों, नदियों, सागरों-महासागरों, जीवित, जीवों एवं जैविक पदार्थों में अस्थिर एवं स्थिर अवस्था में तरल रूप में, तथा (4) धरातल की विभिन्न शैल संरचनाओं एवं मिट्टी की परतों के साथ मृदा संपृक्त अवस्था में इत्यादि। जलीय चक्र में जल की विभिन्न स्थितियों, दशाओं एवं रूपों का प्रादुर्भाव सतत क्रियाशील जटिल प्रक्रियाओं के माध्यम से होता है जिनमें वाष्पीकरण, वाष्पोत्सर्जन, वर्षण, वर्षण अवरोध, अन्त:स्पन्दन

रिसाव, भण्डारण तथा जल अपवाह की क्रिया महत्वपूर्ण है। जलीय चक्र के संचालन में जल के साथ इन प्रक्रियाओं का सतत निवेश मिलता है। जल जलीय चक्र का प्रधान तत्व एवं जैवमण्डल के जलीय रचना विधान का कारक है क्योंकि *(i)* यह सभी तत्वों की घुलन क्रिया के लिए समर्थ है; *(ii)* यह ऊष्मा भण्डारण की क्षमता अपेक्षाकृत अधिक रखता है; *(iii)* यह पादप एवं प्राणि जगत के पोषण में पूरी मदद करता है; *(iv)* यह जैवमण्डल के तत्व संरचना के संचरण में सहायक होता है।

जलीय चक्र एक ऐसा चक्र है जिसकी क्रियाविधि निर्बाध रूप से चलती है। इसका ना तो कोई आदि है और ना तो कोई अन्त। यह एक सतत गतिशील चक्र है। चक्र की विभिन्न स्थितियों एवं अर्न्तक्रियाओं में अर्न्तसम्बद्धता होती है। जलीय चक्र भौगोलिक दशाओं एवं स्थानिक-कालिक प्रभावों एवं परिवर्तनों के बावजूद भी एक निश्चित समय में अवश्य पूरा होता है।

2.2 जलीय चक्र की परिभाषा (Definition of Hydrological Cycle)

जलीय चक्र को निम्नलिखित रूपों में परिभाषित किया जा सकता है–

1. एच. एम. डिक्स (1981)[1] के अनुसार

"जलीय चक्र एक सतत प्राकृतिक प्रक्रिया हैं जिसमें जल का वायुमण्डल, स्थल, सागर, सभी जीवित पौधों तथा वस्तुओं और औद्योगिक प्रतिष्ठानों के बीच आदान-प्रदान होता है।"

2. जैकी स्मिथ (Jackie Smith, 1984)[2] के अनुसार

"जलीय चक्र जल का चक्र है। वायुमण्डल, स्थल तथा महासागरों के बीच जल के चक्रीय प्रवाह को जलीय चक्र कहते हैं।"

3. के. जी. गुरेविच (K. G. Gurevich, 1983)[3] के अनुसार

"जलीय चक्र विशेष महत्व की एक प्रभावकारी प्रक्रिया है जो वायुमण्डल, जैवमण्डल और जलमण्डल को एक साथ जोड़ती है।"

उपरोक्त व्याख्या के आधार पर स्पष्ट है कि जल की चक्रीय व्यवस्था जैवमण्डल के समस्त जीवधारियों के लिए परमावश्यक है। जलीय चक्र की विभिन्न

1. "The hydrological cycle is a continuous natural processes whereby water is exchanged between the atmosphere, the land, the sea, all living plants and animals and industrial plants."
2. "Hydrologic cycle is a water cycle. The cyclic movement of water between the atmosphere, the land and sea is known as hydrological cycle."
3. "The hydrologic cycle is a grandiose process of vital importance which links together the atmosphere, the biosphere, and the hydrosphere."

स्थितियों में जल सागर, नदियों एवं झीलों से जलवाष्प के उत्सर्जन के रूप में, धरातलीय सतह एवं प्राकृतिक वनस्पतियों से वाष्पीकरण एवं वाप्पोत्सर्जन के रूप में, वायुमण्डलीय जलवाष्प के संघनन से मेघों के रूप में, वायुमण्डलीय परिधि, धरातल एवं समस्त जलाकृतियों पर जलवर्षण के रूप में, धरातल पर प्रवाहित जल के रूप में, तथा धरातल की निचली परतों में अन्तर्निवेशन प्रक्रिया से भौमजल मृदासपृंक्त जल के रूप में गतिशील होता है। जल की इन समस्त चक्रीय अवस्थाओं का यौगिक स्वरूप ही जलीय चक्र का निर्माण करता है।

2.3 विश्वस्तरीय जलीय चक्र की क्रियाविधि (Mechanism of Global Hydrological Cycle)

जलीय चक्र का सम्बन्ध जैविक एवं अजैविक तत्वों से प्रत्यक्ष एवं परोक्ष रूप में मिलता है। चक्र का सम्पादन प्रादेशिक एवं विश्वस्तरीय दोनों रूपों में होता है। प्रादेशिक स्तर पर जलीय चक्र की क्रियायें सामुद्रिक क्षेत्रों, स्थलीय खण्डों, हिमानी प्रदेशों तथा वन क्षेत्रों में देखी जा सकती है किन्तु इस प्रकार का जल चक्र सर्वव्यापी नहीं होता। प्रादेशिक स्तर पर खण्डकालिक जल चक्र सामूहिक रूप में विश्वस्तरीय जल चक्र का निर्माण करते हैं। जलीय चक्र को पर्यावरण के किसी एक इकाई में सीमांकित नहीं किया जा सकता है। अतः प्रादेशिक स्तर पर आंशिक जल चक्र का विश्वस्तरीय महत्व नहीं होता। वह मात्र सम्पूरक होता है।

विश्वस्तरीय जल चक्र एक निश्चित क्रियाविधि से संचालित होता है कुछ महत्वपूर्ण क्रियाविधियां इस प्रकार है–

(*i*) सूर्यातप के माध्यम से सागरीय जल का वाष्पीकरण एवं वाष्पोत्सर्जन।

(*ii*) जल का जलवाष्प या आर्द्रता में रूपान्तरण।

(*iii*) वायुमण्डल में वायुसंचरण द्वारा जलवाष्प का महासागरों एवं महाद्वीपों के ऊपर परिवहन।

(*iv*) वायुमण्डलीय आर्द्रता या जलवाष्प का संघनन एवं मेघों के रूप में रूपान्तरण।

(*v*) वायुमण्डलीय जलवाष्प का वर्षण के रूप में महाद्वीपों एवं महासागरों के ऊपर अवक्षेपण (वर्षण तीन रूपों में सम्पादित हो सकती है–तरल जल वर्षा के रूप में, ठोस हिम के रूप में तथा ओस, कुहरा, पाला, तुषार के समान गौण रूप में)।

(*vi*) धरातल पर प्राप्त जल का विभिन्न माध्यमों से अन्ततः महासागरों में वापसी एवं संचयन।

विश्वस्तरीय जलीय चक्र की क्रियाविधि को जलीय चक्र के क्रमिक विकास के चरण के रूप में भी सम्बोधित किया जा सकता है। जलीय चक्र के विकास के **प्राथमिक चरण** में सौर्यिक ऊर्जा के फलस्वरूप जलीय क्षेत्रों यथा झीलों, सागरों एवं महासागरों से जल का वाष्पीकरण होता है जिसके फलस्वरूप जल परावर्तित होकर वाष्प के रूप में वायुमण्डल में पहुँचता है। इस प्रक्रिया द्वारा महासागरीय जल क्षेत्रों से प्रति वर्ष 109,000 घन मील जल की मात्रा का वाष्पीकरण होता है। स्थलीय क्षेत्रों के जलीय भाग, मृदामण्डल एवं प्राकृतिक वनस्पतियों में उपलब्ध जल प्रतिवर्ष 15000 घन मील की मात्रा से वाष्पीकृत होकर वायुमण्डल में विलीन हो जाता है। जलीय चक्र के विकास के **द्वितीय चरण** में महाद्वीपीय एवं महासागरीय जल का जल वाष्प के रूप में रूपान्तरण होता है। वायुमण्डल में सौर्यिक ऊर्जा की मात्रा जितनी अधिक होती है उतनी ही अधिक मात्रा में जल का जलवाष्प के रूप में रूपान्तरण भी होता है। विकास के **तृतीय चरण** में वायुमण्डल में वायु संचार के द्वारा जलवाष्प सामूहिक रूप में महासागरों एवं महाद्वीपीय खण्डों के ऊपर संचरित होता है। वायुसंचरण परिवर्तनशील होता है इसलिए जलवाष्प परिवहन भी विभिन्न पर्यावरणीय दशाओं में परिवर्तनशील होता है। विकास के **चतुर्थ चरण** में जलवाष्प का संघनन होता है तथा जलवर्षण के लिए उपयुक्त वायुमण्डलीय दशाओं का निर्माण होता है। संघनन क्रिया के साथ ही जलवाष्प का मेघों के रूप में रूपान्तरण होता है। जलीय चक्र के विकास के **पंचम चरण** में ऊपर उठती हवाओं में स्थित जलवाष्प के संघनन के कारण जलवर्षण की क्रिया प्रारम्भ हो जाती है जो महाद्वीपों एवं महासागरीय भागों पर एक साथ होती है। वर्षण की यह क्रिया कई रूपों में सम्पन्न होती है–

(i) प्रत्यक्ष वर्षा या सीधा वर्षण (Direct Precipitation) – जो सीधे नदियों, झीलों, सागरों तथा महासागरों के ऊपर होती है जिसमें जल का विलय ढाल के अनुरूप लघु जलाकृतियों से बृहदाकार जलाकृतियों में होता जाता है। नदियों द्वारा महासागरों में जल का भण्डारण इसी श्रेणी में रखा जाता है।

(ii) जल वर्षा के दौरान आकाशी जल का कुछ भाग पेड़-पौधों की शाखाओं और तनों के सहारे तना प्रवाह (Stem flow) या हवाई सरिता (Aerial stream lets) के रूप में जमीन पर आता है और धीरे-धीरे भूमिगत हो जाता है। इस दौरान पेड़-पौधों को प्राप्त जल का वाष्पीकरण भी होता है।

(iii) जल वर्षा का कुछ भाग वनस्पतिविहीन या विरल वनस्पति वाले भागों में सीधे धरातल पर पहुँचता है।

जल वर्षा का जो भी भाग वनस्पतियाँ और धरातलीय जलाकृतियाँ प्राप्त करती हैं उसका कुछ भाग वाष्पोत्सर्जन द्वारा वायुमण्डल को प्राप्त हो जाता है। अवशिष्ट जल की मात्रा जलीय चक्र के विकास की अन्तिम अवस्था में विभिन्न

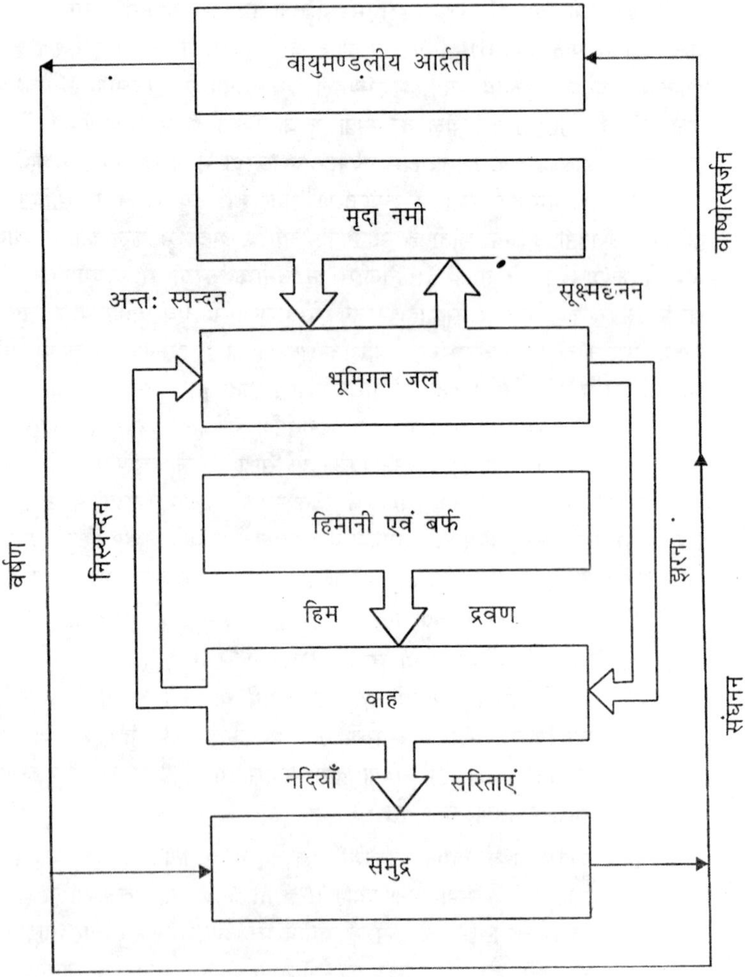

चित्र 2.1. जलीय चक्र के संघटक

माध्यमों से सागरीय भागों में विलीन हो जाती है। जल वर्षा का अधिकांश भाग प्रभावी स्थल प्रवाह (वाही जल) के रूप में सागर की ओर संचरण करता है जबकि कुछ भाग अन्त:संचरण के उपरान्त भूमिगत जल के रूप में मिलता है।

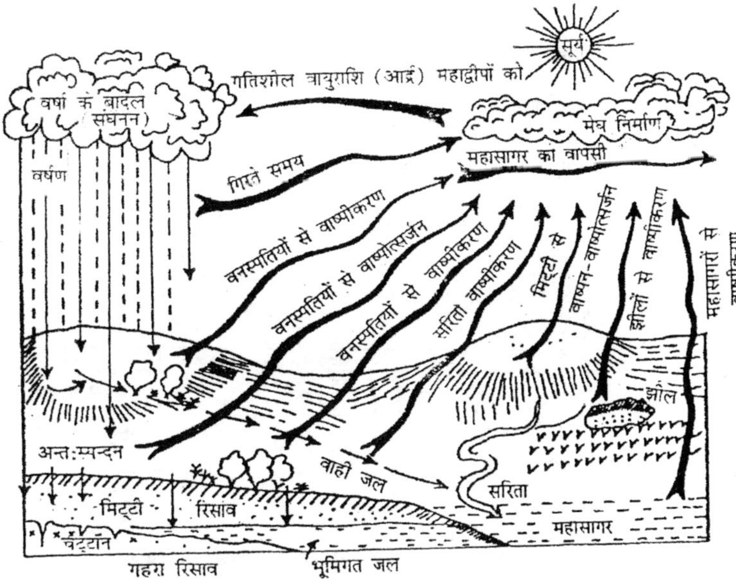

चित्र 2.2. जलीय चक्र का वर्णनात्मक प्रतिरूप (एक्समैन एवं अन्य)

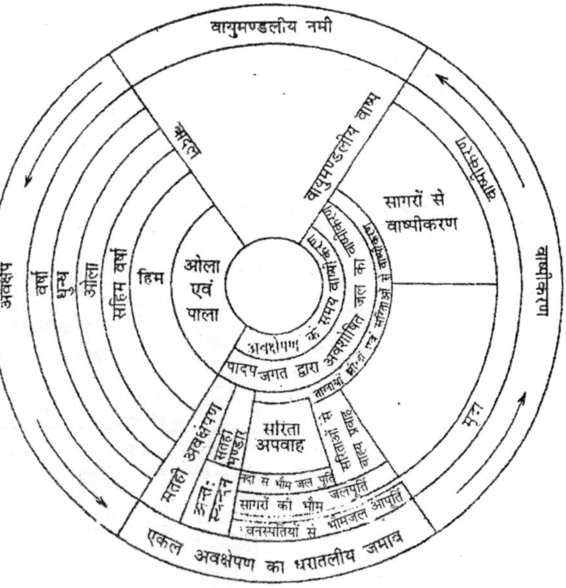

चित्र 2.3. जलीय चक्र का गुणात्मक प्रतिरूपण

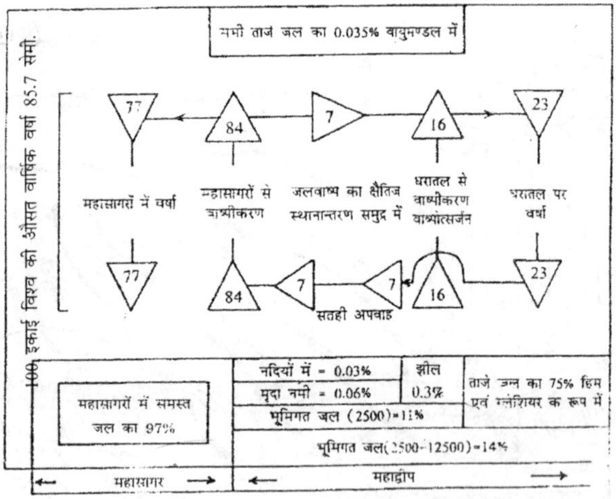

चित्र 2.4. जलीय चक्र का मात्रात्मक प्रतिरूप

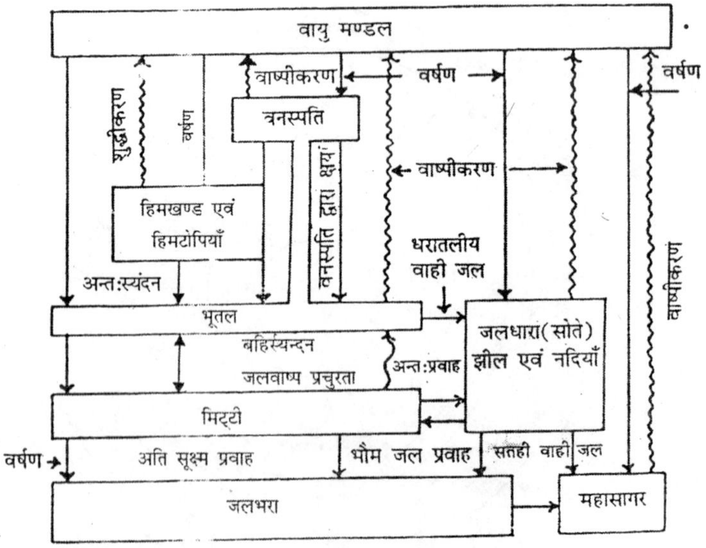

चित्र 2.5. जलीय चक्र का अभियान्त्रिकी प्रतिरूप

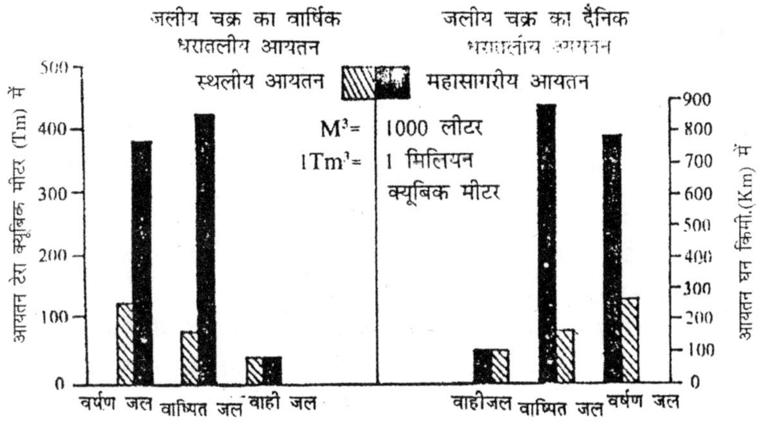

चित्र 2.6. जलीय चक्र का धरातलीय आयतन (एच. एम. डिक्स, 1981 के अनुसार)

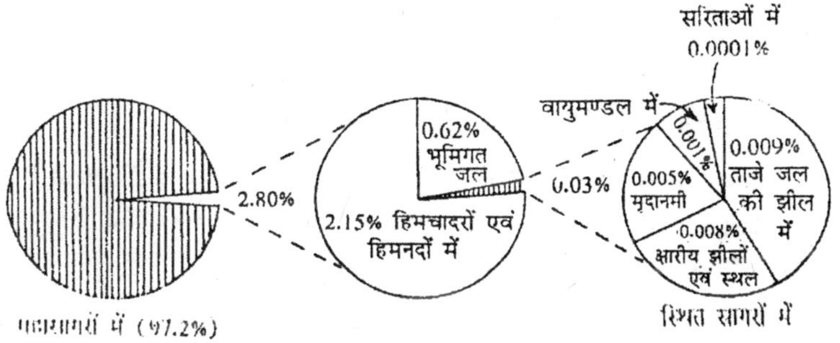

चित्र 2.7. विभिन्न जल भण्डारों में सकल धरातलीय जल का आयतन

धरातल के नीचे एक स्थायी भौम जलस्तर होता है जो पृथ्वी के आन्तरिक भाग में चीका जैसी अप्रवेश्य शैलों के ऊपर मिलता है। भौम जल स्तर भी कई दिशाओं की ओर प्रवाहित होता है। इनमें से कुछ जल कोशिका का क्रिया (Capillary Action) द्वारा धरातल के ऊपर भी पहुँचता है। यह जल पादपों द्वारा जड़ परासरण क्रिया द्वारा अवशोषित किया जाता है। मृदा जल भण्डार के कुछ जल का वाष्पीकरण द्वारा तथा कुछ जल का पौधों से वाष्पोत्सर्जन द्वारा वायुमण्डल में क्षय होता है। भौम जल कही पर चश्मों एवं सोतों के रूप में पुनः सतह पर पदार्पण करता है। मृदा जल भण्डार से अन्तःसंचरण द्वारा जो जल धरातल की गहराई में एकत्रित होता है उसे भौमजल भण्डार कहते हैं। कोशिका क्रिया द्वारा भूमिगत जल का कुछ भाग नीचे गहराई में आधार शैलों में अवरुद्ध हो जाता है। इस प्रकार सिद्ध होता

है कि जलीय चक्र की सभी प्रक्रियायें सागरीय क्षेत्र, वायुमण्डल तथा स्थलमण्डल से होकर क्रियान्वित होती है। महासागर से जलीय चक्र की शुरूआत एक नियमित चक्रण के बाद अपने निश्चित स्थान पर आकर समाप्त भी हो जाती है। जलीय चक्र जिन प्रक्रियाओं से सम्पादित होता है उसे जलीय चक्र के संघटक (Components of Hydrological Cycle) के रूप में भी परिभाषित करते हैं (चित्र 2.1)।

2.4 विश्वस्तरीय जलीय चक्र के प्रतिरूप (Models of Global Hydrological Cycle)

जल वैज्ञानिकों ने जलीयचक्र की क्रियाविधि, तथा चक्र के अंतर्गत जल के वितरणों, जल के गुणात्मक स्वरूपों एवं मात्रात्मक स्थितियों के कारण आरेखीय प्रदर्शन के लिए विभिन्न प्रतिरूपों का निर्माण किया है। इन प्रतिरूपों के द्वारा जलीय चक्र के विभिन्न आयामों का स्पष्टीकरण आसानी से हो जाता है।

***(i)* जलीय चक्र का वर्णनात्मक प्रतिरूप (Descriptive Model of Hydrological Cycle) :** जलीय चक्र के वर्णनात्मक प्रतिरूप की व्याख्या एक्समैन और उसके साथियों ने सहज ढंग से की है (चित्र 2.2)। इसमें जलीय चक्र की समस्त प्रक्रियाओं का यथास्थिति विवरण मिलता है।

***(ii)* जलीय चक्र का गुणात्मक प्रतिरूप (Qualitative Model of Hydrological Cycle) :** जलीय चक्र का गुणात्मक प्रतिरूप पृथ्वी को एक ग्लोब के रूप में मानकर प्रस्तुत किया गया है (चित्र 2.3)। यह एक ज्यामितीय प्रतिरूप है जो हार्टन महोदय के द्वारा निश्चित किया गया है।

***(iii)* जलीय चक्र का मात्रात्मक प्रतिरूप (Quantitative Model of Hydrological Cycle) :** मात्रात्मक प्रतिरूप के द्वारा जलीय चक्र में जल की विभिन्न स्थितियों में उसकी मात्रा का उल्लेख किया गया है (चित्र 2.4)।

***(iv)* जलीय चक्र का अभियान्त्रिकी प्रतिरूप (Engineering Model of Hydrological Cycle) :** इस प्रतिरूप का निर्माण इन्जीनियरों द्वारा तकनीकी दृष्टिकोण से विभिन्न प्रकार की डिजाइनों के लिए किया गया है (चित्र 2.5)। यह एक विकसित प्रतिरूप है।

2.5 जलीय चक्र का धरातलीय आयतन (Global Volume of Hydrological Cycle)

एच.एम. डिक्स (H.M. Dix, 1981) ने स्थलीय एवं महासागरीय भागों पर जलीय चक्र के वार्षिक एवं दैनिक धरातलीय आयतन को प्रदर्शित करने का प्रयास किया है (चित्र 2.6)। डिक्स ने वाही जल, वाष्पित जल एवं वर्षण से प्राप्त जल

को आयतन निर्धारण का आधार माना है। डिक्स के अनुसार जलीय चक्र का वार्षिक: स्थलीय आयतन वाही, वाष्पित एवं वर्षण से प्राप्त जल के रूप में क्रमश: 40, 80 एवं 120 टेरा क्यूबिक मीटर (Tm^3) होता है जबकि महासागरीय क्षेत्रों में वाही, वाष्पित एवं वर्षण जल के रूप में यही आयतन क्रमश: 40, 420 एवं 320 टेरा क्यूबिक मीटर प्राप्त होता है। इसी प्रकार जलीय चक्र के दैनिक धरातलीय आयतन के सन्दर्भ में स्थलीय एवं महासागरीय भागों पर वितरण का उल्लेख मिलता है। जलीय चक्र का दैनिक स्थलीय एवं महासागरीय आयतन, वाही, वाष्पित एवं वर्षण जल के रूप में क्रमश: 100, 160 एवं 260 क्यूबिक मीटर (m^3) तथा 100, 875 एवं 775 क्यूबिक मीटर मिलता है।

विश्व स्तर पर प्राप्त समस्त जल का 97.2 प्रतिशत भाग महासागरों में स्थित है। यदि समस्त विश्व चित्र 2.3 के आधार पर ग्लोब के रूप में मान लिया जाय तो जल की यह मात्रा इसको 800 फीट गहराई तक डुबोने के लिए पर्याप्त होगी। सम्पूर्ण शुद्ध जल की मात्रा 33 ट्रिलियन एकड़ फीट नापी गयी है। इस शुद्ध जल का 75 प्रतिशत ध्रुवीय बर्फ एवं हिमनद के रूप में (विश्व के सम्पूर्ण जल का 2.15 प्रतिशत), 14 प्रतिशत भूमिगत जल जो कि 2500 से 12500 फीट गहराई के बीच, 11 प्रतिशत भूमिगत जल जो कि 2500 फीट से कम गहराई में (सम्पूर्ण जल भण्डार का 0.62 प्रतिशत), 0.3 प्रतिशत झीलों के रूप में, 0.06 मृत्तिका आर्द्रता के रूप में, 0.03 प्रतिशत सरिताओं के रूप में तथा 0.035 प्रतिशत वायुमण्डल में वितरित है। इस प्रकार वायुमण्डल में जल कम मात्रा में विद्यमान रहता है किन्तु वायुमण्डल से एक बड़ी मात्रा में जल का वार्षिक संचरण होता है। धरातलीय वार्षिक वर्षा वायुमण्डल में किसी समय के विद्यमान जल से 7.6 गुना अधिक होती है। जलीय चक्र के मात्रात्मक प्रतिरूप (चित्र 2.4) में विश्व की औसतन वार्षिक वर्षा 85.7 सेन्टीमीटर (33.8 इंच) को जलीय चक्र की 100 इकाई मानकर प्रदर्शन किया गया है।

विश्व के समस्त जल भण्डारण (100 प्रतिशत) में महासागरीय अंश 97.2 प्रतिशत के बाद शेष कुल जल का प्रतिशत 2.8 ही प्राप्त होता है। 2.8 प्रतिशत में से 2.15 प्रतिशत हिमचादरों एवं हिमनदों के रूप में सुरक्षित है। बचे हुए भाग में 0.62 प्रतिशत भूमिगत के रूप में तथा 0.01 प्रतिशत सरिताओं, वायुमण्डल, क्षारीय एवं ताजे जल की झीलों तथा स्थल स्थित सागरों में संचित है। 0.03 प्रतिशत जल भण्डार एक ऐसा भण्डार है जो सबसे अधिक मानवोपयोगी एवं जीवधारियों के लिए उपयुक्त है। जिसका 0.009% ताजे जल की झीलों, 0.008% क्षारीय झीलों एवं स्थल स्थित सागरों, 0.005% मृदा, 0.001% वायुमण्डल तथा 0.0001% सरिताओं में पाया जाता है (चित्र 2.7)।

इस प्रकार सुरक्षित जल का अधिकांश भाग वाष्पीकरण एवं वाष्पोत्सर्जन की क्रिया से प्रेरित होकर वायुमण्डल को प्राप्त हो जाता है। इस जल बजट का कुछ भाग पेड़ पौधों द्वारा वायुमण्डल की ओर उत्सर्जित किया जाता है। ऐसी विषम परिस्थिति में समस्त जल के धरातलीय आयतन का सूक्ष्म भाग ही प्रत्यक्ष रूप से वाही जल के रूप में धरातलीय सतह के ऊपर दिखायी देता है जिसे हम जल चक्र में क्रियाशील जल भण्डार की संज्ञा देते हैं।

2.6 जलीय चक्र एवं विश्वस्तरीय जल संतुलन (Hydrological Cycle and Global Water Balance)

जलीय चक्र के किसी भी तत्व (वाष्पीकरण, वर्षण, जल अपवाह इत्यादि) के भौगोलिक वितरण में समानता नहीं मिलती। स्थानिक-कालिक संदर्भ में जलीय चक्र के समस्त उपादान परिवर्तनशील होते हैं। प्रायः यह विश्वास किया जाता है कि विश्वस्तरीय जलीय चक्र के अंतर्गत भूतल पर वाष्पीकरण एवं वर्षण में संतुलन होता है परन्तु वाष्पीकरण एवं वर्षण में संतुलन का प्रतिरूप महाद्वीपों एवं महासागरों पर समान नहीं होता। स्थानिक कालिक सन्दर्भ में यदि व्याख्या की जाय तो स्पष्ट है कि वायुमण्डलीय जल की मात्रा जुलाई के महीने में जनवरी की अपेक्षा कहीं अधिक होती है। इसी प्रकार उत्तरी गोलार्द्ध के वायुमण्डल में जल की अधिक मात्रा जुलाई के महीने में तथा दक्षिणी गोलार्द्ध में जनवरी माह में अधिक रहती है। लेकिन उत्तरी गोलार्द्ध में जुलाई के वायुमण्डलीय जल की मात्रा दक्षिणी गोलार्द्ध के जनवरी के जल की मात्रा से अधिक रहती है।

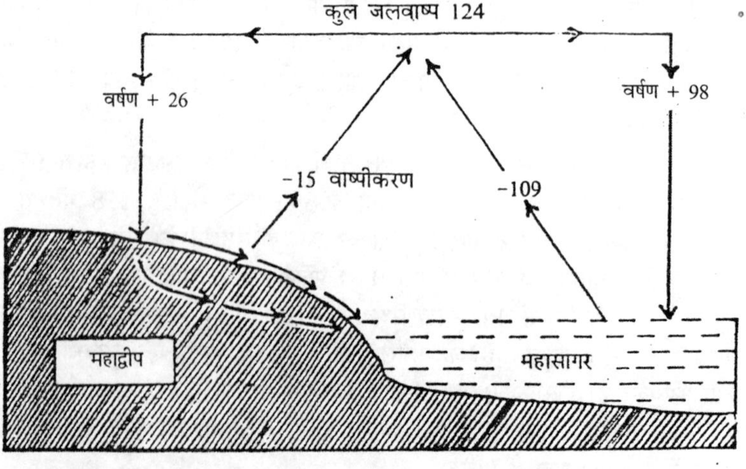

चित्र 2.8. विश्वस्तरीय जल संतुलन का प्रदर्शन (आंकड़े हजार घन मील वार्षिक)
(बुडिको, 1971 तथा स्ट्राहलर, 1977 के अनुसार)

एम. आई. बुडिको (M. I. Budyko, 1971) के ऑकलन के अनुसार महाद्वीपीय क्षेत्रों में वाष्पीकरण की मात्रा वर्षण की मात्रा से अधिक होती है। महासागरों से प्रतिवर्ष 4,55,000 घन किमी. जल का वाष्पीकरण होता है जबकि वर्षण द्वारा प्राप्त 4,09,000 घन किमी. जल की मात्रा प्रतिवर्ष महासागरों में वापस आ जाती है। इस प्रकार महासागरों से प्रतिवर्ष 46,000 घन किमी. जल की हानि होती है। इसके ठीक विपरीत महाद्वीपीय भागों (स्थलीय भागों) के विभिन्न जल भण्डारों (नदी, झील, तालाब, आन्तरिक सागर, मृदा जल आदि) से प्रतिवर्ष 62,000 घन किमी. जल का वाष्पीकरण होता है परन्तु वर्षण द्वारा स्थलीय भागों पर प्रतिवर्ष 108,000 घन किमी. जल प्राप्त होता है। इस प्रकार स्थलीय भागों पर प्रतिवर्ष 46,000 घन किमी. अतिरिक्त जल की प्राप्ति होती है। महासागरीय एवं स्थलीय भागों पर वाष्पीकृत जल एवं वर्षण से प्राप्त जल की मात्रा प्रतिवर्ष सामूहिक रूप में 5,17,000 घन किमी. होती है। स्थलीय भागों पर अतिरिक्त जल (46,000 घन किमी.) नदियों द्वारा महासागरों में वापस लौट आता है। महासागरों के वाष्पीकरण द्वारा जितना जल जलवाष्प के रूप में (4,55,000 घन किमी.) महासागरों के ऊपर वायुमण्डल में पहुँचता है उसका कुछ भाग (46,000 घन किमी.) वायुमण्डलीय पवन संचार द्वारा महाद्वीपों के ऊपर पहुँच जाता है। इस प्रकार महाद्वीपों पर कुल वाष्पीकरण से वर्षा की मात्रा अधिक होती है (चित्र 2.8)। बुडिको (1971) एवं स्ट्राहलर (1977) महोदय ने जलीय चक्र के अंतर्गत विश्वस्तरीय जल संतुलन का रैखिक प्रदर्शन कर वाष्पीकरण एवं वर्षण के अन्तर्सम्बन्धों एवं धरातलीय जल संतुलन को स्पष्ट करने का प्रयास किया है। जलीय चक्र में जल की मात्रा का अंकन निम्नलिखित जल संतुलन समीकरण (Water Balance Equation) से किया जाता है।

अन्त:प्रवाह (Inflow) = बर्हिवाह (Outflow) ± भण्डारण (Storage)

(I) (O) (S)

अथवा $I - O = S$

2.7 जलीय चक्र पर मानव का प्रभाव (Man's Influence on Hydrological Cycle)

सम्पूर्ण पर्यावरण के जैविक एवं अजैविक तत्वों की संरचना एवं कार्यशीलता में जलीय चक्र की अहम् भूमिका है। जैविक समुदाय के अंतर्गत मानव एक विशिष्ट प्राणी है। वह एक भौगोलिक अभिकर्त्ता है। गतिशील पृथ्वी एवं सक्रिय मानव के बीच स्थापित सहसम्बन्ध परिवर्तनशील है। मानव अपने विविध क्रिया-कलापों के लिए जलीय चक्र एवं सकल पारितंत्र पर आश्रित है। अपने चरम विकास की लालसा से उसने विज्ञान एवं तकनीकी क्षेत्र में आशातीत प्रगति हासिल की है।

सुदूर अन्तरिक्ष की परिधि में उसने अपने पदचिन्हों की छाप छोड़ी है। पर्यावरण की एकाग्रता की अनदेखी कर उसने अतिक्रमण की भावना एवं विकास की अतिशयता से सम्पूर्ण परिवेश की साम्यावस्था को विक्षुब्ध कर दिया है। उसके बहुमुखी प्रयासों से जल चक्र की निरन्तरता भी बाधित हुई है। पर्यावरण में गुणात्मक ह्रास की जिम्मेदारी अकेले मानव पर है। विकास के लिए उसने इतना अधिक विनाश कर डाला है कि प्रदूषण की झलक सर्वत्र प्रलय का संदेश दे रही है। यह तो उसकी विकृति सूझबूझ ही कही जायेगी क्योंकि उसने अपने जीवन की अमूल्य निधि जल को नाना प्रकार से विषाक्त किया है। मानव ने जलीय चक्र को अपने विश्वव्यापी क्रियाकलापों द्वारा विभिन्न रूपों में प्रभावित किया है–कुछ महत्वपूर्ण प्रभाव इस प्रकार हैं–

(1) कृत्रिम वर्षण का प्रभाव : मानव ने मेघ बीजन प्रक्रिया (Cloud Seeding Process) द्वारा कृत्रिम वर्षण करके जलीय चक्र को प्रभावित किया है। कृत्रिम वर्षण का प्रयास सर्वप्रथम 1946 में शेफर एवं लैंगम्यूर (Schaefer and Langmuir) नामक दो अमेरिकी वैज्ञानिकों ने किया था। इन वैज्ञानिकों ने वायुमण्डल में 4300 मीटर ऊँचाई पर वायुयान द्वारा ठोस कार्बन डाई आक्साइड तथा शुष्क बर्फ के कणों को छिड़ककर अति शीतलित मेघों का कृत्रिम बीजारोपण करके वर्षा करायी। इस दौरान अमेरिका में कृत्रिम वर्षण के कई सफल प्रयास किये गये। भारत में उत्तर प्रदेश प्रान्त के मिर्जापुर जनपद रिहन्द बाँध क्षेत्र के अंतर्गत कृत्रिम वर्षण का प्रयास किया जा चुका है। कृत्रिम वर्षण से मानव ने वर्षा की मात्रा में अभिवृद्धि की है तथा जलीय चक्र को प्रभावित किया है।

(2) वन विनाश एवं वनारोपण का प्रभाव : वन विनाश एवं वनारोपण का जलीय चक्र पर ऋणात्मक एवं धनात्मक प्रभाव पड़ता है। मानव द्वारा अपनी प्राथमिक आवश्यकताओं की पूर्ति हेतु किये गये वन विनाश से विश्वस्तरीय वर्षण में कमी तथा धरातलीय अपवाह में वृद्धि होती है। वर्षण की कमी से मरुस्थलीकरण का प्रकोप बढ़ता है जबकि अपवाह वृद्धि से जलग्रहण क्षेत्रों के सहारे बाढ़ की संभावनाएं होती हैं। वनारोपण के द्वारा वाष्पोत्सर्जन में वृद्धि, जल अपवाह में ह्रास, भूमिगत जलस्तर में वृद्धि एवं सरिता अपवाह में परिवर्तन होता है।

(3) सिंचाई का प्रभाव : मानव ने हरित क्रान्ति के परिप्रेक्ष्य में सिंचाई के साधनों में आशातीत वृद्धि की है। बढ़ते हुए सिंचाई के साधनों के कारण वास्तविक वाष्पीकरण वाष्पोत्सर्जन एवं स्रावक्षति में वृद्धि हो जाती है। कुआँ, ट्यूबवेल, पम्पसेट जैसे सिंचाई के साधनों द्वारा सिंचाई के लिए भारी मात्रा में भूमिगत जल का विदोहन होता है जिसका प्रभाव विश्वस्तरीय जलीय चक्र पर पड़ता है।

(4) बाँधों, जलाशयों एवं नदी परियोजनाओं के निर्माण का प्रभाव : मानव ने नदी जल मार्गों के सहारे बाँधों एवं जलाशयों का निर्माण कर बहुउद्देशीय परियोजनाओं का विकास किया है। जलावरोध के कारण स्थानीय भौमजलस्तर एवं वाष्पीकरण वाष्पोत्सर्जन क्रिया में तीव्रता से वृद्धि हुई है।

(5) सड़क एवं भवन निर्माण का प्रभाव : औद्योगिक विकास एवं बढ़ते हुए नगरीकरण के कारण भूमि संसाधन के बहुत बड़े भाग पर सड़कों एवं भवनों का निर्माण हुआ है। सड़कों एवं भवनों के निर्माण से वाष्पीकरण का ह्रास होता है और जलीय चक्र बड़े पैमाने पर बाधित होता है।

(6) कृषि का प्रभाव : मानव ने कृषि संसाधनों का तीव्रगति से विकास किया है। धरातल पर विभिन्न फसल प्रतिरूपों एवं फसलचक्रों के कारण जलीय चक्र प्रभावित होता क्योंकि शस्यीकरण एवं वानस्पतिक आवरण से जल का अधिक संचयन होता है तथा पौधों द्वारा जलावशोषण क्रिया के फलस्वरूप वाष्पोत्सर्जन की मात्रा में वृद्धि होती है।

(7) भूमि उपयोग में परिवर्तन का प्रभाव : मानव ने विज्ञान एवं तकनीकी विकास की होड़ में सामाजिक, आर्थिक, सांस्कृतिक, औद्योगिक, व्यापारिक, परिवहन आदि क्षेत्रों में व्यापक परिवर्तन करके धरातल के ऊपरी आवरण को कृत्रिम बना दिया है। आवश्यकतानुसार भूमि उपयोग में परिवर्तन किया है जिसके कारण पृथ्वी की नैसर्गिक सुषमा का विलोप हुआ है। सीमित स्वतंत्र भौतिक परिवेश के कारण जलीय चक्र प्रभावित हुआ है।

(8) औद्योगीकरण एवं तकनीकी विकास का प्रभाव : बढ़ता हुआ औद्योगीकरण एवं तकनीकी विकास जलीय चक्र के संतुलन में बाधक है। औद्योगीकरण के प्रभाव के कारण वायुमण्डल में कार्बन डाई आक्साइड गैस की वृद्धि हो रही है तथा ओजोन परत के क्षय का खतरा बढ़ता जा रहा है। कार्बन डाई आक्साइड के उत्सर्जन एवं क्लोरो-फ्लोरो कार्बन की वृद्धि के कारण वायुमण्डल में आकस्मिक ताप वृद्धि से जलीय चक्र पर दुष्प्रभाव पड़ता है।

(9) अंतरिक्ष अभियान का प्रभाव : मानव द्वारा अंतरिक्ष अभियान का प्रभाव जलीय चक्र पर विशेष रूप से देखा जा सकता है। वायुमण्डल में लगभग 22 किमी. की ऊँचाई पर ध्वनि की दुगुनी रफ्तार से उड़ने वाले सुपरसॉनिक जेट विमान द्वारा निस्सृत नाइट्रोजन आक्साइड से ओजोन मण्डल में ओजोन गैस का ह्रास होता है। ओजोन गैस सूर्य की पराबैंगनी किरणों को छानकर धरातल पर भेजती हैं। यदि ये किरणें धरातल पर पहुँच जाती तो पृथ्वी के धरातल पर तापमान इतना अधिक हो जाता कि किसी भी प्रकार के जीवन की संभावना ही नहीं हो पाती। इस प्रकार ओजोन परत के क्षय के कारण पृथ्वी पर तापमान की वृद्धि हो

रही है जो हिमनदों को पिघला देगा तथा साथ ही साथ वाष्पीकरण की मात्रा भी अधिक हो जायेगी। इन विषम परिस्थितियों में जलीय चक्र का प्रभावित होना स्वाभाविक है।

(10) पर्यावरण प्रदूषण का प्रभाव : मानव द्वारा पर्यावरण पर किये गये अतिक्रमण के कारण अवशिष्ट पदार्थों में वृद्धि हुई है तथा साथ ही साथ वायु, जल, एवं ध्वनि प्रदूषण की विकराल समस्या का जन्म हुआ है। विषाक्त धूल कणों, गैसों एवं अवसादों के निक्षेप के कारण जल के विभिन्न रूपों में आकस्मिक परिवर्तन हुआ है जो समवेत रूप में विश्वस्तरीय जल चक्र को प्रभावित कर रहा है।

(11) खनन कार्य का प्रभाव : औद्योगिक विकास हेतु मानव ने खनिजों, रसायनों एवं शक्ति संसाधनों की खोज हेतु व्यापक रूप से स्थलीय एवं सामुद्रिक भागों में खनन कार्य एवं सुरंगों का निर्माण किया है। इस प्रक्रिया से भूमिगत जल का अनावश्यक विनाश होता है तथा अवशिष्ट पदार्थों के जमाव से जलतल ऊपर उठता है जिससे बाढ़ की सम्भावनाएं बढ़ती हैं। इस प्रकार खनन कार्य भी जलीय चक्र को प्रभावित करता है।

सम्भावित प्रश्न

1. जलीय चक्र पर एक निबन्ध लिखिए तथा अन्य चक्रों पर इसके प्रभाव को दर्शाइये। (P.U. 1991)
2. 'जल चक्र पर मनुष्य का प्रभाव' पर एक लेख लिखिए। (P.U. 1992, 96)
3. जलीय चक्र एवं उसकी महत्वपूर्ण अवस्थाओं की स्पष्ट व्याख्या कीजिए। (P.U. 1993)
4. जल चक्र पर एक समालोचनात्मक टिप्पणी लिखिए। (P.U. 1995)
5. जलीय चक्र को परिभाषित कीजिए तथा जल चक्र पर मानव के प्रभावों को स्पष्ट कीजिए।
6. विश्वस्तरीय जलीय चक्र की क्रियाविधि एवं विकास के चरणों का रैखिक प्रतिरूपों के माध्यम से व्याख्या कीजिए।
7. जलीय चक्र के धरातलीय आयतन एवं जल संतुलन पर प्रकाश डालिए। (P.U. 1996)
8. 'जलीय चक्र एक सतत प्राकृतिक प्रक्रिया है' सम्पूर्ण ग्लोब के सन्दर्भ में परीक्षण कीजिए।
9. जलीय चक्र पर मानव के प्रभाव का सकारण विवरण प्रस्तुत कीजिए। (P.U. 1994, 1995 Back Paper)

अध्याय
3

धरातलीय जल बजट एवं जल सन्तुलन (GLOBAL WATER BUDGET AND WATER BALANCE)

3.1 धरातलीय जल बजट एवं जल बजट का सामान्य अर्थ एवं परिभाषा

जल का संचरण वायुमण्डल, पृथ्वी तल एवं भू-सतह के नीचे गैसीय, ठोस एवं तरल तथा मृदासिक्त अवस्था में होता है। इसे धरातलीय जल का वितरण कहते हैं। धरातलीय जल के वितरण में जलीय चक्र की प्रमुख भूमिका होती है। धरातलीय जल बजट और जलीय चक्र में अटूट सम्बन्ध है। जलीय चक्र सम्पूर्ण भूमण्डलीय जल बजट के चक्रण क्रिया का नाम है जबकि धरातलीय जल बजट का सम्बन्ध सम्पूर्ण जलीय चक्र में प्रयुक्त जल के समस्त यौगिक स्वरूप से है। धरातलीय जल बजट के अंतर्गत जल के विभिन्न स्वरूपों की सम्पूर्ण मात्रा का सर्वेक्षण, मापन, मूल्यांकन एवं वैज्ञानिक विश्लेषण सम्मिलित होता है। जीवन का हर पहलू जल से पोषित है। अतः धरातलीय जल बजट का सम्यक् ज्ञान भी जनसामान्य के लिए आवश्यक है।

सोवियत रूस के जलवेत्ता पी.पी. क्लीमेन्टोव (P.P. Klimentov) के विचारों को अंग्रेजी भाषा में प्रस्तुत करते हुए के.जी. गुरेविच (K.G. Gurevich 1983) ने धरातलीय जल बजट को इस प्रकार परिभाषित किया है।

> "नदी बेसिन, अलग-अलग प्रदेशों अथवा सम्पूर्ण ग्लोब के लिए जलीय चक्र का मात्रात्मक प्रदर्शन ही जल बजट कहलाता है।"[1]

इस प्रकार हम कह सकते है कि धरातलीय जल बजट सम्पूर्ण ग्लोब पर विभिन्न रूपों में संचित जल का एक क्रमबद्ध मात्रात्मक विवरण है जिसमें जल की गुणात्मक विशेषताओं का स्थानिक-कालिक एवं पारिस्थितिक संदर्भ में वैज्ञानिक विश्लेषण भी किया जाता है।

3.2 धरातलीय जल बजट का विवरण (Description of Global Water Budget)

धरातल के समस्त प्राकृतिक संसाधनों में जल की तुलना में कोई भी संसाधन

---

1. "The quantitative representation of the hydrological cycle for river basins, seperate regions or for the globe as a whole is called the water budget." General Hydrogeology.

जीवन के लिए विशेष महत्वपूर्ण नहीं माना जाता। अपने भौतिक गुणों के कारण यह धरातल का विशिष्ट यौगिक है। हम इसे सूँघ सकते हैं, पान कर सकते हैं, इसमें नहा सकते हैं, इस पर भ्रमण कर सकते है अथवा नैसर्गिक सुन्दरता के रूप में इसे देख सकते हैं। यह धरातल पर कच्चे पदार्थ, शक्ति के स्रोत, अवशिष्ट निपटान के कारक, घोलक, उष्मा संचरण के माध्यम और आधुनिक तकनीक के अंतर्गत शीतलक के रूप में उपयोग में लाया जाता है। ताप परिवर्तन के संदर्भ में गैसीय, तरल एवं ठोस रूप में इसकी प्रकृति का परिवर्तन वायुमण्डलीय प्रक्रमों को अत्यंत निकट से प्रभावित करता है। इस प्रकार ग्लोब पर विभिन्न रूपों में कालिक-स्थानिक संदर्भ में इसकी उपलब्धता मौसम एवं जलवायु की प्रतिफल है। यद्यपि यह वैज्ञानिक सत्य है कि धरातलीय जल का केवल 1% सूक्ष्म भाग ही किसी समय वायुमण्डल में संचित हो पाता है किन्तु यदि समस्त वायुमण्डलीय आर्द्रता का वर्षण धरातल पर हो जाये तो समस्त ग्लोब के ऊपर लगभग 25 मिलीमीटर गहरे जल का आवरण घिर जायेगा। वायुमण्डल, स्थलमण्डल, जैवमण्डल एवं जलमण्डल में स्थिर समस्त जल सम्मिलित रूप में धरातलीय जल बजट का मात्रात्मक विवरण प्रस्तुत करते हैं।

धरातल के अधिकतम स्वच्छ जल का भण्डारण हिमानी क्षेत्रों में मिलता है जो लगभग 16 मिलियन वर्ग किमी. क्षेत्र आवृत किये हुए हैं। यह फैलाव समस्त स्थलीय सतह का लगभग 11 प्रतिशत है। अंटार्कटिका महाद्वीप में हिम की मोटाई सबसे अधिक मापी गयी है। वैज्ञानिकों के अनुसार यहाँ हिम की औसत मोटाई 2000 मीटर है। सोवियत वैज्ञानिक के अनुमान के आधार पर अधिकतम मोटाई 4200 मीटर है। यदि धरातल पर संचित समस्त हिम का द्रवण हो जाये तो सागर तल में 64 मीटर की लम्बवत वृद्धि होगी, विश्व के महासागरीय क्षेत्र में 1.5 मिलियन वर्ग किमी. का अतिरिक्त क्षैतिजिक विस्तार होगा और वर्तमान महाद्वीपीय क्षेत्र लगभग 1 प्रतिशत सिकुड़ जायेगा।

धरातलीय जल बजट की मात्रात्मक पुष्टि वर्षण की मात्रा, वाष्पीकरण, वाष्पोत्सर्जन, वार्षिक जल अपवाह, भौमजल संचयन, अन्तस्थलीय एवं महासागरीय जल भण्डारण, मृदा नमी संचयन, हिमानी एवं वायुमण्डलीय जलवाष्प के यौगिक रूप से होता है। विभिन्न प्रदेशों में वर्षण की मात्रा के आधार पर जल बजट का निर्धारण अलग-अलग रूपों में होता है। तालिका 3-I में ग्लोब के विभिन्न प्रदेशों में वर्षण की मात्रा एवं उसके क्षेत्रफल के प्रतिशत के आधार पर जल बजट के प्रभावकारी प्रदेश का मूल्यांकन किया जा सकता है।

तालिका 3-I

धरातल के विभिन्न प्रदेशों में वर्षण की मात्रा एवं आवृत क्षेत्रफल

क्रम संख्या	जलवायु प्रदेश	वर्षण की मात्रा सेमी. में	विश्व क्षेत्रफल का प्रतिशत
1.	शुष्क प्रदेश	25 से कम	25
2.	अर्द्ध शुष्क प्रदेश	25 से 50	30
3.	उपार्द्र प्रदेश	50 से 100	20
4.	आर्द्र प्रदेश	100 से 150	11
5.	अधिक आर्द्र प्रदेश	150 से 200	09
6.	अत्यन्त आर्द्र प्रदेश	200 से अधिक	05

तालिका 3-I से स्पष्ट है कि आर्द्र जलवायु प्रदेशों में वर्षण की अत्यधिक मात्रा से जल की प्राप्ति अधिक होती है। अतः धरातलीय जल बजट के अधिकांश भाग की पूर्ति इन्हीं प्रदेशों से होती है।

विभिन्न महाद्वीपों पर सपोक्षिक आर्द्रता तथा शुष्कता की मात्रा का अनुमान उनके औसत वार्षिक अपवाह से किया जा सकता है। औसत वार्षिक अपवाह का मापन नदियों के कुल अनुमानित जल निस्सरण (Water discharge) की मात्रा को महाद्वीपों के कुल क्षेत्रफल से विभाजित करने पर प्राप्त होता है। इस प्रकार औसत वार्षिक अपवाह (तालिका 3-II) जल की कुल गहराई का सूचक है जिसके माध्यम से अलग-अलग महाद्वीपों पर जल बजट निर्धारण में सहायता मिलती है।

सम्पूर्ण ग्लोब का सम्पूर्ण धरातलीय क्षेत्रफल लगभग 510 मिलियन वर्ग किमी. है। समस्त महासागरों एवं सागरों के द्वारा आवृत क्षेत्रफल 361.10 वर्ग किमी. है जो समस्त क्षेत्रफल का 70.8% है। जबकि स्थलीय खण्ड का क्षेत्रफल 148.9 मिलियन वर्ग किमी. (29.2%) है। लगभग 116.8 मिलियन वर्ग किमी. स्थलीय सतह से जल सीधे महासागरों की ओर प्रवाहित होता है। इस प्रदेश को बाह्य खुला प्रवाह (Exorheic) कहते हैं। शेष 32.1 मिलियन वर्ग किमी. महाद्वीपीय क्षेत्रफल बन्द प्रवाह (Endorheic) के रूप में जाना जाता है। बन्द प्रवाह प्रदेशों (प्रायः रेगिस्तानी भाग) में प्रविष्ट होने वाला जल मुख्यतया वाष्पीकरण क्रिया से गतिशील होता है। ग्लोब के वार्षिक जल बजट का उल्लेख सोवियत वैज्ञानिक एम. आई. लवोविच (M. I. Lovovich) के अनुसार तालिका 3-III में किया गया है।

तालिका 3-II

ग्लोब पर महाद्वीपीय औसत वार्षिक अपवाह

क्रम संख्या	महाद्वीप	औसत वार्षिक अपवाह (सेमी. में)
1.	दक्षिणी अमेरिका	44.20
2.	उत्तरी अमेरिका	31.00
3.	यूरोप	26.30
4.	अफ्रीका	20.00
5.	एशिया	16.80
6.	आस्ट्रेलिया	07.50

तालिका 3-III

सम्पूर्ण ग्लोब का वार्षिक जल बजट (After M. I. Lvovich)

जल बजट के घटक	वार्षिक आयतन घन किमी. में	वार्षिक गहराई मिमी. में	धरातलीय वर्षण दर का प्रतिशत
अ.खुला महाद्वीपीय क्षेत्र (Exorheic Continental Area-116800 हजार वर्ग किमी.)			
वर्षण	106000	910	20.2
सरिता वाही जल	41000	350	7.8
वाष्पीकरण	65000	560	12.2
ब.बन्द महाद्वीपीय क्षेत्र (Endorheic Continental Area-32,100 हजार वर्ग किमी.)			
वर्षण	7500 (830 वर्ग किमी. सरिता वाही जल को मिलाकर)	238 (26 मिमी. सरिता वाही जल की वार्षिक गहराई मिलाकर)	
वाष्पीकरण	7500	2.38	1.4
स. महासागर (361100 हजार वर्ग किमी.)			
वर्षण	411600	11400	78.4
सरिता वाही जल	41000	114	7.8
अन्त: प्रवाह (Inflow)			
वाष्पीकरण	52,600	1254	86.1
सम्पूर्ण ग्लोब का कुल योग (510,000 हजार वर्ग किमी.)			
वर्षण	525,000	1030	100
वाष्पीकरण	525,000	1030	100

धरातलीय जल बजट के अंतर्गत वायुमण्डल, धरातलीय स्थलखण्डों महासागरों एवं ध्रुवीय हिमानी प्रदेशों में जल के विभिन्न रूपों में भण्डारण संचयन या निवास की अवधि (Residence Time) अलग-अलग होती हैं। इसके ठहराव की न्यूनतम अवधि वायुमण्डल जैव पुंजी (बायोटा) एवं सरिताओं में तथा अधिकतम अवधि भौमजल एवं ध्रुवीय हिमानी प्रदेशों में होती है (तालिका 3-IV)।

तालिका 3-IV

जल की औसत निवास अवधि

(Average Residence Time of Water)

1.	वायुमण्डल	10 दिन
2.	पार्थिव जल (Terrestrial water)	
	अ-नदियां	2 सप्ताह
	ब-झीलें	10 सप्ताह
	स-मिट्टी	2 से 50 सप्ताह
	द-बायोटा (जैव समुदाय)	1 से 20 दिन
	य-भौम जल	1 से 10000 वर्ष
3.	समुद्र	3600 वर्ष
4.	ध्रुवीय हिम	15000 वर्ष

सम्पूर्ण विश्व के महासागरों की औसत गहराई 3.8 किमी. है। विश्वस्तर पर समस्त धरातलीय जल भण्डारों का 97.2% जल महासागरों में स्थित है। सम्पूर्ण जल के कुल अंश का 2.15% भाग हिमचादरों एवं हिमनदों के रूप में उच्चपर्वतीय क्षेत्रों एवं ध्रुवीय प्रदेशों के आसपास स्वीकार किया जाता है। पृथ्वी की सतह से 800 मीटर से अधिक गहराई पर भूमिगत जल के रूप में सम्पूर्ण धरातलीय जल का 0.31% भाग विद्यमान है। इस प्रकार 99.66% जल मानव एवं अन्य जीव जन्तुओं के लिए अधिक उपयोगी नहीं माना जाता। शेष बचा हुआ 0.34% (लगभग 44.8 लाख घन किमी.) स्वच्छ जल संसाधन के रूप में है जिसे मानवोपयोगी माना गया है। मानवोपयोगी 0.34% स्वच्छ जल में से 0.31% पृथ्वी की सतह से 800 मीटर से कम गहराई पर भूमिगत जल के रूप में तथा 0.03% सरिताओं, वायुमण्डल (जलवाष्प), मृदा, क्षारीय एवं स्वच्छ जल की झीलों तथा स्थलस्थित सागरों में रहता है। 0.03% जल भण्डार धरातलीय जल बजट का एक ऐसा जल भण्डार है जो प्राणिजगत (जीवजन्तु एवं मानव) एवं वनस्पति जगत के लिए सर्वथा अनुकूल होता है जिसका 0.009% स्वच्छ जल की झीलों में, 0.008% क्षारीय झीलों एवं स्थलस्थित सागरों में, 0.005% मृदानमी के रूप में तथा 0.0001% सरिताओं में संचित रहता है। धरातलीय जल बजट का अनुमानित वितरण तालिका 3-V में तथा रैखिक प्रदर्शन एवं व्याख्या अध्याय-2 में की गयी है।

तालिका 3-V

धरातलीय जल संसाधन

क्रम संख्या	जल भण्डारण की स्थिति	जल का आयतन (घन कि.मी)	कुल धरातलीय जल का प्रतिशत
1.	स्वच्छ जल की झीलें	1,25,000	0.009
2.	क्षारीय झीलें एवं स्थल स्थित सागर	1,04,200	0.008
3.	सरिताएं	1,200	0.0001
4.	भूमिगत जल (800 मीटर की गहराई तक)	41,68,200	0.31
5.	भूमिगत जल (800 मीटर की गहराई तक)	41,68,200	0.31
6.	मृदा नमी	66,700	0.005
7.	हिमटोपी एवं हिमानी	2,91,77,300	2.51
8.	वायुमण्डल	12,900	0.001
9.	महासागर	1,32,13,10,000	97.20
	कुल योग	13,59,13,37,000	100

तालिका 3-VI

ग्लोब पर जल की कुल मात्रा एवं विभिन्न प्राकृतिक मण्डलों में उसका वितरण
(After M. I. Lvovich)

क्रम संख्या	जल मण्डल के भाग	जल आयतन (1000 घन कि.मी)	सम्पूर्ण आयतन का प्रतिशत
1.	विश्व महासागर	13,70,323	93.96
2.	भूमिगत जल	60,000	4.12
3.	सक्रिय जल संचरण मण्डल के साथ	4,000	0.27
4.	हिमानी	24,000	1.65
5.	झीलें	280[1]	0.019
6.	मृदा नमी	85[2]	0.006
7.	वायुमण्डलीय वाष्प	14	0.001
8.	सरिता जल	1.2	0.0001
	कुल	1454703	100

नोट: 1. लगभग 5000 घन किमी. जल जलाशयों में भण्डारण के साथ

2. लगभग 2000 घन किमी. सिंचाई जल के साथ

सोवियत वैज्ञानिक एम. आई. लवोविच ने ग्लोब पर सम्पूर्ण जल की मात्रा एवं उसके विभिन्न प्राकृतिक मण्डलों में वितरणों का उल्लेख तालिका 3-VI में किया है। उनके अनुसार धरातलीय जल बजट के अंतर्गत सम्पूर्ण जल का आयतन 1454703 हजार घन किमी. होता है।

एस.एम. आई.सी. कैम्ब्रिज (SMIC, Indevertent Climate Modification; Cambridge, Mass; Mitpress 1971, P.97) के विवरणों द्वारा विश्व के जल संसाधनों का 93% महासागरों, 2% हिमटोपियों, 5% पार्थिव जल तथा 0.001% वायुमण्डल में स्थित माना गया है जिनके द्वारा आवृत क्षेत्रफल क्रमशः 360, 16, 134 और 510 मिलियन वर्ग किमी. है। धरातलीय जल संसाधन द्वारा कुल आवृत क्षेत्रफल 510 मिलियन वर्ग किमी. माना गया है। जल का आयतन (मिलियन घन किमी. में) महासागरों में 1370, हिमानी क्षेत्रों में 24, पार्थिव जल के रूप में 64 तथा वायुमण्डल में 0.013 वर्णित है।

धरातलीय जल बजट के मात्रात्मक वितरण के सभी स्रोतों से लगभग एक ही प्रकार के विवरण की पुष्टि होती है। इस संदर्भ में कोपेन महोदय के द्वारा वर्णित विश्व के जलवायु प्रदेशों में वर्षा एवं तापमान के सम्बन्धों के आधार पर जल की उपलब्धता का अलग-अलग कटिबन्धों में अनुमान लगाया जा सकता है। उदाहरण के लिए Af, Am, Ca, Cb, Cc एवं Da जलवायु में धरातलीय सतह पर प्रचुर जल प्राप्ति की सम्भावना होती है यदि वहाँ शीघ्र जल सोखने वाली मिट्टी तथा चट्टानें न हों। Aw और Cs जलवायु में शुष्क ऋतु में जल की कठिनाई उत्पन्न हो जाती है। इन प्रदेशों में नदी जल निस्सरण (River water discharge) में मौसमी उतार चढाव बहुत अधिक होता है। Db, Dc और Dd जलवायु में भी इसी प्रकार का असंतुलन परिलक्षित होता है परन्तु यहाँ जाड़े में जल जम जाने से जल की कठिनाई सम्भावित है। Bs[1] तथा Bw जलवायु में जल का अभाव रहता है तथा E तलवायु में जल की अपेक्षा हिम अधिक मिलता है।

3.3 धरातलीय जल बजट का मापन (Measurement of Global Water Budget)

एम.ए. वेलीकनोव (M.A. Velikanov, 1948) सोवियत वैज्ञानिक ने एक बन्द नदी बेसिन में एक निरपेक्ष अवधि (Arbitrary Period) के लिए सामान्य जल बजट मापन सम्बन्धी समीकरण का प्रतिपादन इस प्रकार किया था

$$x = y + z + u + w$$

जहाँ x = प्रवाह बेसिन क्षेत्र में वर्षण दर (मिमी. में)

y = नदी वाही जल (मिमी. में)

z = वाष्पीकरण दर = संघनन दर (मिमी. में)

u = कुल परिवर्तन का धनात्मक या ऋणात्मक मान (उपलब्ध जल संसाधनों के संदर्भ में) और

w = चुनी हुई बेसिन और समीपवर्ती बेसिन के बीच जल के विनिमय (अदल-बदल) का धनात्मक या ऋणात्मक मान

एक लम्बी अवधि के पर्यवेक्षण के दौरान जब वर्षण और अवर्षण की स्थितियों का परस्पर संयोग मिलता है। तो उपर्युक्त समीकरण को निम्नलिखित रूप में प्रस्तुत किया जा सकता है

$$x_0 = y_0 + z_0$$

प्रस्तुत समीकरण का व्यापक प्रयोग जल भूविज्ञान के अंतर्गत मिलता है। इसका प्रयोग उस समय किया जाता है जब एक लम्बी अवधि के अंतर्गत जल बजट के घटकों को निश्चित करने के लिए गणना करनी होती है।

3.4 धरातलीय जल संतुलन (Global Water Balance)

धरातलीय (विश्वस्तरीय) जल का वितरण विभिन्न रूपों में मिलता है। विभिन्न गोलार्द्धों तथा वर्ष के अलग-अलग महीनों में जल के विभिन्न रूपों के मात्रात्मक वितरण में भी परिवर्तन देखा गया है। यहाँ पर उल्लेखनीय है कि जलीय चक्र एवं विश्वस्तरीय जल संतुलन की व्याख्या द्वितीय अध्ययन में 2.6 के अंतर्गत प्रस्तुत की गयी है। अत: पुनरावृत्ति से बचने के लिए यहाँ पर जलवायु जल संतुलन का विशद वर्णन किया जा रहा है।

जल संतुलन का अर्थ संतुलन से है जो वर्षण द्वारा प्राप्त जल एवं सम्पूर्ण वाष्पीकरण द्वारा निकले जल के बीच होता है। जलवायु जल संतुलन का अभिप्राय धरातल और वायुमण्डल के बीच जल के स्थानान्तरण से है। जल संतुलन का अध्ययन जलवायु विज्ञान, जल विज्ञान, भूगर्भशास्त्र, भूगोल तथा पर्यावरण विज्ञान के अन्तर्गत अत्यंत महत्वपूर्ण माना गया है। जल संतुलन में मृदा की विशिष्ट भूमिका है क्योंकि मिट्टी एक ऐसा कारण है जो धरातल एवं वायुमण्डल के बीच जल के स्थानान्तरण को सुनिश्चित एवं नियन्त्रित करती है। उदाहरण के लिए वर्षा आधिक्य के समय मिट्टी जल संचयन का कार्य करती है जबकि तापवृद्धि जनित वाष्पीकरण वाष्पोत्सर्जन के समय मृदा जल को गैसीय रूप में धरातल से वायुमण्डल की ओर प्रवाहित करती है। वर्षा के मौसमी वितरण का वाष्पीकरण-वाष्पोत्सर्जन से तुलना करके जलाधिक्य (Water surplus), जल की अल्पता/कमी (Water deficit), मृदानमी संग्रहण (Soil Moisture Storage) तथा जल अपवाह ज्ञात किया जाता है। सिंचन उपयोगिता के लिए किसी भी स्थान की जल की कमी

(जलाभाव) तथा भौम जलस्तर में वृद्धि एवं स्थल से सागर की ओर जाने वाले ताजे जल की मात्रा के मापन के लिए जलाधिक्य का ज्ञान आवश्यक होता है। इस प्रकार जल संतुलन को जलवायु के सभी उपादान यथा तापमान, वायुदाब, आर्द्रता, पवन, सौर्यविकरण तथा वर्षण प्रभावित करते हैं।

जलवायुवेत्ता थार्नथ्वेट महोदय ने सर्वप्रथम जलसंतुलन शब्द का प्रयोग जलवायु विभाजन हेतु 1944 में किया था। संयुक्त राज्य अमेरिका में थार्नथ्वेट, इंग्लैण्ड में पेनमैन (1948) तथा रूस में बुडिको (1956) महोदय ने जलवायु सम्बन्धी अध्ययनों में जल संतुलन शब्द को महत्व प्रदान किया। भारत में बी.पी. सुब्रमन्यम (1956) तथा उसके साथियों ने जलसंतुलन एवं विभव वाष्पीकरण-वाष्पोत्सर्जन का उपयोग कई अध्ययनों में किया। किसी स्थान पर मासिक जल संतुलन की गणना के लिए (I) औसत मासिक या दैनिक वायु तापमान (II) औसत मासिक या दैनिक वर्षा (III) आवश्यक परिवर्तन एवं गणना सारिणी तथा (IV) मिट्टी की नमी धारण करने की क्षमता की आवश्यकता होती है। यहाँ पर उल्लेखनीय है कि प्रथम दो आँकड़े मौसम बेधशालाओं पर नोट किये जाते हैं किन्तु मृदा नमी संग्रहण का मापन एक दुष्कर कार्य है क्योंकि मृदानमी धारण करने की क्षमता मिट्टी के प्रकार, संरचना, सरन्ध्रता, प्रवेश्यता, पारगम्यता, खनिज एवं रसायन संगठन तथा मिट्टी के साथ संगत करने वाली धरातलीय वनस्पतियों पर निर्भर करता है। उदाहरण के लिए बलुई मिट्टी 30 से.मी. गहराई में सिर्फ 1 या 2 से.मी. जलधारण करती है। जबकि सिल्ट या मृत्तिका उसी गहराई में 10 से.मी. या इससे अधिक जलधारण करने में सक्षम होती है।

मृदा के समान ही विभिन्न प्रकार की प्राकृतिक वनस्पतियाँ अलग-अलग रूपों में मृदानमी संग्रहण में सहायक होती हैं। खासकर वे वनस्पतियाँ जिनकी जड़ें छोटी एवं कमजोर होती हैं शैल संस्तरों के सहारे कम गहराई तक प्रविष्ट कर पाती हैं। अतः जल संचयन की क्षमता न्यून होती है किन्तु बड़े पेड-पौधे अपनी विकसित जड़ों से अधिक गहराई में स्थित शैल संस्तरों तक प्रविष्ट कर जाते है फलतः उनमें जल धारण करने की क्षमता अधिक होती है। एक ही प्रकार की वनस्पति विभिन्न प्रकार की शैलों में अपनी जड़ें विभिन्न गहराइयों तक भेजती है। एक ही प्रकार की शैल संरचना विभिन्न प्रकार के वृक्षों की प्रजातियों द्वारा जड़ों में की गयी वृद्धि एवं नमी संचयन की क्षमता में विपरीत परिणाम प्रस्तुत करती है। अतः स्पष्ट है कि मृदा नमी धारण करने की क्षमता को मिट्टी एवं प्राकृतिक वनस्पतियों की प्रमुख विशेषताओं के आधार पर निश्चित किया जा सकता है। सम्पूर्ण विश्व में मिट्टी में नमी धारण करने की क्षमता 30 सेमी. बतायी गयी है। थार्नथ्वेट के अनुसार मृदा नमी धारण क्षमता 25 मिलीमीटर से 400 मिलीमीटर (1 इंच से 16

इंच) के बीच बदलती रहती है। मृदानमी धारण करने की क्षमता पर वहाँ के जलवायु के तत्वों का विशेष प्रभाव पड़ता है।

मृदा क्षमता/क्षेत्र क्षमता (Field capacity) एवं मिट्टी की नमी धारण करने की क्षमता (Soil moisture holding capacity) को लगभग समकक्ष मानते हैं किन्तु समान नहीं है। वर्षण के दौरान जब मिट्टी के रन्ध्र पूर्णतया जल पूरित होकर संतृप्तता की अवस्था को प्राप्त करते हैं तो उसे मृदानमी धारण करने की क्षमता कहते हैं जबकि मिट्टी में गुरुत्व बल द्वारा निलम्बित जल की अधिकतम मात्रा को क्षेत्र क्षमता कहते हैं। जब वनस्पतियाँ एक निश्चित गहराई पर मृदानमी के पहुँच जाने पर जल अवशोषित नहीं कर पाती हैं तो उस बिन्दु को विल्टिग प्वाइन्ट (Wilting Point) कहते हैं। क्षेत्र क्षमता एवं विल्टिंग प्वाइन्ट के मध्य संचित जल को उपलब्ध/विद्यमान जल (Available water) कहते है क्योंकि वर्षण की मात्रा जब अधिकतम वाष्पीकरण से न्यून होती है तो इसी जल का उपयोग होता है।

3.5 जल संतुलन के घटक (Components of Water Balance)

जल संतुलन को निर्धारित करने वाले घटक निम्नलिखित हैं–

(1) विभव वाष्पीकरण-वाष्पोत्सर्जन (Potential Evapo-transpiration)

(2) वर्षा (Precipitation)

(3) वास्तविक वाष्पीकरण-वाष्पोत्सर्जन (Actual Evapo-transpiration)

(4) मृदानमी उपयोग (Soil Moisture Utilisation)

(5) मृदानमी का पुनर्भण्डारण (Soil Moisture Recharge)

(6) जलाभाव (Water Deficit)

(7) जलाधिक्य (Water Surplus)

जल संतुलन के इन समस्त घटकों में विभव वाष्पीकरण वाष्पोत्सर्जन एवं वर्षा को एक प्रमुख कारक के रूप में स्वीकार किया जाता है क्योंकि इनकी सहायता से ही दूसरे घटकों की गणना की जाती है। जब विभव वाष्पीकरण-वाष्पोत्सर्जन की तुलना वर्षण से की जाती है तो उसे वर्षा प्रभाविता (Precipitation effectiveness) की संज्ञा दी जाती है। P.PE के ऋणात्मक मान के द्वारा यह आभास मिलता है कि किसी भी क्षेत्र की वर्षा विभव वाष्पीकरण वाष्पोत्सर्जन से कम है तथा उपलब्ध वर्षा वनस्पतियों के लिए सम्भावित जलापूर्ति करने में सक्षम है। P-PE की धनात्मक मात्रा से जलाधिक्य एवं मृदानमी पुनर्संग्रहण की पुष्टि होती है जो जल अपवाह की सकारात्मक वृद्धि का द्योतक है। इस प्रकार किसी भी अवधि में जलाधिक्य एवं जलाभाव के आंकलन के लिए वर्षा (P) एवं विभव

वाष्पीकरण-वाष्पोत्सर्जन (PE) का अन्तर जानना आवश्यक है। शक्य वाष्पन-वाष्पोत्सर्जन (PE) का मान धरातल के लिए औसत मासिक जल की आवश्यकता को प्रदर्शित करता है जो वाष्पीकरण तथा संचलन द्वारा उत्पन्न शोषित कमी को पूर्ण करने के लिए आवश्यक होता है। मृदा नमी भण्डारण (Soil Moisture Storage) मिट्टी की उस नमी को कहते हैं जो सम्भावित जल ह्रास की मात्रा के बाद मिट्टी में संचित रहता है। मृदानमी भण्डारण के परिवर्तन के ऑकलन के लिए पहले माह की मृदा नमी भण्डार को अगले माह की मृदा नमी की मात्रा से घटाया जाता है। यदि भण्डारण मृदा नमी संग्रहण क्षमता के समतुल्य या अधिक है तो मृदा नमी भण्डारण में परिवर्तन नहीं होता। जब मृदा नमी क्षेत्र की क्षमता के बराबर या अधिक हो, वास्तविक तथा विभव वाष्पोत्सर्जन बराबर हो तथा जल आवश्यकता से अधिक हो तो सभी दशाओं में जलाधिक्य की स्थिति होगी।

वास्तविक वाष्पीकरण-वाष्पोत्सर्जन (Actual Evapotranspiration, AE) जब विभव वाष्पीकरण-वाष्पोत्सर्जन के बराबर होता है तथा वर्षा की मात्रा विभव वाष्पीकरण-वाष्पोत्सर्जन से अधिक होती है तो मिट्टी पूर्ण नमी का उपयोग करती है। किन्तु जैसे ही वर्षा विभव वाष्पीकरण से कम होती है, मिट्टी में शुष्कता की मात्रा बढ़ने लगती है तथा वास्तविक वाष्पीकरण-वाष्पोत्सर्जन PE से कम हो जाता है।

किसी वनस्पति से आच्छादित क्षेत्र में यदि जल की पर्याप्त मात्रा वर्षा या सिंचाई द्वारा उपलब्ध है तो उस दशा में उपर्युक्त क्षेत्र से वाष्पीकरण-वाष्पोत्सर्जन की अधिकतम मात्रा पायी जायेगी। इस मात्रा को विभव वाष्पीकरण-वाष्पोत्सर्जन की मात्रा कहते हैं। किसी भी क्षेत्र में जलाभाव की मात्रा की गणना वास्तविक वाष्पीकरण-वाष्पोत्सर्जन को विभव वाष्पीकरण-वाष्पोत्सर्जन से घटाकर की जाती है।

जब मृदा नमी भण्डार (Soil moisture storage) मृदा नमी धारण क्षमता से अधिक होती है तो वर्षण जल की इस अतिरिक्त मात्रा को जलाधिक्य कहते हैं। यदि किसी स्थान पर वर्षा विभव वाष्पीकरण-वाष्पोत्सर्जन से सदैव अधिक हो रही है तो वहाँ पर हमेशा जलाधिक्य बना रहेगा। इसके विपरीत दशा में जलाभाव की स्थिति होगी। जिस स्थान पर मृदानमी वाष्पीकरण के रूप में परिवर्तित होती रहती है। वहाँ पर आर्द्रता बाहुल्य महीनों के बाद भी जलाभाव बना रहता है।

3.6 जल संतुलन की उपयोगिता (Utility of Water Balance)

थार्नथ्वेट द्वारा प्रतिपादित जलवायु जल संतुलन की तकनीक व्यावहारिक जल विज्ञान में बहुत ही प्रचलित है जिसका प्रयोग शुष्क एवं आर्द्र जलवायु के अवलोकनार्थ

विश्व एवं प्रदेश स्तर पर विस्तृत रूप से किया गया है। थार्नथ्वेट की जलाधिक्य संकल्पना वर्षा द्वारा प्राप्त जल आय और विभिन्न प्रकार से उसके अभाव या खर्च के अंतर या अधिशेष (Balance) पर आधारित है। मासिक जल संतुलन के विश्लेषण से समस्याग्रस्त क्षेत्र में बाढ़ एवं सूखा की प्रवृत्तियों का आभास मिलता है तथा मिट्टी की नमी के आंकलन से सम्बन्धित क्षेत्र में शस्यीकरण एवं फसल नियोजन निश्चित किया जा सकता है। इस प्रकार कृषि एवं भूमि उपयोग अध्ययन में जल संतुलन का वैज्ञानिक विश्लेषण करना आवश्यक है। यदि जल संतुलन विश्लेषण मासिक की अपेक्षा दैनिक रूप में किया जाय तो दिन प्रतिदिन जलाभाव, जलाधिक्य, सिंचाई की आवश्यकता और मृदा नमी का ज्ञान हो सकता है जिसके आधार पर फसल चक्र के अनुसार सिंचन व्यवस्था, फसलोत्पादन, जल संरक्षण तथा बाढ़ एवं सूखे की स्थितियों का पूर्वाभास किया जा सकता है। इसी प्रकार अलग-अलग क्षेत्रों में भूमि उपयोग नियोजन करना सरल हो सकता है। भारतीय विद्वान ए. आर. सुब्रमनियम एवं राव (1979) ने आंध्र प्रदेश के डेल्टा क्षेत्र तथा हेमामालिनी (1992) ने अनन्तपुर के सूखाग्रस्त क्षेत्र में जल संतुलन विश्लेषण की उपयोगिता को स्वीकार किया है तथा नियोजन सम्बन्धी सुझाव दिये हैं। इस प्रकार उपर्युक्त व्याख्या से स्पष्ट है कि दैनिक जल संतुलन मासिक जल संतुलन से कहीं अधिक उपयोगी हो सकता है।

सम्भावित प्रश्न

1. जल बजट तथा जल संतुलन में अंतर स्पष्ट कीजिए एवं उसकी सारगर्भिता पर प्रकाश डालिए। (P.U. 1991)
2. जल संतुलन के निर्धारण पर संक्षिप्त टिप्पणी लिखिए। (P.U. 1992)
3. जल विज्ञान के क्षेत्र पर एक निबन्ध लिखिए तथा ग्लोब के जल बजट अध्ययन में इसके महत्व को निर्धारित कीजिए। (P.U. 1993)
4. जल संतुलन की व्याख्या कीजिए तथा जल संतुलन निर्धारण की विधियों का परीक्षण कीजिए। (P.U. 1995, 1995, Back Paper)
5. धरातलीय जल बजट के मात्रात्मक विवरण तथा मापन तकनीक पर प्रकाश डालिए।
6. जल संतुलन के प्रमुख घटकों का उल्लेख करते हुए जल संतुलन विश्लेषण की उपयोगिता को समझाइये।
7. जल संतुलन के महत्व को स्पष्ट कीजिए। (P.U. 1994, 1996)
8. धरातलीय जल बजट के कालिक-स्थानिक मात्रात्मक परिवर्तनों की उदाहरण सहित व्याख्या कीजिए। (P.U. 1996)
9. जलीय चक्र एवं धरातलीय जल बजट के अन्तर्सम्बन्धों को रेखांकित कीजिए।

अध्याय **4**

वाष्पीकरण एवं वाष्पन-वाष्पोत्सर्जन (EVAPORATION AND EVAPO-TRANSPIRATION)

4.1 वाष्पीकरण का अर्थ एवं परिभाषा (Meaning and Definition of Evaporation)

वाष्पीकरण को वाष्पन भी कहते हैं। जल का रूपान्तरण जब गैसीय अथवा वाष्प अवस्था में होता है तो उस प्रक्रिया को वाष्पन अथवा वाष्पीकरण की संज्ञा दी जाती है। जल का वाष्पन सौर्यिक ताप पर निर्भर करता है जैसे-जैसे सौर्य ताप में वृद्धि होती है, वाष्पन की मात्रा बढ़ती जाती है। वाष्पीकरण एक प्रक्रिया है जिसके द्वारा जल का तरल एवं हिमानी ठोस रूप गैसीय रूप में परिवर्तित होकर वायुमण्डल में पहुँचता है। वायुमण्डल में संचित होने वाली जलवाष्प मुख्यतया सागरीय एवं महासागरीय क्षेत्रों से जल के वाष्पीकरण के कारण प्राप्त होती है। समस्त धरातलीय भाग के वाष्पीकरण का आंशिक भाग नदियों, झीलों, आर्द्र मिट्टी, पेड़ पौधों की पत्तियों, बर्फ एवं हिम की सतह से प्राप्त होता है। भौम जल जिस स्थान पर कम गहराई पर उपलब्ध होता है वहाँ भी वाष्पीकरण की क्रिया सम्पन्न होती है। वाष्पीकरण क्रिया से प्राप्त जल वाष्प पवन प्रवाह के प्रभाव से क्षैतिज एवं लम्बवत् रूप में वायुमण्डल में संचरित होती है।

वाष्पन या वाष्पीकरण का सामान्य अर्थ जल का जल वाष्प में बदलने (To be changed to vapour) या जल के ओझल होने (to disappear) से होता है। जल का नमी में बदलना या नमी उत्पन्न करना (To produce moisture) वाष्पन से सम्भव होता है। आंग्ल भाषा का Evaporate शब्द लैटिन भाषा के Evaporo, Evaporatum से बना है। जहाँ E का अभिप्राय Out या निर्गत होने से है अर्थात् जल वाष्प के रूप में जल का वायुमण्डल में निर्गमन ही वाष्पीकरण है। वाष्पीकरण को निम्नलिखित रूपों में परिभाषित किया जा सकता है–

जे. आर. रेड्डी (J. R. Reddy, 1986; A Text Book of Hydrology) के अनुसार–

"वाष्पीकरण वह प्रक्रिया है जिसके द्वारा जल तरल अथवा ठोस अवस्था से वाष्प अवस्था में परिवर्तित होता है और वायुमण्डल में फैल जाता है।"[1]

---

1. "Evaporation is the process by which water from liquid or solid state passes into the vapour state and diffused into atmosphere."

के.जी. गुरेविच (K.G. Gurevich, 1980; General Hydrology, Translated from Russian Book of P.P. Klimentov) के अनुसार–

"वाष्पीकरण भूपटल के एक निश्चित क्षेत्र से नमी के वास्तविक वाष्पन की औसत मात्रा है।"[2]

Dictionary of Geography (Edited by Jackie Smith 1984) के आधार पर–

"वाष्पीकरण वह प्रक्रिया है जहाँ तरल पदार्थ (जल) गैस में परिवर्तित होता है।"[3]

चैम्बर्स शब्दकोष (Chambers Dictionary) के आधार पर–

"वाष्पीकरण वह प्रक्रिया है जिसके द्वारा एक द्रव्य पदार्थ वाष्प अवस्था में बदल जाता है।"[4]

Webster's Dictionary के आधार पर–

"वाष्पीकरण सौर्यिक ताप द्वारा एक तरल पदार्थ (जल) का वाष्प या भाप में परिवर्तन है।"[5]

4.2 वाष्पीकरण की सामान्य विशेषताएं एवं पर्यावरणीय कारकों के साथ सहसम्बन्ध (General Characteristics of Evaporation and Correlation with Environmental Factors)

वाष्पीकरण को वायुमण्डल में पहुँचने वाले वाष्प दर के रूप में भी परिभाषित किया जाता है। एक ग्राम जल के वाष्पीकरण के लिए 600 कैलोरी ऊष्मा की आवश्यकता होती है। सौर्यिक ताप के माध्यम से सम्पादित होने वाला वाष्पीकरण धरातलीय जल चक्र से उत्सर्जित होकर जल वाष्प के रूप में वायुमण्डल में पहुँचता है। किसी निश्चित तापमान पर इकाई जल मात्रा को तरल रूप से वाष्प रूप में बदलने के लिए जितनी ऊर्जा खर्च होती है उसको वाष्पीकरण की गुप्त ऊष्मा (Latent heat of evaporation) कहते हैं। वाष्पीकरण के दौरान जब बाह्य ऊर्जा उपलब्ध नहीं रहती है जो ऊर्जा जलीय भाग से ली जाती है जिसके कारण जल का तापमान कम हो जाता है। अतः यह कहा जा सकता है कि वाष्पीकरण परोक्ष रूप में शीतलन की प्रक्रिया है। वाष्पन क्षमता (Evaporating capacity) वाष्पीकरण का एक मान है जो एक निश्चित पर्यावरणीय दशाओं के अंतर्गत जल की सतह से वाष्पन प्रक्रिया द्वारा प्राप्त होती है। वाष्पीकरण की दर (Rate of Evaporation) किसी निश्चित इकाई क्षेत्र में प्रति इकाई समय के

2. "Evaporation is an average value of the actual evaporation of moisture from the earth's surface in a given area."

दौरान वाष्पित जल की मात्रा से निश्चित होती है। वायुमण्डलीय वर्षण की दर और वाष्पित जल की मात्रा का मापन विभिन्न यंत्रों के माध्यम से मिलीमीटर इकाई में किया जाता है। इसके ऑकलन में आनुभविक सूत्रों (Empirical Formulae) का भी प्रयोग किया जाता है। धरातलीय सतह से होने वाला वाष्पीकरण वाष्पोत्सर्जन के साथ सम्पूर्ण वायुमण्डल की जलवाष्प का निर्माण करता है। जलवाष्प द्वारा मौसम का निर्धारण होता है। वाष्पीकरण की दर वायुमण्डलीय ताप, वायुमण्डलीय आर्द्रता, सतह की प्रकृति एवं वायु के गुणों पर आधारित होती है। वाष्पीकरण उस समय अधिक प्रभावकारी होता है जब उच्च तापमान एवं विस्तृत जल सतह की दशाएं उपलब्ध हो। वाष्पीकरण की अधिक मात्रा रेगिस्तानी भागों तथा न्यूनतम मात्रा भूमध्य रेखीय प्रदेशों अथवा ठन्डे जलवायु प्रदेशों में देखी जा सकती है।

जलीय सतह पर वाष्पीकरण की मात्रा वाष्पन करने वाली सतह के तापमान, वायु के आर्द्रता क्षय, वायु की गति और वायुमण्डलीय दाब की मात्रा द्वारा निश्चित होती है। वाष्पन करने वाली सतह के तापमान में क्रमिक वृद्धि, वायुगति में वृद्धि अथवा आर्द्रता क्षय के बढ़ते जाने से वाष्पीकरण की मात्रा बढ़ती जाती है। जबकि वायुमण्डलीय दाब में वृद्धि के साथ वाष्पीकरण की मात्रा कम होती है। जल-भूवैज्ञानिक ऑकलन के लिए पार्थिव सतह से होने वाले वाष्पीकरण की जरूरत होती है। वाष्पीकरण न केवल मौसमी दशाओं से निश्चित होता है बल्कि मृदा की संरचना एवं प्रकृति, स्थानीय धरातलीय स्वरूप, क्षेत्रीय विशेषताएं, मृदा नमीकरण की मात्रा, वानस्पतिक आवरण के प्रकार, भूमिगत जल की गहराई इत्यादि कारण भी इसे व्यापक रूप से प्रभावित करते हैं। जैसे-जैसे वानस्पतिक आवरण का मृदा की सतह से लोप होता है, वाष्पीकरण की मात्रा वैसे-वैसे बढ़ती जाती है। वाष्पीकरण कोणधारी वन प्रदेशों की अपेक्षा चौड़ी पत्तीवाले पतझड़ी वन प्रदेशों में अधिक होता है। गहरे रंग की शैलें शीघ्रता से ताप ग्रहण करती है। अत: वाष्पीकरण की अधिकतम मात्रा के कारण आर्द्रता क्षय का लोप तीव्रगति से करती हैं। उत्तरी ढलानों की अपेक्षा दक्षिणी ढलानों पर सौर्यिक ताप की मात्रा अधिक मिलती है अत: दक्षिणी ढलानों पर वाष्पीकरण अधिक होता है। वनस्पतियाँ वाष्पीकरण की सकारात्मक वृद्धि की जननी है। कुछ क्षेत्रों में पादप जगत द्वारा होने वाली वाष्पन सघनता जलीय सतह की वाष्पन क्षमता से अधिक होती है।

तापमान, वायु की शुष्कता एवं वायुगति का वाष्पीकरण से घनिष्ठ सम्बन्ध है जितने ही उच्च ताप पर वायु शुष्क होती है उसकी गति उतनी ही तीव्र होती है

3. "Evaporation is the process whereby a liquid changes into a gas."
4. "Evaporation is the process by which a substance changes into the state of vapour."
5. "Evaporation is the conversion of a liquid by heat into vapour or steam."

और वाष्पीकरण उतना ही अधिक एवं तीव्र होता है। उच्च ताप वाली शुष्क वायु में नमी धारण क्षमता अधिक होती है फलतः वाष्पीकरण अधिक होता है क्योंकि वायु के संतृप्त होने में समय लगता है। इसी प्रकार स्थिर वायु में नमी का स्थानान्तरण न होने के कारण वायु शीघ्र संतृप्त हो जाती है जबकि अस्थिर वायु के कारण वाष्प का स्थानान्तरण होता रहता है।

स्थल की अपेक्षा महासागरों पर वाष्पीकरण अधिक होता है। 10° उत्तरी अक्षांश से 10° दक्षिणी अक्षांश में सर्वाधिक वाष्पीकरण महाद्वीपों पर होता है जहाँ पर वर्षा द्वारा प्राप्त जल वाष्पीकरण के लिए सुलभ होता है। महासागरों पर सर्वाधिक वाष्पीकरण दोनों गोलार्द्धों में 10° से 20° अक्षांशों के मध्य होता है। महाद्वीपीय एवं महासागरीय भागों में वाष्पीकरण एवं वर्षण की मात्रा में एक सम्बन्ध होता है। महाद्वीपीय क्षेत्रों में वाष्पीकरण की मात्रा वर्षण की मात्रा से अधिक होती है जबकि स्थलीय भागों पर सागरीय भागों की अपेक्षा वाष्पीकरण कम तथा वर्षण अधिक होता है। इसी प्रकार खुले महाद्वीपीय क्षेत्रों की अपेक्षा बन्द महाद्वीपीय क्षेत्रों से वाष्पन की मात्रा कम होती है।

वाष्पीकरण की क्रिया एक सतत क्रिया है। यह क्रिया तभी बन्द हो सकती है जब जल की सतह से लगी वायु पूर्णरूप से संतृप्त हो जाए। वाष्पीकरण से ताप क्षय होता है। जल एवं स्थल पर ताप क्षय की दर में अन्तर होता है। स्थलीय भागों पर कम वाष्पीकरण से ताप संचय की मात्रा जलीय क्षेत्रों के अपेक्षाकृत अधिक वाष्पीकरण द्वारा सुरक्षित ताप की मात्रा से अधिक होता है। अतः स्थल जल की अपेक्षा शीघ्र गर्म होता है। ऐसा अनुमान है कि किसी क्षेत्र के जलाशयों से होनेवाला वाष्पीकरण स्थल खण्ड की वाष्पन क्रिया का दुगुना होता है।

गत्यात्मक सिद्धान्त (Kinetic Theory) के द्वारा वाष्पीकरण क्रिया को आसानी से समझा जा सकता है। इस सिद्धान्त के अनुसार प्रत्येक पदार्थ गतिशील अणुओं से बना होता है। द्रव के अणु भी प्रत्येक दिशा में विभिन्न वेग से चलते रहते हैं। कुछ अणु द्रव की सतह तक पहुँच कर पारस्परिक आकर्षण के कारण द्रव में वापस पहुँच जाते हैं किन्तु कुछ अणुओं की गतिज ऊर्जा इतनी अधिक होती है कि वे स्वतंत्र तल पर पहुँच कर बाह्य वायुमण्डल में पहुँच जाते हैं अर्थात् उनका वाष्प रूप में अवस्था परिवर्तन हो जाता है। यह क्रिया अनवरत चलती रहती है। अतः वाष्पीकरण से अधिक वेग वाले अणुओं के निकल जाने के फलस्वरूप द्रव के शेष अणुओं की मध्यमान गतिज ऊर्जा कम हो जाती है। किसी वस्तु की ऊष्मा उसके अणुओं की ऊर्जा के समानुपाती होने के कारण शेष द्रव की ऊष्मा के तापमान में न्यूनता आ जाती है। यही कारण है कि वाष्पीकरण की प्रक्रिया में द्रव के द्वारा ऊष्मीय ऊर्जा का अवशोषण होता है तथा अणुओं को गैसीय अवस्था में

बनाये रखने के लिए ऊर्जा की आवश्यकता होती है। इस ऊर्जा को ही **'वाष्पन की गुप्त ऊष्मा'** कहते हैं। जल के वाष्पीकरण की गुप्त ऊष्मा उष्मा की वह मात्रा है जो एक ग्राम जल को उसके क्वथनांक पर वाष्प में बदलने के लिए आवश्यक हो।

वाष्पीकरण क्रिया के द्वारा हिमानी क्षेत्रों में शुद्धीकरण/निर्मलीकरण (Sublimation) की क्रिया सम्पन्न होती है। रेड्डी महोदय ने स्पष्ट किया है कि "जब बर्फ बिना तरल अवस्था में पदार्पण किये ठोस अवस्था से वाष्प अवस्था में परिवर्तित हो जाय तो उस क्रिया को वायुमण्डल का ऊर्ध्वपातन कहते हैं। इस क्रिया का वाष्पीकरण से विशेष सम्बन्ध है अर्थात् निर्मलीकरण क्रिया वाष्पीकरण का ही रूप है जो केवल हिमानी प्रदेशों में सम्भव होती है।

वाष्पीकरण एवं संघनन (Condensation) एक दूसरे के विपरीत क्रियाएं हैं। वाष्पीकरण के द्वारा जल वाष्प में परिवर्तित हो जाता है तथा संघनन द्वारा जलवाष्प जल (तरल एवं ठोस) में परिवर्तित होता है। जल को वाष्प या गैस रूप में परिवर्तित करने के लिए ऊष्मा के रूप में ऊर्जा की आवश्यकता होती है। ऊष्मा की माप इकाई कैलोरी होती है। एक ग्राम बर्फ को जल में परिवर्तित करने के लिए 79 कैलोरी तथा एक ग्राम जल को वाष्पीकरण द्वारा वाष्प में परिवर्तित करने के लिए 600 कैलोरी ऊष्मा की आवश्यकता होती है। इस प्रकार वाष्पीकरण द्वारा वाष्प निर्माण के समय ऊष्मा खर्च होती है परन्तु संघनन द्वारा वाष्प के जल में परिवर्तित होने से ऊष्मा मुक्त होती है। इस मुक्त ऊष्मा को संघनन की गुप्त ऊष्मा कहते हैं।

वाष्पीकरण की दर जल के निकलते परमाणुओं एवं लौटते परमाणुओं की संख्या पर निर्भर करता है। निकलते कणों की संख्या लौटते परमाणुओं की संख्या से जितना अधिक होगी वाष्पीकरण की दर उतनी ही अधिक होगी। जब निकलते एवं लौटते परमाणुओं की संख्या समान हो तो निकलते कणों द्वारा निर्गत दाब की मात्रा संलग्न वायुमण्डलीय दाब के बराबर हो जाता है जिसे साम्यावस्था (Equilibrium Stage) कहते हैं। इस साम्यावस्था को संतृप्तता (Saturation) भी कहा जाता है। जल से वाष्पीकरण के समय जल की ऊपरी वायुमण्डलीय परिधि में संघनन निर्बाध चलता रहता है। यदि जल के ऊपर मौजूद भाग संतृप्त नहीं है तो वाष्पीकरण की दर संघनन से अधिक होती है। वाष्पीकरण की दर संतृप्तता की कमी की मात्रा के अनुपात में होता है। संतृप्तावस्था में क्रमिक ह्रास से वाष्पीकरण बढ़ता है। वायु की संतृप्तता बढ़ने से वाष्पीकरण न्यून हो जाता है। डाल्टन महोदय ने सर्वप्रथम वाष्पीकरण को मात्रात्मक रूप से प्रदर्शित करने के लिए प्रयास किया था। उन्होंने एक नियम को प्रतिपादन किया जिसे डाल्टन का

नियम कहते हैं। डाल्टन के अनुसार "यदि अन्य कारक स्थिर रहे तो वाष्पीकरण वायुवेग तथा वाष्पदाब कमी का अनुपाती होता है"।

ऊपर दिये गये विवरणों से सिद्ध होता है कि वाष्पीकरण एक ऐसी प्रक्रिया है जिसके ऊपर किसी एक पर्यावरणीय कारक का प्रभाव नहीं है। धरातलीय जलीय चक्र को प्रभावित करने वाले समस्त कारक समवेत रूप में वाष्पीकरण एवं वाष्पीकरण वाष्पोत्सर्जन को प्रभावित करते हैं। मानवीय क्रियाएं यथा वनारोपण, सिंचाई, कृषि क्षेत्र तथा अन्य विकास की योजनाओं का वाष्पीकरण पर प्रभाव पड़ता है।

4.3 वाष्पीकरण का मात्रात्मक वितरण (Quantitative Distribution of Evaporation)

एम. आई. बुडिको (M. I. Budyko, 1971) के आकलन के अनुसार महासागरों से प्रतिवर्ष 4,55,000 घन किमी. जल का वाष्पीकरण होता है जबकि महाद्वीपीय भागों (स्थलीय भागों) से प्रतिवर्ष 62,000 घन किमी. जल का वाष्पीकरण होता है। सोवियत वैज्ञानिक एम. आई. लवोविच (M. I. Lvovich) ने सम्पूर्ण ग्लोब के वार्षिक जल बजट की व्याख्या के दौरान स्पष्ट किया कि खुले महाद्वीपीय क्षेत्रों से वाष्पीकरणं की मात्रा 65,000 घन किमी. जल का वाष्पीकरण होता है। इसकी वार्षिक गहराई 560 मिमी. जो धरातलीय वर्षण दर का 12.2% होती है। इसी प्रकार बन्द महाद्वीपीय क्षेत्रों तथा महासागरों में वाष्पीकरण का वार्षिक आयतन क्रमशः 7500 एवं 52,600 घन किमी. जल, क्रमशः वार्षिक गहराई 238 एवं 1254 मिमी. एवं धरातलीय वर्षण दर का प्रतिशत क्रमशः 1.4% एवं 86.10% मिलती है। सम्पूर्ण ग्लोब के वार्षिक जल आयतन लगभग 5,25,000 घन किमी. के बराबर ही धरातल की कुल वाष्पीकरण की औसत वार्षिक दर होती है जो सम्पूर्ण धरातलीय वर्षण दर का 100% होता है। इसकी वार्षिक गहराई 10.30 मिमी. आंकी गयी है। धरातल के सम्पूर्ण वाष्पीकरण दर के लिए लगभग 12.6×10^{23} जूल (Joule) ऊर्जा की आवश्यकता होती है जो पृथ्वी द्वारा वार्षिक रूप से प्राप्त सौर्य ऊर्जा का 25 प्रतिशत माना गया है। के.जी. गुरेविच (1980) ने स्पष्ट किया है कि सोवियत संघ (रूस के उज्वेकिस्तान में वाष्पन क्षमता 1350 मिमी. वार्षिक (फरगाना घाटी) से 2540 मिमी. वार्षिक (शीरोबाद) मिलती है। वाष्पन क्षमता मध्य कजाकिस्तान में 1300 मिमी. वार्षिक तथा मरगाब नखलिस्तान (तुर्कमानिस्तान) में 2230 मिमी. वार्षिक दर से प्राप्त होती है। सबसे अधिक वाष्पन क्षमता 4019 मिमी. प्रतिवर्ष उत्तरी पश्चिमी खारतूम (अफ्रीका) में मापी गयी है।

डी. एम. कज (D. M. Katz) ने विभिन्न भूदृश्य प्रखण्डों में वाष्पन क्षमता एवं वाष्पीकरण की वार्षिक मात्रा का आॅकलन करके स्पष्ट किया है कि वाष्पन

की क्षमता सबसे कम टुन्ड्रा प्रदेश में 200-300 मिमी. प्रतिवर्ष मिलती है जबकि सबसे अधिक रेगिस्तानी भागों में 1500-2000 मिमी. प्रतिवर्ष मापी गयी है। टैगा प्रदेश, मिश्रित वन प्रदेश, स्टेपी प्रदेश, अर्द्ध शुष्क प्रखंड तथा उपोष्ण भागों में वाष्पन क्षमता क्रमशः 300-600 मिमी., 400-850 मिमी., 600-1100 मिमी., 900-1000 मिमी. तथा 800-1300 मिमी. प्रति वर्ष पायी गयी है। इसी प्रकार सबसे कम वाष्पीकरण रेगिस्तानी भागों (50-100 मिमी. प्रतिवर्ष) एवं टुन्ड्रा प्रदेश (70-120 मिमी. प्रति वर्ष) में देखा गया है। अर्द्ध शुष्क रेगिस्तानी भाग (180-200 मिमी. प्रतिवर्ष), टैगा प्रदेश (200-300 मिमी. प्रति वर्ष), मिश्रित वन प्रदेश (250-430 मिमी. प्रति वर्ष), स्टेपी प्रदेश (240-550 मिमी. प्रति वर्ष) तथा उपोष्ण भागों में (300-750 मिमी. प्रति वर्ष) क्रमशः वाष्पीकरण की वार्षिक मात्रा में वृद्धि का मापन किया गया है (तालिका 4-I)।

तालिका 4-I

विभिन्न स्थलखण्डों पर वाष्पन क्षमता एवं वाष्पीकरण की वार्षिक दर
(After D.M. Katz)

भूदृश्य प्रकार	वाष्पन क्षमता (मिलीमीटर प्रतिवर्ष)	वाष्पीकरण (मिलीमीटर प्रतिवर्ष)
टुन्ड्रा	200-300	70-120
टैगा	300-600	200-300
मिश्रित वन	400-850	250-430
स्टेपी	600-1100	240-550
अर्द्धमरूस्थलीय भाग	900-1000	180-200
मरूस्थल	1500-2000	50-100
उपोष्ण	800-1300	300-750

एम. आई. बुडिको (M. I. Budyko, Climate and Life; 1974) ने महाद्वीपों एवं महासागरीय भागों पर औसत जल बजट के प्रमुख तत्वों की व्याख्या करते हुए वाष्पीकरण (सेमी. प्रतिवर्ष) की मात्रा का ऑकलन किया है (तालिका 4-II चित्र संख्या 4.1)। उन्होंने महाद्वीपीय क्षेत्रों की वाष्पीकरण की कुल मात्रा 42 सेमी. प्रतिवर्ष मानी है। सबसे अधिक वाष्पीकरण की मात्रा दक्षिणी अमेरिका (70 सेमी. प्रतिवर्ष) एवं सबसे कम वाष्पीकरण की औसत मात्रा एशिया महाद्वीप (31 सेमी. प्रति वर्ष) में मिलती है। महासागरीय भागों से कुल वाष्पीकरण की औसत मात्रा 126 सेमी. प्रति वर्ष है। हिन्द एवं प्रशान्त महासागर से अधिकतम (132 सेमी. प्रतिवर्ष) एवं अटलांटिक महासागर से अपेक्षाकृत कम (124 सेमी. प्रतिवर्ष) वाष्पीकरण होता है।

तालिका 4-II

औसत वाष्पीकरण की मात्रा (सेमी. प्रति वर्ष)

(Adopted from M. I. Budyko, Climate and Life, ed. David H. Miller Newyork, 1974)

क्षेत्रीय इकाई	वाष्पीकरण (सेमी. प्रतिवर्ष)
1. महाद्वीप (कुल औसत)	42
a. अफ्रीका	43
b. एशिया	31
c. आस्ट्रेलिया	42
d. यूरोप	39
e. उत्तरी अमेरिका	32
f. दक्षिणी अमेरिका	70
2. महासागर (कुल औसत)	126
a. अटलांटिक महासागर	124
b. प्रशान्त महासागर	132
c. हिन्द महासागर	132

चित्र संख्या 4.2 में उत्तरी एवं दक्षिणी अक्षांशों के सन्दर्भ में वाष्पीकरण की मात्रा का प्रदर्शन किया गया है। विश्व स्तरीय वाष्पन के वितरण प्रतिरूप से स्पष्ट है कि वाष्पीकरण उच्च अक्षांशों पर दोनों गोलार्द्धों पर न्यूनतम ऊर्जा प्राप्ति के कारण कम रहता है। निम्न एवं मध्य अक्षांशों पर स्थल एवं जल के बीच वाष्पन में विविधता मिलती है। महासागरीय भागों पर असीमित जल भण्डार के कारण वाष्पन दर प्रायः उच्च रहती है। मौसम के आधार पर (चित्र संख्या 4.3 एवं 4.4) से स्पष्ट है कि वाष्पन की उच्चतम दर जाड़े के दिनों में पश्चिमी प्रशान्त महासागर और अटलांटिक महासागर में प्राप्त होती है जहाँ महाद्वीपीय वायु गर्म सामुद्रिक धाराओं के आर पार बहती है। वार्षिक आधार पर वाष्पन का अधिकतम सामुद्रिक क्षय 15°-20° उत्तरी अक्षांश एवं 10°-20° दक्षिणी अक्षांश के बीच स्थिर व्यापारिक पवनों के पेटी के अंतर्गत होता है। अधिकतम वार्षिक क्षय पश्चिमी प्रशान्त महासागर एवं मध्य हिन्द महासागर में 15° दक्षिणी अक्षांश के पास लगभग 200 सेमी. (80 इंच) अनुमानित किया गया है। भूमध्य रेखीय भागों में महासागरों के अंतर्गत डोलड्रम पेटी में निम्न वायुगति, तथा वायु में संतृप्तता मान के करीब वाष्प दाब के कारण वाष्पन क्षय न्यूनतम होता है किन्तु भूमध्य रेखा पर उच्च सौर्य विकिरण की

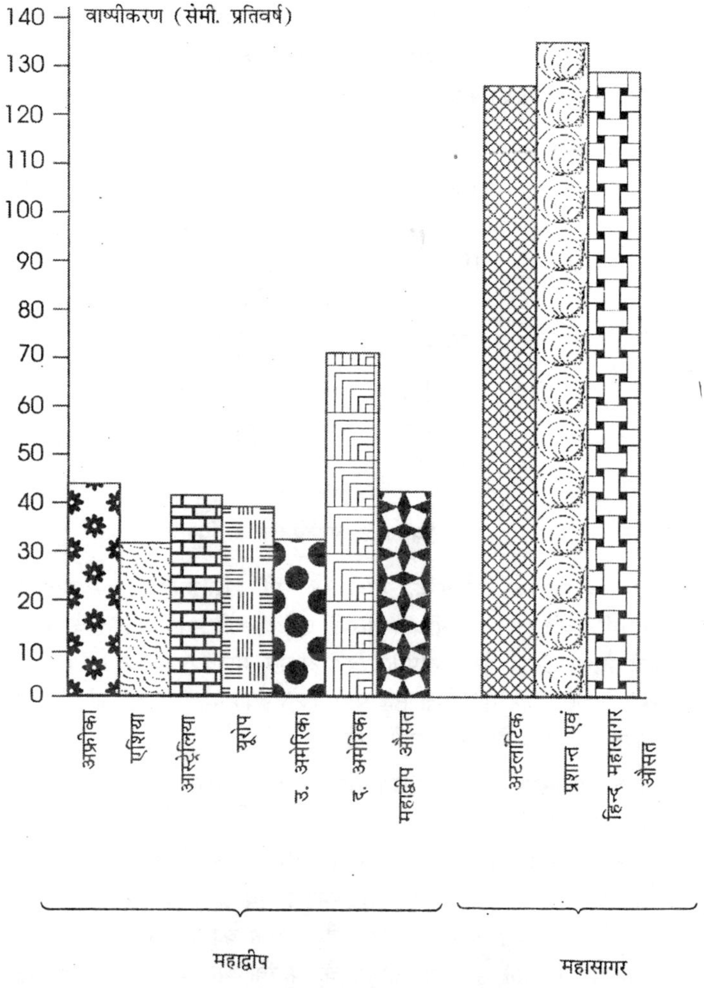

चित्र 4.1. महाद्वीप एवं महासागरों में औसत वाष्पीकरण

प्राप्ति तथा सघन वानस्पतिक सम्पदा से अधिकतम वाष्पोत्सर्जन क्षय के कारण स्थलीय खण्डों पर वाष्पन की मात्रा प्रायः अधिक होती है। स्थलीय भागों पर दूसरा अधिकतम वाष्पन क्षेत्र मध्य अक्षांशों में सशक्त पछुवा पवन प्रवाह. क्षेत्र से प्रभावित है। चित्र संख्या 4.2 से इस बात की सम्यक पुष्टि हो जाती है क्योंकि स्थलीय खण्डों पर अधिकतम वाष्पन का उल्लेख 0° अक्षांश पर है। महासागरीय क्षेत्रों में अधिकतम वाष्पन की मात्रा 30° उत्तरी अक्षांश एवं 10° दक्षिणी अक्षांश पर दृष्टिगोचर

होती है जबकि वाष्पन की औसत मात्रा के खींचे गये वक्र से स्पष्ट है कि अधिकतम औसत वाष्पन भूमध्य रेखा एवं 10° दक्षिणी अक्षांश के मध्य पाया जाता है। वाष्पीकरण मापन सूत्र के आधार पर ब्रिटेन में वार्षिक वाष्पन का आकलन कर

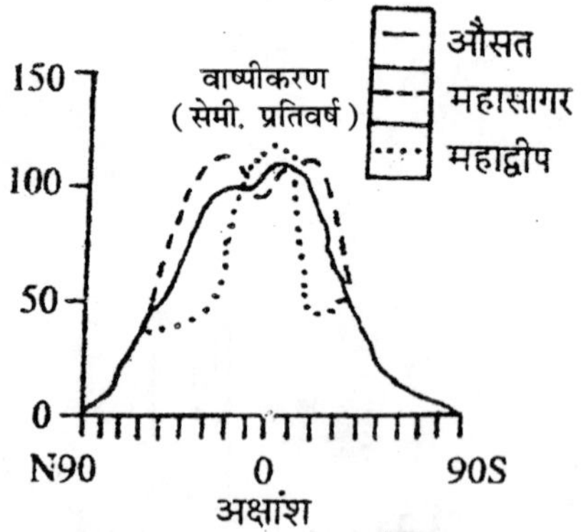

चित्र 4.2. वाष्पीकरण का वितरण

बताया कि वार्षिक वाष्पन की मात्रा 38 सेमी. (15 इंच) से (स्काटलैण्ड) लगभग 50 सेमी. (20 इंच) के बीच (दक्षिणी एवं दक्षिणी पूर्वी इंग्लैण्ड के भागों में) पायी जाती है। जबकि औसत तापमान को आधार मानकर थार्नथ्वेट विधि द्वारा वार्षिक विभव वाष्पोत्सर्जन की मात्रा 64 सेमी. (25 इंच) से अधिक अधिकांश दक्षिणी पूर्वी इंग्लैण्ड के भागों के लिए मापी गयी है।

4.4 वाष्पीकरण को प्रभावित करने वाले कारक (Factors Affecting Evaporation)

वाष्पीकरण की क्रिया जलीय एवं स्थलीय भागों पर अनवरत रूप से चलती रहती है। धरातल पर जल भण्डार, मिट्टी एवं प्राकृतिक वनस्पतियाँ अलग-अलग रूपों में वाष्पीकरण सम्पादित करती है। वाष्पन की प्रकृति अलग-अलग दशाओं में परिवर्तनशील होती है तथा वाष्पन के कारक भी बदल जाते हैं। अत: यहाँ पर क्षेत्रीय विभिन्नताओं के आधार पर वाष्पीकरण को प्रभावित करने वाले कारकों की व्याख्या प्रस्तुत की जा रही है।

अ. स्वतंत्र जलीय भागों से होने वाले वाष्पीकरण की मात्रा को प्रभावित करने वाले कारक (Factors affecting Evaporation from free Water Surfaces)

1. जलवायुविक कारक (Climate Factors)

इन कारकों के अंतर्गत मौसम एवं जलवायु सम्बन्धी सूक्ष्म निर्माणक प्रक्रमों

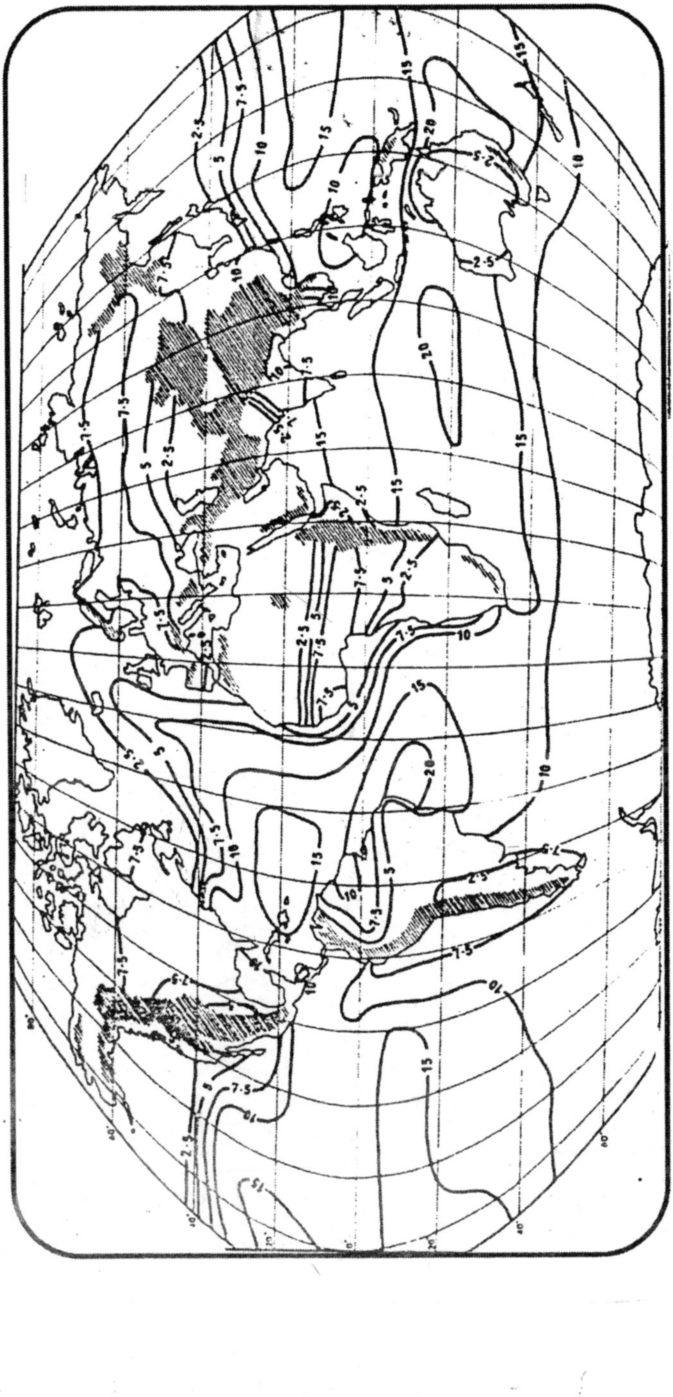

चित्र 4.3. विश्व में औसत वाष्पीकरण का वितरण (जुलाई) (सेमी. में)

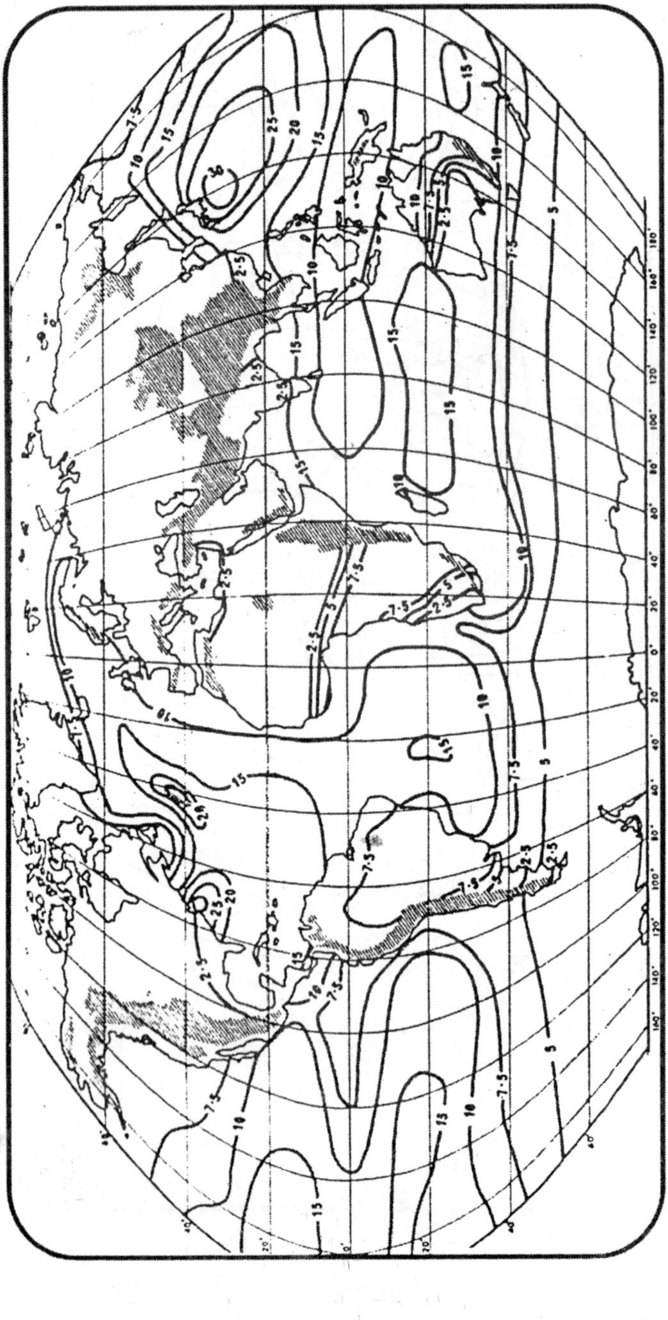

चित्र 4.4. विश्व में औसत वाष्पीकरण का वितरण (जनवरी) (सेमी. में)

को सम्मिलित किया जाता है। यहाँ पर यह उल्लेखनीय है कि वाष्पीकरण को प्रभावित करने वाले कारक वाष्पन-वाष्पोत्सर्जन को भी उसी ढंग से प्रभावित करते हैं। जलवायु पर आधारित कारक निम्नलिखित है–

(*i*) सौर्य विकिरण या प्रकाश (Solar Radiation or Light) : वाष्पीकरण को प्रभावित करने वाले कारकों में सौर्य विकिरण एक महत्वपूर्ण कारक है। सौर्य विकिरण द्वारा वाष्पन सतह का तापमान सीधे प्रभावित होता है। वाष्पीकरण एवं वाष्पोत्सर्जन हेतु ऊर्जा की निरन्तर आपूर्ति आवश्यक है। जिन क्षेत्रों में अत्यधिक सौर्यिक ताप के फलस्वरूप सौर्य विकिरण अधिक पाया जाता है वहाँ वाष्पीकरण एवं वाष्पोत्सर्जन में आकस्मिक वृद्धि हो जाती है। सौर्य विकिरण स्थान विशेष के अक्षांशीय विस्तार, मौसम, दिन की अवधि तथा आकाश की दशा जैसे अनेक पर्यावरणीय कारकों के प्रभाव से परिवर्तित होता रहता है। अत: वाष्पीकरण एवं वाष्पोत्सर्जन का उपर्युक्त दशाओं में परिवर्तित होना अनिवार्य है। ध्रुवीय प्रदेशों में सौर्य विकिरण कम मिलता है फलत: वाष्पीकरण की वार्षिक मात्रा भी कम मिलती है किन्तु भूमध्य रेखीय प्रदेशों में अत्यधिक वार्षिक सौर्य विकिरण के कारण वार्षिक वाष्पीकरण भी बहुत अधिक होता है।

सौर्य प्रकाश का वाष्पोत्सर्जन क्रिया एवं गति पर सीधा प्रभाव पड़ता है। सौर्य प्रकाश से पत्तियों के रन्ध्र खुल जाते हैं किन्तु जैसे-जैसे सौर्य प्रकाश या ताप कम होता है वाष्पीकरण एवं वाष्पोत्सर्जन की मात्रा एवं गति कम हो जाती है। पूर्ण अन्धकार में पत्तियों के रन्ध्र बन्द हो जाते हैं जिसके कारण वाष्पोत्सर्जन बाधित हो जाता है।

(*ii*) तापमान (Temperature) : स्वतंत्र जलीय भागों में उपलब्ध वाष्पदाब की मात्रा वाष्पीकरण की दर को निर्धारित एवं प्रत्यक्ष रूप से प्रभावित करती है। जैसे-जैसे तापमान बढ़ता है जल के कणों की गतिज ऊर्जा भी बढ़ती है अत: ऊर्जा वृद्धि के साथ जल के पलायित कणों की संख्या भी बढ़ती है और सम्बन्धित वाष्प दाब भी बढ़ जाता है। इस प्रकार स्पष्ट है कि ताप वृद्धि से वाष्पीकरण में वृद्धि होती है किन्तु यह सम्बन्ध तभी प्रभावकारी होता है जब वायु एवं जलीय तापमान में पर्याप्त अन्तर रहता है। वायु एवं जल के समान तापमान, या समान ताप वृद्धि दर के होने पर वाष्पीकरण दर में वृद्धि नहीं होती है। यही नहीं दो महीनों में औसत सम ताप की स्थिति होने के बावजूद भी औसत वाष्पीकरण समान नहीं होता है। गहरे जलीय भागों में समान औसत मासिक तापमान की

स्थिति में गर्मी के दिनों की अपेक्षा जाड़े की ऋतु में वाष्पीकरण अधिक होता है क्योंकि ग्रीष्म काल में अधिकांश तापमान जल को गर्म करने में ही समाप्त हो जाता है। वायुमण्डलीय तापवृद्धि से वायु की आर्द्रता धारण क्षमता एवं मात्रा कम हो जाती है अतः वायु में वाष्प धारण क्षमता बढ़ जाती है और वाष्पीकरण वाष्पोत्सर्जन में भी वृद्धि होती है। अत्यधिक ताप से वृक्षों की पत्तियों के रन्ध्र अत्यधिक खुलते हैं परिणामस्वरूप वाष्पोत्सर्जन अधिक होता है।

(*iii*) आर्द्रता (Humidity) : वाष्पीकरण की दर किसी निश्चित तापमान पर वास्तविक आर्द्रता एवं सापेक्षिक आर्द्रता के अन्तर का अनुपाती होता है। वास्तविक एवं सापेक्षिक आर्द्रता में जितना अधिक अन्तर मिलता है उतनी ही अधिक मात्रा में वाष्पीकरण भी होता है। शीत ऋतु में ग्रीष्म ऋतु की अपेक्षा आर्द्रता अन्तराल कम होता है अतः शीत ऋतु (ठंडे मौसम) में वाष्पीकरण कम होता है। वास्तविक एवं सापेक्षिक आर्द्रता से वाष्पीकरण की अधिकतम एवं न्यूनतम दर का निर्धारण होता है। अधिक वास्तविक आर्द्रता अधिक वाष्पीकरण (धनात्मक सहसम्बन्ध) एवं अधिक सापेक्षिक आर्द्रता न्यूनतम वाष्पीकरण (ऋणात्मक सहसम्बन्ध) की स्थिति स्थापित होती है। जैसे-जैसे वायु की आर्द्रता अधिक होती है उसमें नमी अवशोषण की क्षमता कम होती है अतः वाष्पीकरण एवं वाष्पोत्सर्जन की मात्रा एवं गति भी कम हो जाती है। शुष्क वायु में नमी अवशोषण की मात्रा क्षमता एवं गति अधिक होती है जिससे वाष्पीकरण वाष्पोत्सर्जन की मात्रा भी अधिक हो जाती है।

(*iv*) वायु (Wind) : वायु एवं वाष्पीकरण वाष्पोत्सर्जन का घनिष्ठ सम्बन्ध है। वायु के माध्यम से जल परमाणुओं का वायुमण्डल में संचरण होता है। तापमान, वायु की शुष्कता, वायु की गति एवं वाष्पीकरण में सापेक्ष सम्बन्ध है। वायु के बढ़ते हुए तापमान से उसकी शुष्कता में वृद्धि होती है और जैसे ही वायु शुष्क होती है वैसे ही हल्की होकर वायुमण्डल की ओर उत्सर्जित होती है। परिणामस्वरूप उसकी औसत गति बढ़ जाती है जिससे वाष्पीकरण वाष्पोत्सर्जन की क्रिया में भी सम्बर्द्धन होता है। उच्च तापजनित शुष्क एवं गतिशील वायु में नमी धारण क्षमता बढ़ जाती है अतः उसे संतृप्तावस्था में लाने के लिए तीव्र गति से वाष्पीकरण होता है। इसी प्रकार यदि जलीय तल के ऊपर स्थिर एवं ठन्डी वायु का आगमन हो तो नमी का स्थानान्तरण कम होने के कारण वायु संतृप्त हो जाती है और क्षीण वाष्पीकरण की स्थिति का जन्म होता है।

(*v*) वायु दाब (Air Pressure) : वायुदाब, वाष्पन एवं वाष्पोत्सर्जन के बीच ऋणात्मक सहसम्बन्ध है। जब वायुमण्डलीय दाब कम होता है तो वाष्पीकरण अधिक होता है और वायुदाब के बढ़ने पर वाष्पीकरण की मात्रा में ह्रास होता है। मेयर के अनुसार, वायुदाब का प्रभाव ऊँचाई परिवर्तन के साथ वाष्पदाब परिवर्तन के कारण बराबर हो जाता है। पहाड़ी क्षेत्रों में जहाँ निम्न ताप होता है वहाँ वाष्पीकरण वाष्पोत्सर्जन की क्रिया तीव्र होती है।

2. आकारजनक कारक (Morphological Factors)

स्वतंत्र जलीय क्षेत्र में वाष्पीकरण को प्रभावित करने वाले कारकों के अंतर्गत जल की आकारजनक स्थितियों यथा जल का गुण, जलीय भाग की गहराई, जलीय भाग का आकार एवं जलीय भाग की आकृति को सम्मिलित किया जाता है। वैसे तो जल की गुणात्मक स्थिति आकारजनक कारकों से भिन्न है किन्तु जलाकृतियों के क्षेत्रीय फैलाव एवं लम्बवत् विस्तार के कारण जल के भौतिक एवं रासायनिक गुणों का भी निर्धारण होता है। अतः जल के आकारजनक कारकों के अंतर्गत जल के भौतिक एवं रासायनिक गुणों को भी सम्मिलित कर लिया गया है।

(*i*) जल का गुण (Quality of Water) : वाष्पीकरण की दर जल के भौतिक एवं रसायनिक गुणों के आधार पर सुनिश्चित होती है। जल में उपलब्ध लवणता प्रतिशत के अनुसार वाष्पीकरण प्रतिशत का निर्धारण होता है। यदि जल में एक प्रतिशत लवणता वृद्धि कर दी जाय तो वाष्पीकरण में एक प्रतिशत की कमी आ जाती है। सागरीय जल की लवणता लगभग 3.5 प्रतिशत होती है, अतः शुद्ध जल की अपेक्षा सागरीय जल से वाष्पीकरण 2 से 3 प्रतिशत कम होता है। लवणता के बढ़ने से वाष्प दाब में कमी होती है परिणामस्वरूप वाष्पीकरण भी कम हो जाता है। जल का गंदलापन भी वाष्पीकरण की मात्रा को कम कर देता है।

(*ii*) जलीय भाग की गहराई (Depth of Water Bodies) : जलीय भागों की गहराई पर तापमान के कालिक वितरण का प्रभाव पड़ता है तथा गहराई में परिवर्तन के साथ वाष्पीकरण की दैनिक, मासिक, ऋत्विक एवं वार्षिक मात्रा में भी अन्तर स्थापित हो जाता है। उथले जलीय भागों पर तापमान का कालिक वितरण अधिक प्रभावकारी होता है अर्थात् गर्मी के दिनों में वाष्पीकरण अधिक एवं जाड़े के दिनों में कम होता है। गहरे जलीय भाग देर में गर्म होते हैं अतः जाड़े के दिनों में वाष्पीकरण की मात्रा गर्मी की अपेक्षा अधिक होती है।

(*iii*) जलीय भाग का आकार (Size of Water Bodies) : छोटे जलीय भागों में बड़े जलीय क्षेत्रों की अपेक्षा वाष्पन की दर अधिक होती है किन्तु आकार के छोटे होने के कारण कुल वाष्पीकरण की मात्रा बड़े जलीय भागों की अपेक्षा कम होती है। यदि जलीय भाग पर वायु स्थिर है तो वाष्पीकरण जलीय भाग के आकार एवं सापेक्षिक आर्द्रता पर निर्भर करता है किन्तु वायु संचरण के साथ जलीय विस्तार जितना ही अधिक होगा वाष्पीकृत जल की गहराई उतनी ही कम होगी क्योंकि विस्तृत जलीय क्षेत्र के ऊपर वायु में संचित वाष्प चादर की मोटाई बढ़ती जाती है। एक लघु जलीय क्षेत्र के ऊपर उपलब्ध सापेक्षिक आर्द्रता की मात्रा जल परमाणुओं के वायु में संचरित हो जाने से बड़े भागों की तुलना में कम होती है।

(*iv*) जलीय भागों की आकृति (Shape of the Water Bodies) : जलीय भागों की आकृतियाँ भी वाष्पीकरण को निश्चित करती है। सपाट जलीय भागों से होने वाला वाष्पीकरण अवतल जलीय भागों से होने वाले वाष्पीकरण से अधिक होता है। इसी प्रकार एक उत्तल जलीय भाग से होने वाला वाष्पीकरण सपाट जलीय भाग की अपेक्षा अधिक होता है।

य. मिट्टी की सतह से होने वाले वाष्पीकरण को प्रभावित करने वाले कारक (Factors Affecting Evaporation from Soil Surface)

स्वतंत्र जलीय क्षेत्र एवं मृदा सतह से होने वाले वाष्पीकरण को प्रायः एक ही प्रकार के पर्यावरणीय कारक प्रभावित करते हैं किन्तु जल सतह एवं मृदा सतह की प्रकृति में अन्तर से वाष्पीकरण की मात्रा में अन्तर आ जाता है। मृदा सतह के वाष्पीकरण में जलीय सतह के वाष्पीकरण की अपेक्षा अधिक अवरोध उत्पन्न होता है। सामान्य रूप में मृदा सतह जनित वाष्पीकरण को निम्नलिखित कारक निर्धारित करते हैं–

(*i*) मृदा नमी (Soil Moisture) : मृदा नमी मृदा सतह से होने वाले वाष्पीकरण को सुनिश्चित करती है। मृदा का जल से संतृप्त होने की दशा में 100 प्रतिशत वाष्पीकरण की सम्भावना रहती है। जैसे-जैसे मृदा जल का ह्रास होने लगता है वाष्पीकरण कम होने लगता है। मृदा नमी की जितनी अधिक मात्रा मृदा सतह के करीब होती है वाष्पीकरण उतना ही अधिक होता है। मिट्टी के गुण, उसकी कोशिकीय विशेषता, मृदा कणों की बनावट, मृदा जल की गहराई, मृदा

पारगम्यता एवं सरन्ध्रता, नमी धारण की मात्रा वाष्पीकरण को प्रभावित करती है।

(*ii*) मिट्टी की केशिकीय विशेषता (Soil Capillary Characteristics) : कम वर्षा वाले क्षेत्रों में असंतृप्त मृदा में गहराई पर मौजूद नमी द्वारा वाष्पीकरण की प्रक्रिया मिट्टी की केशिकीय विशेषताओं पर निर्भर करता है। केशिकीय विशेषता के आधार पर मिट्टी में नमी का ऊपर उठना मिट्टी के कणों के आकार एवं बनावट से सम्बन्धित होता है। जिस मिट्टी में नमी अधिक ऊँचाई तक आ जाती है वहाँ वाष्पीकरण कम मात्रा में होता है। मिट्टी में रन्ध्रता की संख्या, आकार तथा लसलसाहट (Viscosity) भी मृदा केशिकीय गुणों को प्रभावित करती है।

(*iii*) जल स्तर की गहराई (Depth of Water Level) : धरातलीय सतह से मृदा संचित जल की गहराई जितनी अधिक बढ़ती जाती है वाष्पीकरण उतना ही कम होता जाता है किन्तु जब जल की गहराई 1 मीटर से अधिक हो जाती है तो वाष्पीकरण दर पर प्रभाव नगण्य होता है। इस स्थिति में वाष्पीकरण मिट्टी के केशिकीय विशेषताओं पर निर्भर हो जाता है। कीन (Keen) महोदय के अनुसार, जब धरातलीय सतह से जल स्तर की गहराई मोटे कणों वाली बलुई मिट्टी में 35 सेमी., महीन बलुई मिट्टी में नीचे 70 सेमी. तथा भारी दोमट मिट्टी में 85 सेमी. नीचे तक पहुँच जाती है तो केशिकीय विशेषता का प्रभाव भी वाष्पीकरण पर नगण्य होने लगता है।

(*iv*) मिट्टी का रंग (Soil Colour) : वाष्पीकरण मिट्टी के रंग के आधार पर भी निश्चित होता है क्योंकि रंग के आधार पर मृदा ताप ग्रहण शक्ति में अन्तर स्थापित हो जाता है। अधिक ताप ग्रहण करने वाली मृदा सतह से वाष्पीकरण अधिक होता है।

(*v*) प्राकृतिक वनस्पतियों की उपस्थिति (Presence of Natural Vegetation) : वनस्पति विहीन मृदा आवरण से वाष्पीकरण की मात्रा अपेक्षाकृत अधिक होती है जबकि मृदा सतह पर वानस्पतिक आवरण से वाष्पीकरण कम हो जाता है।

4.5 वाष्पीकरण का मापन (Measurement of Evaporation)

वाष्पीकरण को मापने के लिए विभिन्न प्रकार के उपकरणों का प्रयोग किया जाता है जिसमें मुख्यतया वाष्पीकरण पैन (Evaporation Pan) का नाम विशेष रूप से उल्लेखनीय है। पैन सर्वसुलभ तरीका है। संयुक्त राज्य अमेरिका के मौसम

ब्यूरो पैन का प्रयोग भारतवर्ष में भी होने लगा है। भारत में पिच वाष्पीकरण यंत्र का भी प्रयोग किया जाता है। निम्नलिखित प्रकार के वाष्पीकरण पैन प्रयोग में लाये जाते हैं–

(*i*) संयुक्त राज्य अमेरिका के मौसम ब्यूरो का क्लास ए लैंड पैन (U.S. Weather Bureau Class A Land Pan)

(*ii*) सुन्केन स्क्रीन्ड पैन (The Sunken Screened Pan)

(*iii*) संयुक्त राज्य अमेरिका का प्लांट इन्डस्ट्री का सुन्केन पैन (U.S. Bureau of Plant Industry Sunken Pan)

(*iv*) कोलोरेडो सुन्केन पैन (Colorado Sunken Pan)

(*v*) संयुक्त राज्य अमेरिका का भूगर्भशास्त्र सर्वेक्षण फ्लोटिंग पैन (U.S. Geological Survey Floating Pan)

एटमोमीटर (Atmometer) वाष्पीकरण मापन का दूसरा प्रमुख यंत्र है। लिविंग स्टोन एटमोमीटर और पिश एटमोमीटर (Living stone and Pitche Atmometer) इस प्रकार के यंत्रों के प्रमुख उदाहरण हैं। वाष्पीकरण पैन की तुलना में एटमोमीटर का प्रयोग कम होता है क्योंकि इनके धरातल का कम खुलापन बृहद् जल धरातल का सही उल्लेख नहीं हो पाता है। जलाशय एवं मिट्टी से होने वाले वाष्पीकरण मापन की अनेक विधियाँ है जिसका उल्लेख हम इस प्रकार कर सकते हैं–

जलाशय द्वारा होने वाले वाष्पीकरण की गणना विधि (Method of Estimation of Evaporation from Reservoir)

(*i*) जल कोष विधि (Water Budget Method) : इस विधि द्वारा एक निश्चित समय में किसी भी नदी, बेसिन या सम्पूर्ण पृथ्वी के वाष्पीकरण का अनुमान लगाया जा सकता है। यह विधि जलप्रवाह पर आधारित है जिसमें निम्नलिखित सूत्र का प्रयोग गणना में किया जाता है।

$$E = (S_1 - S_2) + 1 + P - O - Og$$

जहाँ E = वाष्पीकरण, S_1 = शुद्ध जल का भण्डार (Initial Storage), S_2 = अन्तिम जल भण्डार (Final Storage), 1 = धरातलीय जल की मात्रा (Surface inflow), P = वर्षा की मात्रा, O = धरातलीय जल की कमी तथा Og = धरातलीय रिसाव (Surface Seepage)। इस विधि में वाष्पीकरण की मात्रा सेमी. या इंच में नापी जाती है।

(*ii*) ऊर्जा कोष विधि (Energy Budget Method) : इस विधि का प्रयोग पहली बार शिमट (Schmidt) ने समुद्री भागों में होने वाले वाष्पीकरण के

लिए किया था। इस विधि में ऊर्जा प्रवाह का आकलन किया जाता है। इस विधि में निम्न सूत्र का प्रयोग किया जाता है।

$$Qs - Qr - Qb - Qh - Qe = Qo - Qv$$

जहाँ Qs = जलाशय पर आये सौर्य विकिरण (Solar radiation Incident to Water Surface)

Qr = परावर्तित सौर्य विकिरण (Reflected Solar Radiation)

Qb = जलाशय द्वारा दीर्घ तरंगों के परिवर्तन में हुए शुद्ध ऊर्जा ह्रास (Net energy lost by water body through exchange of long wave radiation between atmosphere and water body)

Qh = जलाशय द्वारा वायुमण्डल को ऊर्जा संचालन (Energy conducted from water body to atmosphere as sensible heat)

Qe = वाष्पीकरण में प्रयुक्त ऊर्जा (Energy utilised for Evaporation)

Qo = जलाशय में एकत्रित ऊर्जा में वृद्धि (Net Energy advected into body of water)

और Qv = जलाशय में शुद्ध अभिवहन ऊर्जा (Net Energy advected into body of water)

उपर्युक्त समीकरण को निम्नलिखित रूप में भी प्रस्तुत किया जा सकता है–

$$Qn - Qh - Qe = Qo - Qv$$

जहाँ Qn = जलाशय द्वारा शुद्ध अवशोषित विकिरण (Net radiation absorbed by water body)

तथा $$Qn = Qs - Qr - Qb$$

उपर्युक्त सूत्र को वाष्पीकरण के रूप में निम्नलिखित ढंग से भी प्रस्तुत कर सकते हैं–

$$E = \frac{Qs - Qr - Qb + Qv - Qo}{PHv(1 + R)}$$

या

$$E = \frac{Qr - Qb + Qv - Qo}{PHv(1 + R)}$$

जहाँ E = वाष्पीकरण की मात्रा सेमी. में, R = बावेन अनुपात (Bown Ratio), Hv = वाष्पीकरण की गुप्त ऊष्मा (Latent heat of vaporization) तथा P = जल का घनत्व

$$\text{बावेन अनुपात} = \frac{\text{सम्वाहन द्वारा ऊष्मा ह्रास}}{\text{वाष्पीकरण द्वारा ऊष्मा ह्रास}}$$

इस समीकरण में बावेन अनुपात निम्नलिखित विधि से ज्ञात किया जाता है

$$R = 0.61 \times \frac{To - Ta}{Ↄo - Oa} \times \frac{P}{1000}$$

जहाँ P = वायुमण्डलीय दबाव (मिलीवार में) Ta = वायु का तापमान (°C में), To = जलीय तल का तापमान (°C में) Oa = वायु का वाष्प दाब (मिलीवार में) Oo = जलीय तल के पास संतृप्त वाष्प दाब (मिलीवार में)।

(*iii*) वायु संचालक विधि (Aero Dynamic Method) : इस विधि में वाष्पीकरण इंच में ज्ञात किया जाता है जिसका समीकरण इस प्रकार है

$$E = (eo - ea)(a + bv)$$

जहाँ E = वाष्पीकरण इंच में प्रतिदिन, eo = वायुदाब मिलीवार में (जलीय धरातल के नजदीक), ea = निश्चित ऊँचाई पर वायु में वाष्प दाव (मिलीवार), v = निश्चित ऊँचाई पर वायु वेग (मील प्रतिदिन में) तथा a = शून्य। इस सूत्र का प्रतिपादन हार्वेक महोदय ने किया जिसमें–

$$b = 0.00014 \times A^{0.005}$$

यहाँ A = जलाशय का क्षेत्रफल एकड़ में। यदि वाष्पीकरण मिलीवार प्रतिदिन में क्षेत्रफल वर्गमीटर में; वायुवेग मी. प्रति सेकेन्ड में तथा वाष्पदाब मिलीवार में हो तो समीकरण में b का मान 0.29 होगा।

(*iv*) अनुभविक नियमों द्वारा वाष्पीकरण अनुमान (Estimation of Evaporation by Empirical Laws) : डॉल्टन के सूत्र पर आधारित कई अनुभविक नियम वाष्पीकरण ज्ञात करने के लिए प्रयोग में लाये जाते हैं। सभी नियमों में ऊर्जाकारक सामान्य रूप से प्रयुक्त हुआ है जो वायु तथा जल के वाष्प दाब के अन्तर के बराबर होता है। वाष्पीकरण का अनुमान निम्नलिखित नियमों पर आधारित है।

(*a*)	$E = 0.00304\ (e0 - e2)\ V4$	e2 और V4 जलाशय के ऊपर
(*b*)	$E = 0.00241\ (e0 - e8)\ V\beta$	e8 और Vβ जलाशय के ऊपर
(*c*)	$E = 0.00270\ (e0 - e2)\ V4$	e2 ऊपर स्थित वायु के लिए तथा V4 जलाशय के ऊपर।

जहाँ E = वाष्पीकरण की दर इंच प्रतिदिन में, e = धारा का वाष्प दाब इंच में तथा V = वायुवेग मील प्रतिदिन।

यदि वाष्प दाब मिलीवार में तथा वायुवेग मीटर प्रति सेकेन्ड में दिया हो तो उपर्युक्त समीकरणों में स्थिरांक की मात्रा क्रमशः 0,122,0.097 तथा 0.109 होगी। इस प्रकार प्राप्त वाष्पीकरण की मात्रा मिलीमीटर प्रतिदिन में होगी।

(*v*) के. जी. गुरेविच विधि (K. G. Gurevich's Method) : गुरेविच महोदय ने जलीय सतह से वाष्पीकरण की मात्रा ज्ञात करने के लिए निम्नलिखित सूत्र का प्रतिपादन किया है–

$$Q = K\frac{E - e}{P}S$$

जहाँ Q = प्रति इकाई समय में एक निश्चित सतह से वाष्पित जल की मात्रा (The amount of water evaporated from a certain surface per unit time), K = समानुपाती कारक (Proportionality Factor), E – e = d (वायु की संतृप्तता ह्रास), P = वायुमण्डलीय दाब और S = वाष्पन सतह का क्षेत्रफल (Area of evaporating surface)।

(*vi*) आर. जी. बेरी एवं आर. जे. शोर्ले की सैद्धान्तिक विधियाँ (Theoretical Methods of R. G. Barry and R. J. Chorley) : बेरी एवं शोर्ले द्वारा वाष्पीकरण मापन के लिए सैद्धान्तिक विधि का प्रतिपादन हुआ है। ये विधियाँ निम्नलिखित उपागमों पर आधारित हैं :

(*a*) प्रथम उपागम के अनुसार E = Ku (ew – ed)

जहाँ E = औसत मासिक वाष्पीकरण, K = अनुभविक स्थिरांक, u = औसत वायु गति तथा ew – ed = जलीय सतह एवं वायु के बीच औसत वाष्प दाब अन्तराल। यहाँ पर उल्लेखनीय है कि औसत मासिक वाष्पीकरण वृहत जलीय क्षेत्र से सम्बन्धित है। इस उपागम को वायु संचालक उपागम भी कहा जाता है।

(*b*) द्वितीय उपागम (ऊर्जा कोष उपागम) के अनुसार

$$E = \frac{Rn}{L(1+\beta)}$$

जहाँ Rn = धरातल पर सौर्यिक एवं पार्थिव विकिरण का संतुलन, L = वाष्पीकरण की गुप्त ऊष्मा, H = वायुमण्डल में ताप का परावर्तन (Transfer of heat to the atmosphere) तथा β = H/LE जबकि Rn = L E + H.

मिट्टी से होने वाले वाष्पीकरण का मापन ((Measurement of Evoporation from Soil)

मिट्टी से होने वाले वाष्पीकरण को ज्ञात करना कठिन कार्य है। इस तरह के मापन के लिए सबसे पहले सम्बन्धित क्षेत्र में वर्षा की मात्रा वर्षामापी से ज्ञात करते हैं। एक कीपाकार जार को बड़े जार में रखते हैं। बड़े जार का सम्बन्ध प्राकृतिक मिट्टी से ज्ञात होता है। वर्षाकालीन अवधि में वर्षाजल जार में एकत्रित होता है। मिट्टी से रिसे जल की मात्रा जो एक छोटे जार में एकत्रित होती है, नाप लेते हैं। इस प्रकार मिट्टी से भरे बेलनाकार बर्तन को वर्षा से पहले एवं बाद में

तौलकर नमी में परिवर्तन ज्ञात कर लेते हैं। अन्त में मिट्टी से होने वाले वाष्पीकरण को निम्न सूत्र से ज्ञात करते हैं;

$$E = P \pm \Delta S - r$$

जहाँ E = मिट्टी से होने वाली वाष्पीकरण की मात्रा, P = वर्षा की मात्रा, ΔS = मिट्टी के नमी में परिवर्तन तथा r = रिसकर एकत्रित जल की मात्रा।

4.6 वाष्पीकरण नियंत्रण (Evaporation Control)

जलीय सतह एवं मृदा सतह से होने वाले वाष्पीकरण का पूर्ण नियंत्रण सम्भव नहीं है। कतिपय विधियों से वाष्पन की मात्रा को कम किया जा सकता है। वाष्पीकरण नियंत्रण जल संरक्षण का महत्वपूर्ण अंग है। शुष्क जलवायु वाले भागों में वाष्पीकरण नियंत्रण आर्थिक दृष्टि से महत्वपूर्ण होता है। कुछ निश्चित दशाओं में जल भण्डारण की अपेक्षा वाष्पीकरण नियंत्रण पर कम खर्च होता है। वाष्पीकरण नियंत्रण अलग-अलग क्षेत्रों में अलग-अलग विधियों से किया जाता है।

(I) जलीय सतह से वाष्पीकरण नियंत्रण (Evaporation Control from Water Surface) : जलीय सतह से वाष्पीकरण नियंत्रण हेतु निम्नलिखित बातें ध्यान देने योग्य है :

(*a*) जलाशय छिछला न होकर गहरा हो।

(*b*) जलाशय का जलाधिग्रहण क्षेत्र अपेक्षाकृत कम किया जाये।

(*c*) जलाशय का क्षेत्रफल भण्डारण की तुलना में न्यूनतम हो।

(*d*) जल को भूमि के नीचे संचित किया जाये।

(*e*) छोटे एवं कई जलाशयों में जल एकत्रण की अपेक्षा किसी एक एवं बड़े जलाशय में किया जाये।

(*f*) जलाशय के लिए उपयुक्त स्थल का चुनाव किया जाये।

(*g*) नदी या जल शाखा को सीधा बनाकर जलीय क्षेत्रफल एवं वाष्पीकरण को कम किया जा सकता है।

(*h*) छोटे जलाशयों के ऊपर छत या तैरता बेड़ा का प्रयोग किया जाय।

(*i*) जलग्राही पौधों को नष्ट कर दिया जाये।

(*j*) जलाशय के ऊपर तेल या सीटिल अल्कोहल का छिड़काव कर दिया जाये।

(II) मिट्टी से होने वाले वाष्पीकरण का नियन्त्रण (Evaporation Control from Soil) :

(*a*) मिट्टी की जुताई (Dust mulch) से जल अवशोषण अधिक होगा, कणों की दूरी तथा कैपिलरी राइज कम होगी तथा वाष्पीकरण भी कम होगा।

(*b*) पेपर से ढककर (Paper mulch) वाष्पीकरण कम किया जा सकता है।

(*c*) मिट्टी के साथ पाली इलेक्ट्रोलाइट जैसे रसायन मिलाकर वाष्प नियन्त्रण हो सकता है।

(*d*) पेबल मल्च (Pebble mulch) क्रिया द्वारा भी वाष्पीकरण नियन्त्रण हो सकता है। ऐसी क्रिया सर्वप्रथम चीन में प्रयोग में लायी गयी।

4.7 वाष्पोत्सर्जन का अर्थ एवं परिभाषा (Meaning and Definition of Transpiration) : वाष्पोत्सर्जन (Transpiration) वह क्रिया है जिसके द्वारा जलवाष्प जीवित पौधों की पत्तियों से निकलकर वायुमण्डल में प्रवेश करती है।[6] वाष्पोत्सर्जन जलीय चक्र की मुख्य क्रिया है। पेड़ों के पत्ररन्ध्र (Stomata) द्वारा हुए वाष्पीकरण को वाष्पोत्सर्जन कहा जाता है। समस्त पादप समुदाय अपनी जड़ों के माध्यम से मिट्टी या वर्षा से नमी अवशोषित करते हैं जिसके द्वारा पादप समुदाय की कोशिकाओं का विकास होता है। पादप कोशिकाओं द्वारा उपलब्ध नमी का 1 प्रतिशत भाग ही उपयोग में लाया जाता है शेष नमी का अंश पौधों की पत्तियों के माध्यम से वाष्प के रूप में वायुमण्डल में संचरित हो जाता है। एक स्वतंत्र जलाशय से वाष्पीकरण के दौरान जिस प्रकार जल परमाणु पलायित होते हैं ठीक उसी प्रकार पत्ररन्ध्रों से भी जल परमाणु वाष्प के रूप में पलायित होते रहते हैं। जिसे वाष्पोत्सर्जन की संज्ञा दी जाती है।

वाष्पोत्सर्जन क्रिया द्वारा धरातल पर होने वाली वर्षा वाष्प के रूप में वायुमण्डल में विसर्जित हो जाती है। वाष्पोत्सर्जन एवं वाष्पीकरण को अलग कर पाना मुश्किल है। अतः जलवैज्ञानिक दोनों का साथ–साथ अध्ययन करते हैं। वाष्पीकरण एक अजैविक क्रिया है जबकि वाष्पोत्सर्जन एक जैविक क्रिया है क्योंकि इसका सम्बन्ध सजीव पौधों की पत्तियों से होता है।

के.जी. गुरेविच (K.G. Gurevich, 1980) के अनुसार

"पेड़ पौधे जल की बहुत बड़ी मात्रा वाष्पोत्सर्जन के माध्यम से वाष्प के रूप में परिवर्तित करते हैं। वाष्पोत्सर्जन तन्तु विकास से सम्बन्धित एक तन्तु वानस्पतिक प्रक्रिया है। इस प्रक्रिया में पेड़ पौधे वानस्पतिक मौसम के दौरान विभिन्न गहराइयों से (जड़ तंत्र के विकास के परिमाण पर आधारित) नमी का अवशोषण करते हैं, किन्तु अवशोषित इसनमी का केवल सीमित भाग संचित रखते हैं जबकि शेष भाग वाष्पोत्सर्जित करते हैं।[7]"

---

6. "Transpiration is the process by which water vapour escapes from the living plant principally through the leaves and enters the atmosphere.
7. "Plants evaporate huge amounts of water by means of transpiration. Transpiration is a physiological process related to tissue growth. In this process plants which suck moisture from variable depths (depending on the degree of the development of the root system) during the vegetative season, trap only a small portion of this moisture, whereas the rest evaporates."

**Dictionary of Geography (1984, Edited by J. Smith) के आध
ार पर**

"वाष्पोत्सर्जन पेड़ पौधों से जल वाष्प की क्षति है। पादप तन्तु जड़ों से जल ऊपर की ओर भेजते हैं इस प्रकार एक अनवरत प्रवाह मृदा को पत्तियों की सतह से जोड़ता है जिसके द्वारा सूक्ष्म रन्ध्र जल वाष्प वायुमण्डल को सौंपते हैं। वाष्पोत्सर्जन पेड़ पौधों के माध्यम से प्रमुख खनिजों के संचरण को व्यवस्थित करता है किन्तु अत्यधिक जल क्षति से विल्टिंग होती है। वाष्पोत्सर्जन की दर वायुमण्डलीय तापमान से घनिष्ठ रूप में सहसम्बन्धित है (उच्च तापमान से वाष्पोत्सर्जन बढ़ता है) और पत्ररन्ध्रों के खुलने एवं बन्द होने से नियन्त्रित होता है।[8]"

आर.जी. बेरी और आर.जे. शोर्ले के अनुसार (According to R.G. Barry and R.J. Chorley, Atmosphere, Weather and Climate, 1968)

"पादप सतह मुख्यतया पत्तियों से जल ह्रास वाष्पोत्सर्जन नाम की एक जटिल प्रक्रिया है। पत्र कोशिकाओं का वाष्प दाब जब वायुमण्डलीय वाष्प दाब से अधिक होता है तो यह उत्पन्न होता है और यह जीवन प्रकार्य के रूप में महत्वपूर्ण है क्योंकि यह मृदा से पौधों के पोषक तत्वों की वृद्धि तथा पत्तियों को शीतल करता है। यह दिन के समय सम्पादित होता है जब पत्ररन्ध्र जिसके माध्यम से वाष्पोत्सर्जन सम्भव होता है, खुलते हैं।[9]" पौधों की जड़ों द्वारा मिट्टी से ग्रहण किया गया जल पौधों के द्वारा उनकी पत्तियों के अन्तराकोशीय भागों को स्थानान्तरित हो जाता है। पत्तियों के रन्ध्रीय भागों से वायु पत्तियों में प्रवेश करती है और पत्तियों में उपस्थित हरित लवक (Chloroplast) वायु की कार्बन डाई आक्साइड (CO_2) का कुछ अंश ग्रहण कर लेती है साथ ही पौधों को प्राप्त जल का कुछ भाग ग्रहण कर पौधों की वृद्धि के लिए कार्बोहाइड्रेड का निर्माण करती है शेष जल पत्तियों के

---

8. Transpiration is the loss of water vapour from plants. Plant tissue conducts water upwards from the roots, so that a continuous flow links the soil to leaf surfaces from which minute pores release water vapour to the atmosphere. Transpiration maintains the circulation of essential minerals through plants but excessive water loss causes wilting. The rate of transpiration correlates closely with environmental temperatures (*i.e.* higher temperatures increase transpiration) and controlled by the opening and closing of stomata."

9. Water loss from plant surfaces, chiefly leaves, is a complex process termed transpiration. It occurs when the vapour pressure in the leaf cells is greater than the atmospheric pressure, and is vital as a life function in that it causes a rise of plant nutrients from the soil and cools the leaves. It occurs mainly during the day when the stomata through which transpiration takes place are open."

रन्ध्रों से वाष्प के रूप में निकलकर वायुमण्डल में मिल जाता है। यही वाष्पोत्सर्जन क्रिया है।

पौधों के वायवीय अंगों द्वारा आवश्यकता से अधिक जल का वाष्प के रूप में उड़ते रहने (त्यागने) को वाष्पोत्सर्जन कहते हैं। यह जल पौधों के वायवीय अंगों, स्तम्भ, पत्तियों, कलियों एवं पुष्पों के वाष्प के रूप में बाहर निकलता रहता है। यह सम्पूर्ण अवशोषित जल का लगभग 95% होता है। इस क्रिया से चूषक दाब उत्पन्न होता है।

4.8 वाष्पोत्सर्जन की क्रिया विधि (Processing of Transpiration)

पौधों के जड़ तंत्र द्वारा अवशोषित जल रसारोहण की क्रिया द्वारा पत्तियों की दारू (Xylem) कोशिकाओं तक पहुँचता है अतः इन कोशिकाओं का स्फीति दाब (Turgor Pressure) समीप स्थित पर्णमध्यातक (Mesophyll) की कोशिकाओं से अधिक हो जाता है। जल अधिक स्फीति दाब से कम स्फीति दाब की ओर चलकर पर्णमध्योतक कोशिकाओं (पत्तियों के आन्तरिक मध्य कोशिकाओं) में पहुँच जाता है। इन कोशिकाओं की भित्तियों से यही जल वाष्प में परिवर्तित होकर पर्णमध्योतक कोशिकाओं के अन्तराकोशिकीय स्थानों में पहुँचता रहता है। सभी अन्तराकोशीय स्थान एक दूसरे से तथा अधोरन्ध्रीय रन्ध्रों से सम्बन्धित होते हैं। अतः वाष्प एक दूसरे से होती हुई अन्त में अधोरन्ध्रीय रन्ध्रों में पहुँचती है जहाँ से रन्ध्रों द्वारा विसरित होकर वायुमण्डल में चली जाती है। रात्रि में वाष्पोत्सर्जन नहीं होता है जबकि दिन में वाष्पोत्सर्जन अधिक होता है। दिन में पत्तियों पर सूर्य प्रकाश पड़ता है जिससे प्रकाश संश्लेषण की क्रिया द्वारा पौधे अपना भोजन बनाते हैं तथा पत्तियों के रन्ध्र खुल जाते हैं। पोधों का जीवित कोशिकाओं द्वारा हरी पत्तियों तथा सूर्य के प्रकाश की उपस्थिति में CO_2 तथा H_2O के संयोग से कार्बोहाइड्रेट के निर्माण की क्रिया को प्रकाश संश्लेषण कहते हैं। इस क्रिया से आक्सीजन बाहर निकलती है। रात्रि में प्रकाश संश्लेषण की क्रिया नहीं होती जिससे पत्ररन्ध्र बन्द हो जाते हैं अतः वाष्पोत्सर्जन नहीं के बराबर होता है। श्वसन एवं प्रकाश संश्लेषण क्रिया में अन्तर है। श्वसन क्रिया पत्तियों द्वारा दिन रात सदैव होती है। इसमें पत्तियाँ आक्सीजन ग्रहण करती हैं और कार्बन डाई आक्साइड छोड़ती हैं। प्रकाश संश्लेषण द्वारा आक्सीजन गैस निकलती है। वाष्पोत्सर्जन क्रिया से अनावश्यक जल पौधों के शरीर से बाहर निकल जाता हैं। यह पौधों का ताप नियन्त्रित करता है जिससे रसारोहण होता है। वाष्पोत्सर्जन की गति शुष्क वायु और आँधी में तीव्र हो जाती है। शुष्क वायु में पानी की कमी होती है इसलिए पेड़ों से अधिक पानी भाप बनकर उड़ता है। वर्षा के दिनों में वायुमण्डलीय आर्द्रता अधिक होती है इसलिए

नम वायु जलावशोषण की न्यून आवश्यकता के कारण पेड़ों से पानी कम ग्रहण करती है फलस्वरूप वाष्पोत्सर्जन की क्रिया एवं गति कम होती है।

4.9 वाष्पोत्सर्जन के प्रकार (Types of Transpiration)

वनस्पतियों के सभी वायवीय भागों द्वारा वाष्पोत्सर्जन की क्रिया होती है किन्तु जल के बाहर निष्कासित होने के मार्ग अलग-अलग होते हैं। इसी आधार पर वाष्पोत्सर्जन तीन प्रकार का होता है।

(*i*) रन्ध्रीय वाष्पोत्सर्जन (Stomatal Transpiration) : इस प्रकार की वाष्पोत्सर्जन की क्रिया मुख्य रूप से पत्तियों द्वारा होती है। पत्तियों की सतह पर असंख्य छोटे-छोटे छिद्र पाये जाते हैं जिसे रन्ध्र कहते हैं। जब इन पत्तियों के रन्ध्रों से जल वाष्प के रूप में निकलकर वायुमण्डल में चला जाता है तब इसे रन्ध्रीय वाष्पोत्सर्जन कहते हैं। इस प्रकार का वाष्पोत्सर्जन अन्य प्रकार के वाष्पोत्सर्जन की अपेक्षा अधिक एवं तीव्र गति से होता है। कुछ पौधों में 97% तक जल रन्ध्रीय वाष्पोत्सर्जन द्वारा बाहर निकलता है।

(*ii*) उपत्वचीय वाष्पोत्सर्जन (Cuticular Transpiration) : पत्तियों की बाह्य त्वचा पर उपत्वचा या उपचर्म होते हैं। जब कुछ जल पत्तियों की बाह्य त्वचा पर उपस्थित उपत्वचा से वाष्पीकरण क्रिया द्वारा वायुमण्डल में उड़ जाता है तो उसे उपत्वचीय वाष्पोत्सर्जन कहते हैं। आमतौर पर उपत्वचा द्वारा जल की हानि केवल 1 से 3 प्रतिशत अधिक नहीं होती। नागफनी एवं अन्य मरुद्भिद पौधों में उपत्वचा बहुत मोटी होती है जिससे इन पौधों से उपत्वचीय वाष्पोत्सर्जन नहीं के बराबर होता है।

(*iii*) वातरन्ध्रीय वाष्पोत्सर्जन (Lenticular Transpiration) : अनेक पौधों के तनों, शाखाओं, फूलों तथा फलों पर भी छिद्र पाये जाते हैं जिन्हें वातरन्ध्र (Lenticels) कहते हैं, इन वातरन्ध्रों द्वारा भी कुछ जल वाष्प बनकर वायुमण्डल में पहुँचता है। इस क्रिया द्वारा जलहानि को वातरन्ध्रीय वाष्पोत्सर्जन कहते हैं। इस प्रकार का वाष्पोत्सर्जन नाम-मात्र का होता है।

4.10 वाष्पोत्सर्जन को प्रभावित करने वाले कारक (Factors Affecting Transpiration)

वाष्पीकरण-वाष्पोत्सर्जन को प्रभावित करने वाले प्रमुख कारकों का उल्लेख इसी अध्याय में 4.4 शीर्षक के अंतर्गत किया जा चुका है अतः उसकी पुनरावृत्ति यहाँ पर नहीं की जा रही है। सामान्य रूप में वाष्पोत्सर्जन को प्रभावित करने वाले विशिष्ट कारकों का उल्लेख इस प्रकार किया जा सकता है।

(*i*) सौर्य विकिरण के प्रभाव से 95 प्रतिशत वाष्पोत्सर्जन दिन के समय में ही होता है।

(*ii*) सामान्यतया पत्तियों के पास नम वायु रहती है किन्तु पवन प्रवाह से नम वायु की जगह गर्म वायु आ जाने से पत्तियों के बाहरी एवं अन्दरूनी वाष्पदाब में अन्तर स्थापित हो जाने से वाष्पोत्सर्जन बढ़ता है। बहुत अधिक वेग से प्रवाहित वायु की जगह थोड़ी कम वेग की वायु वाष्पोत्सर्जन की दर बढ़ाने में अधिक सक्षम होती है।

(*iii*) मिट्टी की नमी का अधिक प्रभाव वाष्पोत्सर्जन पर उस समय होता है जबकि स्थायी विल्टिंग प्रतिशत में कमी हो जाती है। मिट्टी की नमी की उस मात्रा को विल्टिंग प्वाइंट कहते हैं जिसको पौधे नहीं ग्रहण कर पाते। अतः जब मृदा नमी विल्टिंग प्वाइंट से नीचे चली जाती है तो वाष्पोत्सर्जन पर मिट्टी के नमी का कोई प्रभाव नहीं पड़ता है क्योंकि पौधे उस नमी को नहीं ले पाते।

(*iv*) वाष्पोत्सर्जन वनस्पतियों के विकास दर से भी प्रभावित होता है। वनस्पतियों के उगने के समय वाष्पोत्सर्जन कम तथा विकसित होने पर अधिक होता है।

(*v*) मृदा का स्वभाव, प्रकृति, कणों की मात्रा, रसायनिक गुण, रन्ध्रों की संख्या तथा वनस्पतियों की जड़ों की लम्बाई वाष्पोत्सर्जन क्रिया को प्रभावित करती है। पौधों की जड़ों द्वारा नमी अवशोषण क्षमता तथा उसके विस्तार, पत्तियों की सतह, पत्तियों पर रन्ध्रीय स्थिति इत्यादि भी वाष्पोत्सर्जन को प्रभावित करते हैं। जिन पत्तियों में प्रति इकाई कम रन्ध्रीय क्षेत्र तथा विकिरण के लिए कम धरातलीय क्षेत्र होता है अपेक्षाकृत कम जल का वाष्पीकरण वाष्पोत्सर्जन होता है। ऐसे पौधे जिनकी जड़ें जल तल तक जाती है वे ऐसे जल का वाष्पोत्सर्जन करते हैं जो वातन क्षेत्र में नमी से युक्त होते हैं। सभी पौधे रन्ध्रीय क्षेत्र का कुछ भाग एक निश्चित सीमा तक नियंत्रण करते हैं तथा सूखे की स्थिति में वाष्पोत्सर्जन कम करने की क्षमता रखते हैं। यदि मृदा जल पर्याप्त उपलब्ध हो तथा धरातल वनस्पतियों से आच्छादित हो तो वाष्पोत्सर्जन दर पौधे के प्रकार से अप्रभावित रहती है।

(*vi*) पत्तियों की संरचना का भी प्रभाव वाष्पोत्सर्जन दर पर पड़ता है। जिन पौधों की पत्तियों की बाह्य सतह पर मोम या उपचर्म का मोटा आवरण होता है या जिन वनस्पतियों में रन्ध्र सतह पर न होकर कोशिकाओं के नीचे की ओर धंसे होते हैं जैसे–चीड़, नारियल आदि या जो पत्तियाँ छोटी है जिस पर कांटे पाये जाते हैं तथा कांटे में परिवर्तित होती है अथवा जिन पत्तियों के रन्ध्रों के आसपास रोमों की उपस्थिति होती है वहाँ वाष्पोत्सर्जन कम होता है।

4.11 वाष्पोत्सर्जन का मापन एवं आॅकलन (Measurement and Computation of Transpiration)

प्राकृतिक दशाओं के अंतर्गत एक निश्चित क्षेत्र में वाष्पोत्सर्जन का मापन करना अत्यन्त दुष्कर कार्य है। इसीलिए प्रयोगशाला के अंतर्गत छोटे नमूनों के आधार पर वाष्पोत्सर्जन का मापन किया जाता है। प्रयोगशाला में वाष्पोत्सर्जन का मापन पोटोमीटर (Potometer) या फाइटोमीटर (Phytometer); यंत्र की सहायता से किया जाता है। इस यंत्र में एक बड़ा वेसेल (Vessel) होता है जिसमें मिट्टी भरी रहती है। वेसेल के अंतर्गत एक दो पौधा लगा दिया जाता है। मिट्टी को इस प्रकार से बन्द कर देते हैं कि उससे सीधे वाष्पीकरण न हो सके। पौधों द्वारा हुए वाष्पोत्सर्जन को बेसेल के वजन में हुई क्षति के रूप में निकाल लेते हैं। इसके अलावा वाष्पोत्सर्जन का मापन अन्य कई विधियों से होता है जो इस प्रकार है।

(*i*) भार विधि (Weight Method) : इस विधि में गमले में लगे एक पौधे को लेकर गमले को रबर की चादर से इस प्रकार ढक देते हैं कि इसकी मिट्टी की सतह से जल का वाष्पीकरण न हो सके। अब गमले सहित पौधे का भार ले लिया जाता है। गमले को पुनः कुछ घण्टे सूर्य प्रकाश में रखने के बाद भार ले लिया जाता है। भार में यह कमी उतने समय में वाष्पोत्सर्जन जल के बराबर होता है। यह विधि विश्वसनीय एवं वैज्ञानिक नहीं मानी जाती।

(*ii*) फार्मर पोटोमीटर द्वारा वाष्पोत्सर्जन का मापन (Measurement of Transpiration by Farmer Potometer) : फार्मर पोटोमीटर में एक चौड़े मुँह की बोतल होती है जिसमें तीन छेद वाली कार्क लगी रहती है। एक छेद में काँच की मुड़ी हुई नली लगी होती है जिसका दूरस्थ शिरा समकोण बनाता हुआ नीचे की ओर मुड़ा होता है। इसी नली पर एक पैमाना लगा होता है। दूसरे छेद द्वारा एक जलाशय लगा होता है और तीसरे छेद में पत्तियों वाली एक शाखा लगा दी जाती है। इस सारे उपकरण को जल से भर दिया जाता है। टहनी को जल के अन्दर रखकर काटना चाहिए ताकि वायु के बुलबुले वाहिकाओं में न घुसने पायें। क्षैतिज नली का दूरस्थ शिरा पानी से भरे बीकर में डूबा रहता है। ज्यों-ज्यों जल वाष्पोत्सर्जन द्वारा शाखा से बाहर निकलता है बीकर का पानी क्षैतिज नली से होकर प्रवाहित होने लगता है। क्षैतिज नली को कुछ देर बाहर रखने से वायु का बुलबुला प्रवेश कर जाता है। अब इस नली को दुबारा बीकर में रखे जल में डुबा देते हैं। यह बुलबुला पानी के बहाव के साथ एक सिरे से दूसरे सिरे की ओर चलने लगता है। एक निश्चित समय में बुलबुले के खिसकने की दूरी पैमाने द्वारा पढ़कर ज्ञात कर लेते हैं। इससे वाष्पोत्सर्जन की गति तथा वाष्पोत्सर्जित जल का भार ज्ञात

कर सकते हैं। पोटोमीटर द्वारा हम धूप, अन्धकार, वायु आदि विभिन्न परिस्थितियों में तथा भिन्न-भिन्न पौधों में वाष्पोत्सर्जन की दर की तुलना का बोध सरलता से कर सकते हैं।

4.12 वाष्पन-वाष्पोत्सर्जन का अर्थ एवं परिभाषा (Meaning and Definition of Evapo-Transpiration)

जब जल आर्द्र धरातलीय सतह, ठोस हिमानी सतह तथा पेड़ पौधों से संचरित होकर सम्मिलित अवस्था में वाष्प के रूप में परिवर्तित होकर वायुमण्डल में समाहित हो जाता है तो उस क्रिया को वाष्पन-वाष्पोत्सर्जन की क्रिया कहते हैं। वाष्पन-वाष्पोत्सर्जन मृदा एवं जल से होने वाले वाष्पीकरण एवं वनस्पतियों तथा जीवों से होने वाले वाष्पोत्सर्जन दोनों को एक साथ सम्मिलित करता है। कभी-कभी इसे क्षयी उपयोग की भी संज्ञा दी जाती है क्योंकि कुछ जल वैज्ञानिकों की यह अवधारणा है कि जल का वह भाग जो पौधों के विकास में प्रयुक्त होता है वह जल का क्षय नहीं बल्कि जल उपयोग के अंतर्गत आता है। वाष्पन-वाष्पोत्सर्जन जल संतुलन मापन का महत्वपूर्ण तत्व है। जलीय चक्र के अंतर्गत इसकी गणना जल क्षति के रूप में की जाती है। वाष्पन-वाष्पोत्सर्जन एक निश्चित क्षेत्र में निश्चित समय के अंतर्गत सम्पादित होने वाला सम्पूर्ण वाष्पीकरण है।

वाष्पन-वाष्पोत्सर्जन कृषि में महत्वपूर्ण माना जाता है क्योंकि यह फसलों के विकास के लिए आवश्यक है तथा सतह के सीधे प्रवाह की मात्रा और संतृप्त मण्डल के गहरे निस्यन्दन को प्रभावित करता है। यह जलीय चक्र की महत्वपूर्ण क्रिया कही जाती है क्योंकि सम्पूर्ण वर्षण का 60 प्रतिशत से अधिक भाग वाष्पन-वाष्पोत्सर्जन द्वारा परिवहन कर लिया जाता है। वाष्पन-वाष्पोत्सर्जन शुष्क प्रदेशों में 100% से पर्वतीय क्षेत्रों में लगभग 50% के बीच परिवर्तनशील रहता है। वाष्पन-वाष्पोत्सर्जन को निम्नलिखित रूपों में परिभाषित किया जा सकता है।

हावर्ड जे. क्रिचफील्ड (Howard J. CritchField, General Climatology; 1987) के अनुसार

"एक निश्चित क्षेत्र में वाष्पीकरण एवं वाष्पोत्सर्जन द्वारा सम्मिलित रूप में आर्द्रता के क्षय को वाष्पीकरण-वाष्पोत्सर्जन कहते हैं।"[10]

आर.पी. त्रिपाठी एवं एच.पी. सिंह (R. P. Tripathi and H. P. Singh, Soil Erosion and Conservation; 1993) के अनुसार

"मृदा सतह से वाष्पीकरण और पेड़ पौधों से वाष्पोत्सर्जन के योग को

---

10. "The combined losses of moisture by evaporation and transpiration from a given area are termed evapotranspiration."

वाष्पन-वाष्पोत्सर्जन के नाम से सम्बोधित करते हैं जो पृथ्वी से वायुमण्डल की ओर जल के संचरण को प्रदर्शित करता है।"[11]

Webster Dictionary के आधार पर

"वाष्पन-वाष्पोत्सर्जन एक प्रक्रिया है जिसके द्वारा धरातलीय सतह या मिट्टी जल के वाष्पीकरण और पौधों से वाष्पोत्सर्जन द्वारा आर्द्रता का क्षय होता है। इस प्रक्रिया में जल की मात्रा का क्षय होता है।"[12]

Dictionary of Geography (Edited by J.Smith; 1984) के आधार पर

"वाष्पन-वाष्पोत्सर्जन स्थलीय सतह से होने वाले वाष्पीकरण और पौधों द्वारा वाष्पोत्सर्जन की सामूहिक प्रक्रिया से वायुमण्डल में सम्पूर्ण नमी (आर्द्रता) की वापसी है। वाष्पन-वाष्पोत्सर्जन की दर मुख्यतया तापमान पर निर्भर करती है।"[13]

"वाष्पन-वाष्पोत्सर्जन जल बजट में एक प्रधान तत्व है जो नमी एवं ऊर्जा विनिमय के बीच एक कड़ी के रूप में भी जाना जाता है। यह वाष्पीकरण एवं वाष्पोत्सर्जन का एक संयुक्त रूप है जो भौतिक एवं जैविक पारितंत्र की प्रक्रियाओं के माध्यम से सम्पादित होता है (जी. प्रसाद)।"[14]

4.13 वाष्पन-वाष्पोत्सर्जन को निर्धारित करने वाले भौतिक तथ्य (Physical Aspects Determining Evapotranspiration)

वाष्पन-वाष्पोत्सर्जन को प्रभावित करने वाले पूर्व वर्णित कारकों के अतिरिक्त तीन प्रमुख भौतिक तथ्यों की उपस्थिति अनिवार्य होती है।

(*i*) सम्बन्धित क्षेत्र में तरल जल को वाष्प में परिवर्तित करने के लिए ऊष्मा की आपूर्ति अति आवश्यक है।

---

11. "The sum of evaporation from the soil surface and transpiration from plants is called evapotranspiration which represents the transport of water from the earth to the atmosphere."
12. "Evapotranspiration is the process by which the earth's surface or soil loses moisture by evaporation of water and by transpiration from plants. The volume of water lost in this process."
13. "Evapotranspiration is the total moisture returned in the air by the combined processes of evaporation from land surfaces and transpiration by plants. The rate of evapotranspiration depends mainly on temperature."
14. Evapotranspiration is the key element in the water budget which is also known as a link between moisture and energy exchanges. It is a composite form of evaporation and transpiration which occurs through the processes of physical and biological ecosystem.

(*ii*) वायु का वाष्पदाब वाष्पीकरण करने वाली सतह से कम होना चाहिए।

(*iii*) वाष्पन सतह पर अनवरत रूप में जल की उपलब्धि अवश्य होनी चाहिए।

4.14 वाष्पन-वाष्पोत्सर्जन के प्रकार (Types of Evapotranspiration)

वाष्पन-वाष्पोत्सर्जन दो प्रकार का होता है–

(*i*) वास्तविक वाष्पन-वाष्पोत्सर्जन (Actual Evapo-transpiration) : यह वाष्पीकरण वाष्पोत्सर्जन की वह मात्रा है जो किसी वनस्पति से आच्छादित क्षेत्र में प्राकृतिक दशा में होता है। वास्तविक वाष्पन वाष्पोत्सर्जन एक पर्यवेक्षित मात्रा है (Actual evapotranspiration is the observed amount)। हावर्ड जे. क्रिचफील्ड (1987) के अनुसार सतह से ऊपर की ओर नमी की क्षयित मात्रा ही वास्तविक वाष्पन वाष्पोत्सर्जन है।[15]

(*ii*) विभव वाष्पन-वाष्पोत्सर्जन (Potential Evapotranspiration): क्रिचफील्ड (1987) के अनुसार "उपलब्ध ऊर्जा द्वारा नमी की वह मात्रा जिसका वाष्पीकरण एवं वाष्पोत्सर्जन हो सकता है, विभव वाष्पीकरण वाष्पोत्सर्जन है।[16] विभव वाष्पन वाष्पोत्सर्जन एक अधिकतम मात्रा है जो एक स्थिर जल आपूर्ति को मान लेने पर सैद्धान्तिक रूप में सम्भव है (Potential evapotranspiration is the maximum amount that is theroetically possible assuming a constant water supply)। एक हरित चादर सतह पर जब जल की पर्याप्त मात्रा वर्षा या सिंचाई के द्वारा उपलब्ध होती है तो ऐसी स्थिति में उस क्षेत्र से वाष्पीकरण वाष्पोत्सर्जन की मात्रा अधिकतम पायी जाती है। वाष्पन वाष्पोत्सर्जन की इसी मात्रा को विभव वाष्पन वाष्पोत्सर्जन कहते हैं। थार्नथ्वेट महोदय ने इस संकल्पना का सर्वप्रथम प्रतिपादन किया था। थार्नथ्वेट के अनुसार मिट्टी की नमी वाष्पीकरण वाष्पोत्सर्जन को नियन्त्रित करती है। अतः यदि मृदा में पर्याप्त नमी उपलब्ध होती है तो वाष्पीकरण वाष्पोत्सर्जन की मात्रा विभव कहलाती है। इस स्थिति में वास्तविक वाष्पन वाष्पोत्सर्जन विभव वाष्पन-वाष्पोत्सर्जन में परिवर्तित हो जाता है जबकि नमी पर्याप्त मात्रा में अधिकतम वाष्पीकरण के लिए मौजूद हो। विभव वाष्पीकरण वाष्पोत्सर्जन धरातल द्वारा प्राप्त सौर्य ऊर्जा एवं उत्पन्न ताप से सम्बन्धित होता है। वास्तविक वाष्पन वाष्पोत्सर्जन ही वास्तविक जल ह्रास है। वास्तविक वाष्पीकरण वाष्पोत्सर्जन, विभव वाष्पीकरण वाष्पोत्सर्जन के बराबर होगा जब जलापूर्ति जल की आवश्यकता से अधिक या बराबर होगी। जब मृदा में

15. The amount lost upward from the surface is the Actual Evapotranspiration.
16. The amount that could be evaporated and transpired by the available energy is the potential Evapotranspiration.

जलापूर्ति जल आवश्यकता से कम होगी तो वास्तविक वाष्पीकरण वाष्पोत्सर्जन वर्षा की मात्रा में मिट्टी की नमी का ह्रास जोड़कर निकाला जा सकता है। थार्नथ्वेट के अनुसार नमी की मात्रा जब विल्टिंग प्वाइंट के नीचे या तापमान हिमांक के नीचे है तो वास्तविक वाष्पन वाष्पीकरण शून्य होता है। पेनमेन के अनुसार किसी इकाई क्षेत्र में जहाँ समान ऊँचाई की छोटी हरी घासें हैं तथा उनको कभी जल की कमी नहीं है तो वाष्पीकरण वाष्पोत्सर्जन को विभव कहा जायेगा।

4.15 वाष्पीकरण-वाष्पोत्सर्जन की प्रभावित करने वाले कारक (Factors Affecting Evapotransipiration)

वाष्पीकरण और वाष्पोत्सर्जन को अलग-अलग रूपों में प्रभावित करने वाले कारक ही सामान्य तौर पर वाष्पन वाष्पोत्सर्जन को प्रभावित करते हैं। विभव वाष्पीकरण वाष्पोत्सर्जन को सौर्यिक विकिरण, तापमान, वायुभार तथा पवन जैसे कारक सुनिश्चित करते हैं जबकि वास्तविक वाष्पन वाष्पोत्सर्जन वनस्पति एवं मृदा से सम्बन्धित कारकों द्वारा प्रभावित होता है। सामान्य रूप में तापमान, सौर्यिक विकिरण तथा पवन वेग के बढ़ने और आर्द्रता के घटने के साथ विभव वाष्पन वाष्पोत्सर्जन बढ़ता है। वनस्पति कारक के अंतर्गत जड़ों के विस्तार एवं उनकी क्षमता, पत्तियों का क्षेत्रफल तथा पत्ररन्ध्र व्यवहार एवं मृदा कारक के अंतर्गत जड़ों को जलापूर्ति प्रक्रिया तथा मृदा नमी उपलब्धता से वाष्पीकरण वाष्पोत्सर्जन नियन्त्रित होता है। वनस्पतियों के घनत्व के कम होने से वास्तविक वाष्पन वाष्पोत्सर्जन घटता है। बीजों के उगने की अवस्था (Seedling stage) तथा फसलों के पकने के समय (Reparing of crops) क्रमशः वास्तविक वाष्पन वाष्पोत्सर्जन अधिक एवं काफी कम हो जाता है।

4.16 वाष्पन वाष्पोत्सर्जन का मापन (Measurement of Evapotranspiration)

(*i*) विभव वाष्पीकरण-वाष्पोत्सर्जन का मापन (Measurement of Potential Evapotranspiration) : विभव वाष्पीकरण वाष्पोत्सर्जन मापन के लिए तीन प्रकार की विधियों का प्रयोग किया जाता है–

प्रथम विधि के अंतर्गत वनस्पति से अनाच्छादित क्षेत्र में (Non-Vegetated area) वाष्पोमीटर (Evapometer) एवं वाष्पीकरण गैस की सहायता से विभव वाष्पन वाष्पोत्सर्जन पाया जाता है। विद्वानों ने इस विधि पर मतभेद प्रस्तुत किया है।

द्वितीय विधि के अंतर्गत वनस्पति से आच्छादित क्षेत्रों का विभव वाष्पीकरण-वाष्पोत्सर्जन इवैपोट्रान्सप्राइरोमीटर (Evapotranspirometer) यंत्र की मदद से ज्ञात किया जाता है। इस यंत्र से प्रतिदिन अंकन किया जाता है।

तृतीय विधि के अंतर्गत अनुभविक विधियों (Empirical Formula) द्वारा विभव वाष्पन-वाष्पोत्सर्जन का मापन कई रूपों में किया जाता है।

थार्नथ्वेट विधि (The Thornthwaite Method)

थार्नथ्वेट महोदय ने सर्वप्रथम औसत मासिक तापमान एवं सापेक्षिक आर्द्रता के आधार पर विभव वाष्पन वाष्पोत्सर्जन (PE) ज्ञात करने का प्रयास किया था। PE निकालने के लिए औसत तापमान एवं अक्षांश का भी सहारा इस विधि में लिया गया है। PE प्राप्त करने के लिए सबसे पहले ऊष्मा सूची (Heat Index) ज्ञात करते हैं।

$$\text{ऊष्मा सूची (i)} = \left(\frac{t}{5}\right)^{1.514} \qquad (a)$$

सम्पूर्ण 12 महीने के योग को ऊष्मा सूचकांक (i) कहते है। इस सूत्र में औसत मासिक तापमान ^0C में है। जिसकी सहायता से PE सेमी. में अधोलिखित सूत्र से ज्ञात किया जाता है।

$$U = 1.6\left(\frac{10\,t}{1}\right)^{a} \qquad (b)$$

जहाँ U असमन्वित विभव वाष्पीकरण वाष्पोत्सर्जन या उपभोगी उपयोग की मात्रा एक माह के लिए से.मी. में दिया गया है।

$$a = 0.000000675\,(1)^3 - 0.0000771\,(1)^2 + 0.01792\,(1) + 0.49239$$

उपर्युक्त सूत्र से असमन्वित विभव वाष्पन वाष्पोत्सर्जन (Unadjusted Potential Evapotranspiration) की मात्रा मिलती है। जिसको गुणक कारक से गुणा करके बढ़ाया या घटाया जा सकता है। उपर्युक्त सूत्र को निम्न विधि से भी प्रस्तुत किया जा सकता है।

$$U = 1.6b\left(\frac{10t}{1}\right)^{a}$$

यहाँ पर b प्रत्येक महीने के असमान दिन अवधि को शुद्ध करने के लिए रखा गया है। अतः सूत्र से प्राप्त PE सभी अक्षांशों एवं महीनों के लिए सही मात्रा प्रदान करता है।

पेनमैन विधि (Penman's Method)

के.एन. राव (K.N. Rao; 1971) ने पेनमैन द्वारा प्रतिपादित PE ज्ञात करने के सूत्र को टर्बुलेंट ट्रान्सफर एवं ऊर्जा संतुलन के साथ जोड़ दिया है।

$$PE = \frac{\Delta}{\lambda}\left[RP(1-r)\left(a+b\frac{n}{N}\right) - \sigma T^4 (0.56 - 0.092\sqrt{ed}) - \frac{(0.10+0.90\frac{n}{N}+0.35(ea-ed)\left(1+\frac{U}{1}\right)}{\frac{\Delta}{\lambda}+1}\right]$$

जहाँ PE = विभव वाष्पीकरण वाष्पोत्सर्जन मिमी. प्रतिदिन में,

RP = वायुमण्डल के बाहर क्षैतिज धरातल पर प्रवेशीविकिरण की मात्रा मिमी. प्रतिदिन वाष्पीकरण हो सकने वाले जल के रूप में।

r = परावर्तित गुणांक या धवलता

$\frac{n}{N}$ = वास्तविक सूर्यप्रकाश की अवधि एवं सैद्धान्तिक सूर्यप्रकाश की अवधि का अनुपात

σ = स्टेफन वोल्टज स्थिरांक

a और b भी स्थिरांक है।

T = औसत तापमान °C

σT^4 = औसत तापमान पर कृष्णिका विकिरण की मात्रा

ea = पारा का संतृप्त वाष्पदाब मिमी. में

ed = पारा का वास्तविक औसत वाष्पदाब मिमी. में

U = धरातल से 2 मी. ऊँचाई पर हवा की गति मील प्रतिदिन

Δ = प्रति डिग्री सेंटीग्रेड तापमान पर संतृप्त वाष्पदाब में परिवर्तन की दर मिलीवार में

h = साइक्रोमेटिक स्थिरांक मिलीवार प्रति °C में,

ब्लेनेय क्रिडल विधि (The Blaney Criddle Method)

थार्नथ्वेट महोदय ने औसत तापमान को जल ह्रास का एक महत्वपूर्ण प्रभावकारी कारक माना है। किन्तु ब्लेनेय क्रिडल महोदय ने औसत मासिक तापमान को अधिक प्रभावी एवं उपयोगी सिद्ध करने के लिए औसत मासिक तापमान (t) में वर्ष के मासिक दिन अवधि के प्रतिशत से गुणा कर दिया है।

$$f = \left(\frac{t \times P}{100}\right)$$

जहाँ tof को फारेनहाइट में तथा f उपभोगी उपयोग कारक (Consumptive use Factor) है। यहाँ पर कल्पना की गयी है कि जलापूर्ति पर्याप्त है अतः उपयोगी उपयोग सीधे f का अनुपाती होगा। इस सम्बन्ध को इस प्रकार लिख सकते हैं।

$$U = K f$$

जहाँ U मासिक उपभोगी उपयोग की मात्रा इंच में तथा K फसल गुणांक हैं। ब्लेनेय ने कुछ फसलों के तटवर्ती एवं शुष्क क्षेत्र के लिए गुणांक भी निश्चित किया है।

रोवर विधि (Rowher's Method)

भारत, पाकिस्तान एवं बर्मा के सन्दर्भ में सार्थक PE ज्ञात करने के लिए रोवर विधि का संशोधन किया गया है।

$$E = (1.465 - 0.0186B)\,(0.44 + 0.118W)\,(es - ed)$$

रोयर के इस सूत्र में रमन एवं सप्रकोपन द्वारा संशोधन किया गया है क्योंकि जलीय धरातल का तापमान उपलब्ध नहीं है। अतः (es – ed) के स्थान पर $\left(\frac{100}{h} - 1\right)^e$ रखा गया है जहाँ h सापेक्षिक आर्द्रता प्रतिशत में तथा e वायुवेग धरातल के ऊपर विभिन्न ऊँचाइयों पर है। अतः

$$E = (1.465 - 0.0186B)\,(0.44 + 0.118W)\left(\frac{100 - 1}{h}\right)^e - 1$$

जहाँ E = औसत प्रतिदिन का वाष्पीकरण इंच में 24 घंटों के लिए।

W = औसत प्रतिदिन का पवन वेग जलीय तल पर।

B = पारा का औसत प्रतिदिन का बैरोमेट्रिक दबाव इंच में।

इस सूत्र में मासिक वाष्पीकरण की मात्रा महीनों के दिनों की संख्या से गुणा करके प्राप्त कर सकते हैं। मासिक वाष्पीकरण में 0.60 से गुणा कर देने पर प्राकृतिक वाष्पीकरण की मात्रा प्राप्त हो जायेगी जो किसी भी वर्षा से आर्द्र या सिंचित क्षेत्र के लिए लागू होगा।

***(ii)* वास्तविक वाष्पन-वाष्पोत्सर्जन का मापन (Measurement of Actual Evapotranspiration) :** वास्तविक वाष्पन वाष्पोत्सर्जन का मापन निम्नलिखित विधियों से किया जाता है।

अन्तः एवं बाह्य प्रवाह मापन (Inflow Outflow Measurement)

यह विधि विस्तृत स्थलीय खण्ड के उपयुक्त जल संतुलन सिद्धान्त पर आधारित है। किसी क्षेत्र में निश्चित अवधि में प्रवेश जल की मात्रा की तुलना उसी अवधि में उपलब्ध वर्षा की मात्रा से की जाती है। इन दोनों मात्राओं एवं क्षेत्र से प्रवाहित बाह्य जल की मात्रा का अन्तर ही वास्तविक वाष्पन वाष्पोत्सर्जन द्वारा जल ह्रास की मात्रा होती है। इस मात्रा को भूमिगत जल भण्डार में परिवर्तन के साथ समन्वित करके सही ह्रास ज्ञात कर लेते हैं।

ऊर्जा संतुलन विधि (Energy Balance Method)

इस विधि में यह कल्पना की जाती है कि धरातल द्वारा विकिरण के रूप में प्राप्त ऊर्जा की मात्रा वाष्पीकरण में प्रयुक्त वायु एवं मिट्टी के गर्म होने में प्रयुक्त ऊर्जा तथा अभिवहन ऊर्जा के बराबर होता है। दिन या मासिक (छोटी अवधि) संतुलन में मिट्टी को गर्म करने में प्रयुक्त ऊर्जा एवं अभिवहन ऊर्जा को नगण्य मान लिया जाता है। इस विधि में वाष्पीकरण की मात्रा ऊर्जा के रूप में ज्ञात की जाती है।

वाष्प स्थानान्तरण विधि

इस विधि में किसी धरातल की वनस्पतियों को स्पर्श किये बिना ही AE की मात्रा ज्ञात कर ली जाती है। दो विभिन्न ऊँचाइयों पर ज्ञात वायुमण्डलीय वाष्प के अन्तर द्वारा वाष्पीकरण वाष्पोत्सर्जन की मात्रा ज्ञात कर लेते हैं। इस विधि से AE की मात्रा एवं दर तथा ओस के रूप में हुए संघनित वाष्प की मात्रा भी ज्ञात हो जाती है।

भूमिगत जल में उतार चढ़ाव विधि (Ground Water Fluctuations Method)

यह विधि U.S.A. में सफलतापूर्वक प्रयोग में लायी जा रही है। इस विधि में भूमिगत जल में वृद्धि एवं कमी की सहायता से AE कम मात्रा ज्ञात की जाती है।

लीसीमीटर द्वारा मापन (Measurement by Lysimeter)

लीसीमीटर का प्रयोग नीदरलैण्ड में नव दशक से भी पहले से हो रहा है जहाँ सात स्टेशनों पर 60 लीसीमीटर बैठाये गये हैं। U.S.A. एवं U.S.S.R. में तौलने योग्य लीसीमीटर का उपयोग होता है। लीसीमीटर को तौलकर भण्डार परिवर्तन ज्ञात कर लेते हैं। वर्षा की मात्रा समीपी वर्षा स्टेशनों से ज्ञात कर लेते हैं तथा जल संतुलन समीकरण का उपयोग कर AE की गणना की जाती है।

4.17 वाष्पन-वाष्पोत्सर्जन का नियंत्रण (Control of Evapotranspiration)

वाष्पन-वाष्पोत्सर्जन का नियंत्रण निम्नलिखित दशाओं में किया जा सकता है–

(*i*) अनावश्यक रूप से उगी हुई वनस्पतियों को समाप्त कर वाष्पीकरण-वाष्पोत्सर्जन की मात्रा को नियन्त्रित किया जा सकता है।

(*ii*) कम वाष्पोत्सर्जन करने वाले पौधे को उगाकर वाष्पन-वाष्पोत्सर्जन को नियन्त्रित किया जा सकता है।

(*iii*) फसलों के मध्य बड़े पौधों को लगाकर उनके ऊपर प्रवाहित पवन को रोककर वाष्पीकरण-वाष्पोत्सर्जन को कम किया जा सकता है।

(*iv*) निरोधक रसायनों के प्रयोग के द्वारा भी वाष्पन-वाष्पोत्सर्जन कम किया जा सकता है।

(*v*) जलाधिग्रहण क्षेत्र में भूमि उपयोग से परिवर्तन लाकर सरिता अपवाह को बढ़ाकर वाष्पीकरण वाष्पोत्सर्जन के रूप में होने वाले ह्रास को कम किया जा सकता है।

सम्भावित प्रश्न

1. वाष्पीकरण तथा इसके कटिबन्धीय वितरण को दर्शाइये। (P.U. 1990)
2. वाष्पीभवन पर संक्षिप्त टिप्पणी लिखिए। (P.U. 1992)
3. वाष्पीकरण तथा वाष्पोत्सर्जन में अन्तर स्पष्ट कीजिए तथा उन कारकों की विवेचना कीजिए जो सम्भावी तथा वास्तविक वाष्पोत्सर्जन को प्रभावित करते हैं। (P.U. 1993)
4. वाष्पोत्सर्जन पर टिप्पणी लिखिए। (P.U. 1991)
5. वाष्पोत्सर्जन क्या है? इसकी गणना की कौन सी तकनीकियाँ हैं। (P.U. 1990)
6. सम्भाव्य एवं वास्तविक वाष्पोत्सर्जन में अन्तर स्पष्ट कीजिए तथा इनके मापन एवं आगणन की विधियों का परीक्षण कीजिए। (P.U. 1995)
7. वाष्पन के कारक पर टिप्पणी लिखिए। (P.U. 1996 Back Paper)
8. वाष्पीकरण के मात्रात्मक वितरण, मापन तथा नियंत्रण पर प्रकाश डालिए।
9. वाष्पोत्सर्जन के अर्थ, क्रियाविधि एवं मापन की विधियों की समीक्षा कीजिए।
10. वाष्पन-वाष्पोत्सर्जन के अर्थ, प्रकार तथा प्रभावित करने वाले कारकों का उल्लेख कीजिए।
11. जलाशय एवं वनस्पतियों के ऊपर होने वाले वाष्पीकरण के उत्तरदायी कारकों की तुलनात्मक व्याख्या कीजिए।

अध्याय
5

मृदा नमी
(SOIL MOISTURE)

5.1 मृदा नमी का अभिप्राय (Meaning of Soil Moisture)

मिट्टी खनिज एवं जैव तत्वों का गत्यात्मक प्राकृतिक समिश्र है जिसमें पादप समुदाय के उद्भव एवं विकास की क्षमता मृदानमी की उपलब्ध मात्रा के आधार पर सम्भव होती है। मिट्टी के अंतर्गत एक निश्चित समय में कुल जल की संचित मात्रा मृदा नमी कहलाती है। इसे मृदा जल भी कहते हैं। नमी संग्रहण मृदा उर्वरता एवं विकास के लिए अत्यन्त महत्वपूर्ण है। नमी अथवा जल मृदा एवं जीवों की अर्न्तक्रियाओं में निर्मित तत्वों का स्थानान्तरण कर जैविकीय परत के निर्माण में सहयोग करती है। नवीकरण की दृष्टि से मृदा नमी एक भौतिक प्रणाली के रूप में मिट्टी के ठोस गैसीय माध्यम तथा पौधों का धरातल से अन्तर्सम्बन्ध बनाये रखने में विशेष महत्व की होती है।

मृदा में जल की उपस्थिति एक गतिमान प्रणाली के रूप में कार्य करती है। मृदा एवं जल का घनिष्ठ सम्बन्ध है। बिना जल के मिट्टी पौधों का प्रजनन एवं विकास नहीं कर सकती क्योंकि बिना जल के मिट्टी में भौतिक, रासायनिक एवं जैविक क्रियाएं सम्भव नहीं होती। प्राकृतिक वनस्पतियाँ अपने लिए पोषक तत्व मिट्टी से घोल के रूप में लेती है। मृदा कणों के बीच नमी की कुछ मात्रा सदैव विद्यमान रहती है किन्तु नमी की मात्रा मृदा की किस्म, बनावट, कणों के आकार तथा मृदा रन्ध्रों के द्वारा निश्चित होती है। उदाहरण के लिए चिकनी मिट्टी में बलुई मिट्टी की अपेक्षा अधिक नमी धारण करने की क्षमता होती है। मिट्टी से नमी का ह्रास वाष्पीकरण एवं वाष्पोत्सर्जन द्वारा निरन्तर होता रहता है।

मृदा नमी स्थानीय धरातल से भी प्रभावित होती है। ऊँचे उठे धरातल में अधिकाशंतया मृदानमी कम तथा निचले भागों में मृदा नमी अपेक्षाकृत अधिक पायी जाती है। मृदा नमी संग्रहण एक जटिल प्रक्रिया है। मृदा परतों की विशेषताओं के आधार पर मृदा नमी संग्रहण में अन्तर मिलता है। मृदा नमी जल की सुलभ प्राप्ति द्वारा प्रभावित होती है। जल की सुलभ प्राप्ति वर्षण द्वारा होती है। वर्षण जल का बहुत बड़ा भाग नदियों, झीलों, तालाबों, सागरों, महासागरों में तरल रूप में तथा ठोस हिमानी के रूप में धरातल के कुछ भागों पर मिलता है।

धरातल पर वर्षण द्वारा प्रत्यक्ष या अप्रत्यक्ष रूप से प्राप्त जल की कुछ मात्रा द्वारा अन्तर्निवेशन (Infiltration) क्रिया से जल भूमिगत होकर मृदा की प्रकृति के आधार पर उसमें समाहित हो जाता है जिसके द्वारा मृदा नमी का निर्धारण होता है। इस प्रकार सिद्ध होता है कि मृदा के साथ जल संचयन के द्वारा ही मृदा नमी की सम्भावना होती है। जितना ही जल मृदा के साथ संगत करता है उतनी ही मात्रा में नमी का विकास होता है परिणामस्वरूप जैविक समुदाय के विकास की सम्भावनाएं उतनी ही तीव्र होती है।

5.2 मृदा नमी की आवश्यकता एवं महत्व (Need and Importance of Soil Moisture)

मृदा जल या नमी का जीव जगत एवं पादप जगत के लिए विशेष तौर पर आवश्यकता होती है। जैवसमुदाय की विविधता एवं विशेषता मृदा नमी के परिवर्तनशील गुणों से निश्चित होती है। मानव जीवन एक तरफ जैव समुदाय पर निर्भर करता है तो दूसरी तरफ उसका सीधा सम्बन्ध मृदा नमी से है। अतः मृदा में नमी संचयन प्राणि वर्ग के हित में है। मृदा जल (नमी) का महत्त्व अनेक रूपों में है। मृदा के अंतर्गत होने वाली रासायनिक क्रिया उसका गुण एवं जीवों के सम्पूर्ण जीवन को प्रभावित करने वाले अनेक कारकों में जल का स्थान विशेष रूप से महत्वपूर्ण है। मृदा नमी दो विभिन्न रूपों में महत्वपूर्ण मानी जाती है।

(*i*) मृदा क्रियाओं के लिए नमी का महत्व (Importance of Moisture for Soil Processing) : चट्टानों के विघटन से लेकर मृदा के विकास एवं उपयोग तक की समस्त अभिक्रियाएं मृदा नमी पर आधारित है। नमी के अभाव में न तो चट्टानों द्वारा मृदा का निर्माण सम्भव है और न ही मृदा का उपयोग। संक्षेप में मृदा के अंतर्गत नमी निम्नलिखित प्रक्रमों के लिए आवश्यक है।

1. चट्टानों के भौतिक, रासायनिक एवं जैविक अपक्षय
2. मृदा के मूल पदार्थों का निर्माण
3. मृदा के मूल पदार्थों का परिवहन
4. मृदा पार्श्विका का निर्माण एवं विकास
5. मृदा संरचना में विकास एवं सुधार
6. मृदा का रंग
7. मृदा का तापमान संधारण
8. अम्लीय एवं क्षारीय मृदाओं का निर्माण एवं सुधार
9. मृदा कार्बनिक पदार्थों का अपघटन एवं ह्यूमस का निर्माण

10. मृदा जीवाणुओं का विकास एवं सक्रियता
11. मृदा घोल का निर्माण तथा धनायन विनिमय
12. मृदा कोलाइड का निर्माण एवं कार्य

(*ii*) वनस्पतियों के लिए मृदा नमी का महत्व (Importance of Soil Moisture for Vegetation) : पेड़ पौधों के लिए मृदा नमी का विशेष महत्व है क्योंकि उनका सम्पूर्ण जीवन चक्र मृदा नमी के आधार पर ही नियन्त्रित होता है। वनस्पतियों के लिए मृदा नमी की उपयोगिता का उल्लेख इस प्रकार कर सकते हैं :

1. जल या नमी पौधों के लिए आवश्यक पोषक तत्वों के घोलक एवं वाहक का कार्य करता है।
2. मृदा जल प्रोटोप्लाज्म का आवश्यक अंग है अन्य प्रकार के अवयव अणु अवस्था में मृदा जल के अंतर्गत विसरित होते हैं।
3. यह प्रोटोप्लाज्म की भौतिक अवस्था को बनाये रखता है। इसके द्वारा प्रोटोप्लाज्म का परिसारक दाब नियन्त्रित होता है जिसके आधार पर पौधे मृदा से विलयन के रूप में पोषक तत्वों को ग्रहण करते हैं।
4. पौधों में होने वाली जल विश्लेषण अभिक्रियाओं के लिए आवश्यक है।
5. यह वनस्पतियों का मुख्य अवयव है और पौधों को H एवं O की प्राप्ति का स्रोत है।
6. सरल तत्वों एवं अवयवों के संयोग से बनने वाले संकीर्ण अवयवों के निर्माण में जल या नमी आवश्यक अवयव है।
7. प्रकाश संश्लेषण प्रक्रम जो एक महत्वपूर्ण प्रक्रम है, मृदा नमी पर ही आधारित होता है।
8. वाष्पन, वाष्पोत्सर्जन, तापनियंत्रण, कोशास्फीति इत्यादि के लिए जल आवश्यक है।
9. सूक्ष्म जीवाणुओं की वृद्धि, विकास एवं क्रियाशीलता मृदा नमी पर निर्भर करती है।

5.3 मृदा नमी को प्रभावित करने वाले कारक (Factors Affecting Soil Moisture)

शैलों के अन्दर एक निश्चित समय में जल संचयन की मात्रा (मृदानमी संग्रहण की मात्रा) धरातलीय सतह के गुण, सतह के नीचे सन्धियों की प्रकृति, शैल दरारों, छिद्रों एवं अवशिष्ट रिक्त स्थानों की विशेषताओं पर आधारित होता है। सामान्य रूप में मृदा नमी को प्रभावित करने वाले निम्नलिखित कारक हैं :

(*i*) वाष्पीकरण (Evaporation) : जिस क्रिया द्वारा जल वाष्प के रूप में परिवर्तित हो जाता है उसे वाष्पीकरण कहते हैं। सौर्यिक ताप के प्रभाव के कारण धरातलीय सतह से हर समय कुछ न कुछ नमी का अंश वाष्प के रूप में परिवर्तित होकर वायुमण्डल में विलीन हो जाता है। मृदा नमी से वाष्पीकरण की मात्रा एवं तीव्रता वायु की गति, तापक्रम एवं शुष्कता पर निर्भर करती है। भूमध्य रेखा पर यह क्रिया अधिक होती है और जैसे-जैसे ध्रुवों की ओर बढ़ते हैं वाष्पीकरण की मात्रा एवं तीव्रता क्रमश: कम होती जाती है। इस प्रकार मृदा नमी को प्रभावित करने में वाष्पीकरण का सबसे अधिक महत्वपूर्ण योगदान है।

(*ii*) वाष्पोत्सर्जन (Transpiration) : वाष्पोत्सर्जन प्रक्रिया से मृदा नमी का ह्रास होता है। पोधें अपनी जड़ों के माध्यम से बहुत अधिक मात्रा में मृदा नमी का अवशोषण करते हैं परन्तु इस नमी का थोड़ा सा भाग ही पौधों की आन्तरिक क्रियाओं में काम आता है। नमी का अधिकांश भाग पौधों की पत्तियों तथा अन्य तन्तुओं द्वारा वाष्प के रूप में बाहर निकल जाता है। इसी क्रिया को वाष्पोत्सर्जन कहते हैं। भिन्न-भिन्न पौधों की वाष्पोत्सर्जन गति भिन्न-भिन्न होती है परन्तु यदि मृदा नमी की मात्रा अधिक हो तो वाष्पोत्सर्जन की क्रिया अधिक होती है।

(*iii*) वर्षा की गति (Speed of Precipitation) : वर्षण की गति का प्रभाव मृदा नमी के ऊपर पड़ता है। यदि वर्षा धीमी गति से होती है तो मिट्टी द्वारा जल धीरे-धीरे किन्तु काफी मात्रा में अवशोषित कर लिया जाता है जिससे मिट्टी में नमी की मात्रा अत्यधिक गहराई तक अधिक मात्रा में संचित हो जाती है। जब वर्षा तीव्र गति से होती है तो जल की अधिकतम मात्रा ढाल के अनुरूप तेजी से आगे प्रवाहित हो जाती है तथा अपेक्षाकृत अन्त:स्पन्दन कम होने से जल का संचयन मिट्टी में कम होता है। परिणामस्वरूप मृदा नमी कम मिलती है।

(*iv*) धरातलीय ढाल की प्रकृति (Nature of Ground Slope) : धरातलीय ढाल की प्रकृति द्वारा भी मृदा नमी प्रभावित होती है। धरातलीय ढाल जल के अर्न्तनिवेशन क्रिया को प्रभावित करता है। जहाँ पर धरातलीय ढाल तीव्र होता है जैसे उत्तल ढाल (Convex Slope), मुक्त पृष्ठ ढाल (Free Face Slope), या तीव्र सरल रेखीय ढाल (Speed Rectilinear Slope) वहाँ वर्षा का जल तीव्र गति से प्रवाहित होता हुआ नदियों में समाहित हो जाता है अत: सम्बन्धित क्षेत्र में ढाल परिच्छेदिका के सहारे मृदा नमी संचयन कम हो पाता है। इसके विपरीत समतल सतह तथा अवतल ढाल वाली (Concave Slope) घाटी प्रदेशों में ढाल कोणों में गिरावट के कारण जल धीरे-धीरे प्रवाहित होता है। अत: मृदा के साथ अधिक समय तक जल के सम्पर्क के कारण मृदा नमी की मात्रा अधिक मिलती है।

(*v*) मिट्टी में जीवाश्म की मात्रा (Quantity of Fossils in Soil): मिट्टी का निर्माण जीवावशेषों एवं वनस्पतियों के अवशिष्टों के माध्यम से होता है। जिस मिट्टी में जीवाश्मों की मात्रा अधिक होती है उसकी नमी धारण करने की क्षमता अधिक होती है।

(*vi*) वायु की शुष्कता एवं गति (Dryness and Speed of Air) : वायु की शुष्कता एवं गति से वाष्पीकरण प्रभावित होता है। जितने ही उच्च ताप पर वायु शुष्क होती है उसकी गति उतनी ही तीव्र होती है तथा मृदा नमी का वाष्पन उतना ही अधिक एवं तीव्र होता है। स्थिर वायु में नमी का स्थानान्तरण न हो सकने के कारण वायु शीघ्र संतृप्त हो जाती है तथा मृदा नमी का वाष्पन कम होता है। उच्च ताप वाली अस्थिर वायु में वाष्प का स्थानान्तरण तेजी से होता रहता है।

(*vii*) शैलों की संरचना एवं संगठन (Structure and Composition of Rocks) : शैलों के कणों की संरचना एवं संगठन मृदा नमी को प्रभावित करती है। यदि मृदा में कणों की संख्या अधिक होती है तो उसमें नमी धारण की शक्ति अधिक बढ़ जाती है। जिस मिट्टी में कण बड़े एवं असमान होते हैं उसमें नमी का संचयन कम होता है। रन्ध्रयुक्त मृदा में नमी धारण क्षमता अपेक्षाकृत अधिक होती है।

(*viii*) तापमान (Temperature) : मृदा तथा समीपवर्ती वायुमण्डल में जब तापमान अधिक होता है तो नमी धारण करने की क्षमता कम होती है किन्तु ह्यूमस युक्त मृदा पर इस परिस्थिति का प्रभाव नहीं होता। ह्यूमस युक्त मृदा के कण सूक्ष्म आकार के होते हैं जिसमें जल धारण की शक्ति अधिक होती है। नाइट्रोजन क्लोराइड, कैल्सियम क्लोराइड एवं चूना पत्थर में नमी संचयन की क्षमता अधिक होती है जबकि पोटेशियम एवं सोडियम कार्बोनेट में नमी धारण करने की क्षमता कम होती है।

5.4 मृदा में जल के रूप (Forms of Water in Soil)

मृदा में उपस्थित जल अनेक रूपों में पाया जाता है। जल के अनेक रूपों का मृदा से जटिल अन्तर्सम्बन्ध है। मृदा के सम्पूर्ण भाग में जल की मात्रा एवं उनके विभिन्न रूप समान नहीं होते हैं। जल के विभिन्न परतों में विभिन्न रूप में होने के कारण मृदा की विशेषताएं भी उसी के अनुसार परिवर्तित हो जाती है। विभिन्न समयों में मृदा के अन्दर जल का वितरण भी अलग-अलग होता है। मृदा जल (नमी) के विभिन्न रूपों का उल्लेख इस प्रकार किया जा सकता है (तालिका 5-I एवं चित्र संख्या 5.1)।

तालिका 5-I
मृदा में जल के विभिन्न रूप

क्र.सं.	जल के रूप	जल के उपरूप
1.	रसायनिक रूप से संयुक्त जल (Chemically Combined Water)	1. संरचना (Constitution) 2. केलासीय (Crystallization)
2.	भौतिक रूप से सम्बद्ध जल (Physically Bound Water)	1. दृढ़ता से सम्बद्ध (Tightly bound) जैसे हाइग्रोस्कोपिक जल 2. शिथिलता से सम्बद्ध जल (Loosely bound water) जैसे-जल अणुओं की मृदा कणों पर परत, केशीय एवं मुक्त जल
3.	केशिकीय जल (Capillary Water)	1. केशिका से सटा जल (Abutment Water) 2. रज्जु जल (Funicular Water) 3. चकस जल (Pearched Water) 4. सम्बल जल (Supported Water) 5. गतिमान जल (Mobile Water)
4.	गुरुत्वीय जल (Gravitational Water)	1. रिसाव (Leakage) 2. सम्बल जल (Supported Water) 3. भूमिगत जल (Underground Water)
5.	जलवाष्प (Water Vapour)	रन्ध्रावकाश में उपस्थित जलवाष्प
6.	ठोस अवस्था में जल (Water in Solid State)	बर्फ के रूप में जमा हुआ जल

5.5 मृदा नमी का वर्गीकरण (Classification of Soil Moisture)

मृदा नमी का वर्गीकरण मृदा में स्थित जल के आधार पर किया जाता है। मृदा जल का वर्गीकरण दो आधारों पर किया जा सकता है।

(अ) मृदा जल का भौतिक वर्गीकरण (Physical Classification of Soil Water)

मृदा द्वारा जल धारण की गयी मात्रा के आधार पर मृदा जल को मुख्यतया चार भौतिक रूपों में वर्गीकृत किया जा सकता है (चित्र संख्या 5.2)।

(*i*) मिश्रित या संयुक्त जल (Combined Water) : मिट्टी के तत्वों में यौगिक रूप से घुले हुए जल को मिश्रित जल कहते हैं। जब उन्दचूष जल का

वाष्पीकरण हो जाता है तो रसायन मिश्रित संयुक्त जल शेष बचता है। यह रसायनिक संयोजन से जकड़ा रहता है। इस तरह के जल की मात्रा अत्यन्त कम होती है।

(*ii*) आर्द्रताग्राही या उन्दचूष जल (Hygroscopic Water) : वह जल जो मृदा कणों द्वारा जल के अणुओं के द्विध्रुवीय विन्यास के कारण धारित होता है उसे आर्द्रताग्राही जल कहते हैं। मृदा कणों के परित: यह जल महीन परतों के रूप में उपस्थित होता है जिसकी मोटाई 8-12 A″ तक होती है। इस महीन जल परत में जल अणुओं की 15-20 परतें एक दूसरे के ऊपर पायी जाती है। यह जल मृदा कणों के ऊपरी सतह पर अत्यधिक दाब एवं दृढ़ता से संयुक्त होता है। इस जल को आसंजन जल (Water of adhesion) भी कहते हैं क्योंकि यह ठोस अन्त: पृष्ठों (Solid liquid interfaces) पर धारित होता है। ठोस द्रव अन्त:सीमा पर जल की निचली परत 10,000 वायुमण्डल या पी.एफ. 7 तथा बाहरी सतह 31 वायुमण्डल पर धारित होती है। यह जल मृदा कलिल कणों पर इस दृढ़ता से धारित होता है कि इसे अलग करना बहुत कठिन है। यही कारण है कि इस जल का उपयोग न तो पौधे कर पाते हैं और न ही जीवाणु। मृदा को 110°C पर लगभग 8-10 घंटे तक गरम करने पर इस जल की अल्प मात्रा को विलग किया जा सकता है। यह जल अधिकतर वाष्पावस्था में पाया जाता है।

आर्द्रताग्राही जल की मात्रा को प्रभावित करने वाले कारक (Factors Affecting the Quantity of Hygroscopic Water)

मृदा में आर्द्रताग्राही जल की मात्रा को प्रभावित करने वाले निम्नलिखित कारक हैं :

1. कणाकार : मृदा में आर्द्रताग्राही जल की मात्रा एवं कणों के आकार में विलोम अनुपात है। अत्यधिक महीन कणाकार वाली कलिलीय प्रकृति की मृदाओं में यह जल अधिक होता है।

2. कार्बनिक पदार्थ : आर्द्रताग्राही जल एवं कार्बनिक पदार्थ की मात्रा में सीधा अनुपात होता है।

3. आर्द्रता : आर्द्रता एवं आर्द्रताग्राही जल में सीधा सम्बन्ध है। वायुमण्डल में आर्द्रता अधिक होने पर मृदा के आर्द्रताग्राही जल में वृद्धि हो जाती है।

4. मृत्तिका : विभिन्न मृत्तिकाओं में इस जल को धारण करने की क्षमता अलग–अलग होती है। माण्टमोरिलोनाइट मृत्तिका में केओलिनाइट की अपेक्षा इस जल को अवशोषित करने की अधिक क्षमता होती है।

5. अधिशोषित धनायनों की प्रकृति : इस जल की मात्रा पर मृदा कलिलों द्वारा अधिशोषित धनायनों की प्रकृति का प्रभाव पड़ता है। कैल्सियम एवं हाइड्रोजन

मृत्तिका की अपेक्षा सोडियम एवं पोटेशियम मृत्तिका की आर्द्रताग्राही जल अवशोषण की क्षमता अधिक होती है।

6. ताप : मृदा ताप एवं मृदा आर्द्रताग्राही जल में विलोम सम्बन्ध पाया जाता है।

(*iii*) केशिका जल (Capillary Water) : केशिका जल वह जल होता है जो आर्द्रताग्राही जल एवं गुरुत्वाकर्षण जल (आर्द्रता गुणांक एवं क्षेत्रधारिता) के मध्य पाया जाता है। मृदा में यह जल 31 से 1/3 वायुमण्डल तनाव पर धारित होता है। द्रव अवस्था में उपलब्ध होने के कारण प्रायः सभी दिशाओं में गति कर सकता है। आन्तरिक केशिका जल जो 15-31 वायुमण्डलीय तनाव (4.2 – 4.5 पी. एफ.) द्वारा धारित होता है, अत्यन्त कठिनाई से गति करता है। यही कारण है कि आन्तरिक केशिका जल का उपयोग फसलें अत्यन्त कठिनाई से कर पाती है और जल के अभाव में पौधें मुरझाने लगते हैं जो म्लान बिन्दु कहलाता है। केशिका जल में पौधों के समस्त पोषक तत्व एवं आयन घुले रहते हैं अतः यह जल पौधों के लिए लाभदायक होता है। यही जल मृदा जल कहलाता है। यह जल मृदा केशिकाओं में गुरुत्वाकर्षण के विरुद्ध मुख्यतया पृष्ठ तनाव द्वारा मृदा में धारित होता है। इसके अंतर्गत गुरुत्वाकर्षण जल अथवा मुक्त जल को सम्मिलित नहीं किया जाता। मृदा में केशिका जल की मात्रा में निरन्तर कमी होने पर चूषण प्रतिबल बढ़ता जाता है और इसकी गति धीरे-धीरे सुस्त होती जाती है। केशिका जल पौधों की जड़ों द्वारा निरन्तर अवशोषित होता रहता है। यह जल अधिकतर अधिक आर्द्र मृदा की ओर से अपेक्षाकृत शुष्क मृदा की ओर गति करता रहता है। यह जल केशीय उत्थान द्वारा निचली आर्द्र मृदा संस्तरों से अपेक्षाकृत ऊपरी कम आर्द्र परतों की ओर संचालित होता रहता है।

केशिका जल की मात्रा को प्रभावित करने वाले कारक (Factors Affecting the Quantity of Capillary Water)

मृदा में केशिका जल को प्रभावित करने वाले निम्नलिखित कारक हैं–

1. कार्बनिक पदार्थ की मात्रा : मृदा में जीवांश पदार्थ की मात्रा एवं केशिका जल की मात्रा में सीधा सम्बन्ध है। बलुई एवं बलुई दोमट मिट्टी में कार्बनिक पदार्थ मिलाने पर उसकी जल धारणा मात्रा में वृद्धि हो जाती है क्योंकि इसके द्वारा केशीय रन्ध्रावकाश आपस में जुड़ जाते हैं। इसी प्रकार चिकनी मृदा में कार्बनिक पदार्थ मिलाने पर कण दानेदार हो जाते हैं और केशीय नलियों की संख्या में वृद्धि हो जाती है।

2. मृदा ताप : मृदा ताप एवं केशिका जल की मात्रा में व्युत्क्रम सम्बन्ध होता है।

3. मृदा संरचना : केशीय जल की मात्रा में मृदा गठन एवं संरचना का विशेष प्रभाव पड़ता है। महीन कणों वाली चिकनी मृदा में बलुई तथा मोटे कणों वाली मृदा की अपेक्षा केशिका जल की मात्रा अधिक होती है।

4. कणाकार : मृदा कणों के आकार एवं केशीय जल की मात्रा में व्युत्क्रमानुपात होता है। दानेदार कणाकार वाली मृदा में जल अवशोषण एवं जल धारण क्षमता अधिक पायी जाती है।

5. पृष्ठ तनाव : पृष्ठ तनाव जितना ही अधिक होता है केशिका जल की उतनी ही अधिक मात्रा मृदा कणों पर होती है। पृष्ठ तनाव मृदा ताप एवं मृदा विलयन की सान्द्रता पर आधारित होता है। ताप में वृद्धि होने से पृष्ठ तनाव कम हो जाता है। फलतः इस जल की मात्रा में कमी हो जाती है।

(*iv*) गुरुत्वाकर्षण जल (Gravitational Water) : वह जल जो 1/3 वायुमण्डलीय तनाव से भी कम तनाव बल द्वारा धारित होता है और मृदा के रन्ध्रावकाश में पृथ्वी के गुरुत्वाकर्षण बल के कारण नीचे की ओर बढ़ने अथवा गति करने लगता है, गुरुत्वाकर्षण बल कहलाता है। मृदा के दीर्घ रन्ध्रावकाश में स्वतंत्रतापूर्वक गति करने के कारण इस जल को स्वतंत्र जल (Free Water) भी कहते हैं। स्वतंत्र अथवा मुक्त जल मृदा को कुछ ऊँचाई तक जल से पूर्णतया संतृप्त करने की क्षमता रखता है। अतः इसके द्वारा जल स्तर निर्धारित होता है। इस जल को भूमिगत जल पृष्ठ (Ground Water Surface) अथवा मुक्त जल पृष्ठ कहते हैं। इस जल स्तर के नीचे अवस्थित जल भूमिगत जल कहलाता है।

गुरुत्वाकर्षण जल की मात्रा को प्रभावित करने वाले कारक (Factors Affecting the Quantity of Gravitational Water)

गुरुत्वाकर्षण जल की मात्रा को प्रभावित करने वाले महत्वपूर्ण कारक निम्नलिखित हैं–

(1) कणाकार : बड़े कणाकार वाली मृदाओं जैसे बलुई, बलुई दोमट में इस जल का संचरण अधिक अच्छा होने के कारण आन्तरिक जल निकास अच्छा होता है। जबकि चिकनी मृदा में इसके विपरीत जल निकास अच्छा नहीं होता है।

(2) संरचना : दानेदार मृदाओं में पर्याप्त गुरुत्वाकर्षण जल का संचार होता है जबकि प्लेटी एवं ब्लाकी संरचना में मुक्त जल का संचार कम होता है।

(3) कार्बनिक पदार्थ : पर्याप्त कार्बनिक पदार्थ की उपस्थिति में चिकनी मृदाओं में जल निकास अच्छा होता है।

(4) तापक्रम : ताप का प्रभाव स्वतंत्र जल पर अधिक पड़ता है। ग्रीष्म ऋतु में तापमान के बढ़ने पर मिट्टी में जल की मात्रा कम होने लगती है।

(5) दबाव : दबाव का गुरुत्व जल पर काफी प्रभाव पड़ता है। जल स्तम्भ पर जब दबाव पड़ता है तो मृदा जल का बहाव बढ़ जाता है। मिश्रित, आर्द्रताग्राही, केशिकीय एवं गुरुत्व जल के अलावा मृदा में जल के दो अन्य रूप भी होते हैं जिनका उल्लेख इस प्रकार किया जा सकता है–

(*i*) केलासीय जल (Crystalline Water) : इस जल को रसायनिकीय संयुक्त जल (Chemically Combined Water) भी कहते हैं। यह जल अत्यन्त दृढ़ता के साथ मृदा के खनिज पदार्थों की संरचना के साथ संयुक्त होता है। यह मृदा को आर्द्र अथवा नम करने में असमर्थ होता है। केलासीय जल खनिजों की संरचना के साथ संयुक्त होने के कारण पौधों को उपलब्ध नहीं हो पाता और फसलोत्पादन की दृष्टि से व्यर्थ होता है।

(*ii*) जल वाष्प (Water Vapour) : मृदा के रन्ध्रावकाश में उपस्थित वायु के साथ जलवाष्प भी पायी जाती है जिसकी मात्रा मृदा तापक्रम से सीधा सम्बन्धित होती है। यह पौधों के लिए अनुपयोगी होती है।

(ब) मृदा जल का जैविक वर्गीकरण (Biological Classification of Soil Water)

मृदा में उपलब्ध समस्त जल या नमी पौधों की संतुलित वृद्धि एवं विकास हेतु आवश्यकतानुसार उपलब्ध नहीं हो पाता। पौधों को आवश्यकतानुसार जल की उपलब्धता को आधार मानकर इसे निम्नलिखित भागों में विभाजित किया जा सकता है (चित्र संख्या 5.3)।

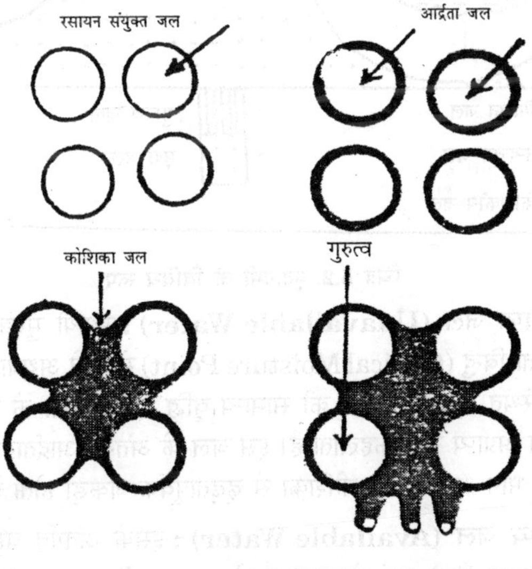

चित्र 5.1. मृदानमी के विविध रूप

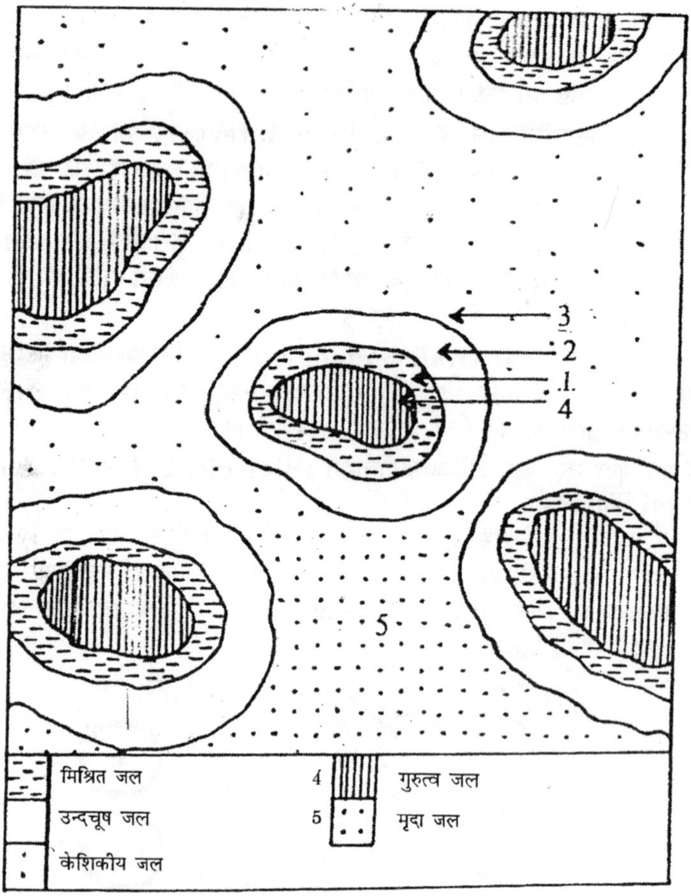

चित्र 5.2. मृदानमी के विविध रूप

(*i*) अप्राप्य जल (Unavailable Water) : स्थायी मुरझान बिन्दु अथवा क्रान्तिक आर्द्रता बिन्दु (Critical Moisture Point) से नीचे अथवा क्रान्तिक आर्द्रता बिन्दु पर उपस्थित जल पेड़ पौधों की सामान्य वृद्धि एवं विकास के लिए उपलब्ध न होने के कारण अप्राप्य जल कहलाता है। इस जल के अंतर्गत आर्द्रताग्राही एवं केशिका जल का कुछ भाग आता है जो केशिका से दृढ़तापूर्वक जकड़ा होता है।

(*ii*) प्राप्य जल (Available Water) : इसके अंतर्गत वह जल आता है जो स्थायी मुरझान बिन्दु एवं क्षेत्र क्षमता के मध्य उपस्थित होता है और पौधों की जड़ों को आवश्यकतानुसार उपलब्ध होता रहता है। इस जल के अंतर्गत केशिका जल आता है। कृषि की दृष्टि से इस जल का महत्वपूर्ण स्थान है।

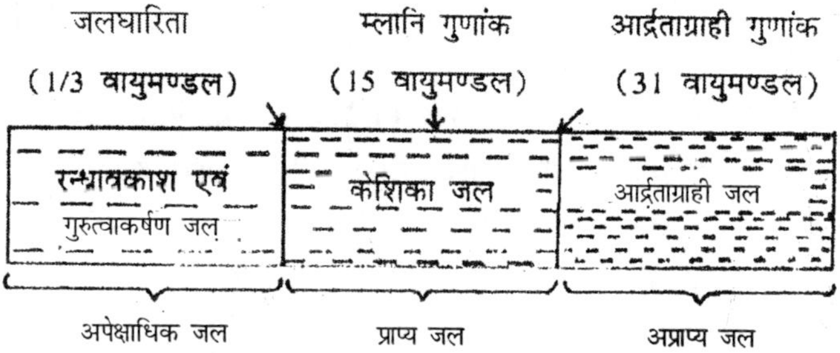

चित्र 5.3. मृदा जल के रूप एवं पौधे से सम्बन्ध

(*iii*) आवश्यकता से अधिक जल (Superfluous Water) : मृदा के क्षेत्र क्षमता के ऊपर पाये जाने वाले जल को आवश्यकता से अधिक कहते हैं। इसके द्वारा पौधों को हानि होती है। संतृप्त बिन्दु के ऊपर ऐसा स्वतंत्र जल आवश्यकता से अधिक जल कहलाता है।

5.6 मृदा नमी ह्रास (Loss of Soil Moisture)

मृदा को विभिन्न साधनों से प्राप्त होने वाले जल की हानि निरन्तर होती रहती है। मृदा नमी का ह्रास निम्नलिखित रूपों में होता है–

(अ) द्रव के रूप में मृदा नमी (जल) ह्रास (Water Loss in Liquid Form)

(*i*) सतही जल अपवाह द्वारा जल ह्रास (Water Loss by Surface Run off) : द्रव के रूप में जल ह्रास मुख्य रूप से सतही जल अपवाह के रूप में होता है। सतही जल अपवाह को मृदा का ढाल अथवा स्थलाकृति, मृदा की किस्म, कणाकार, वर्षा की मात्रा, तीव्रता तथा अवधि, कार्बनिक पदार्थ की मात्रा तथा वनस्पतियाँ प्रभावित करती है। अपवाह जल द्वारा मृदा क्षरण होता है। वर्षा जल का 20.75% भाग अपवाह जल के रूप में नष्ट हो जाता है।

(*ii*) अन्तःसरण एवं पारिच्यवन द्वारा मृदा जल ह्रास (Loss of Soil Water by Infiltration and Percolation) : मृदा के ऊपरी अत्यन्त पतली परतों में से होकर मृदा के अन्दर जल के प्रवेश अथवा संचयन को अन्तःसरण (Infiltration) कहते हैं। अत्यन्त सघन, चिकनी, संहत सतह और जल के द्वारा बिखरने वाली मृदाओं की अन्तःसरण दर अत्यन्त कम होती है। अन्तःसरण के पश्चात् मृदा में प्रविष्ट जल का मृदापार्श्विका से होकर गुरुत्वाकर्षण बल के प्रभाव में मृदा में नीचे की ओर संचार अथवा संचलन को पारच्चवन अथवा रिसाव कहते हैं। अन्तःसरण एवं रिसाव को वर्षण अवधि, तीव्रता एवं मात्रा, वाष्पीकरण उत्स्वेदन,

तापक्रम, मृदा संरचना, कणाकार, वनस्पति, स्थलाकृति, मृदा के अन्दर उपस्थित अभेद्यपरत, मृदा रंग, मृदा में कार्बनिक पदार्थ जैसे कारक प्रभावित करते हैं।

(ब) वाष्प के रूप में जल ह्रास (Water Losses in Vapour Form)

(*iii*) वाष्पीकरण के द्वारा जल ह्रास : जल का वाष्प या गैस के रूप में ह्रास निम्नलिखित दशाओं में होता है–

1. भूपृष्ठ से वाष्पन द्वारा जल ह्रास,
2. वनस्पति आवरण से वाष्पन द्वारा जल ह्रास,
3. वनस्पतियों द्वारा वाष्पोत्सर्जन क्रिया से जल ह्रास,
4. वाष्पन वाष्पोत्सर्जन क्रिया द्वारा सामूहिक रूप में मृदा नमी का ह्रास।

5.7 मृदा जल संचलन (Movement of Soil Water)

मृदा का निर्माण सूक्ष्म कणों द्वारा होता है। कणों की संरचना एवं कणाकार के अनुसार उनके मध्य रन्ध्रावकाश पाये जाते हैं जो जल अथवा वायु से पूरित होते हैं। मृदा जल स्थिर नहीं होता बल्कि उसमें एक निश्चित गतिशीलता मिलती है। मृदा जल की उपयोगिता उसके संचलन या गति पर आधारित होती है। संचलन द्रव एवं गैस दोनों रूपों में होता है। इस प्रकार मृदा जल संचलन को दो रूपों में वर्गीकृत किया जा सकता है–

(अ) द्रव जल संचलन (Liquid Water Movement)

जब मृदा में उपस्थित जल का संचलन द्रव अवस्था में होता है तो उसे द्रव संचलन कहते हैं। इस संचलन की दो प्रमुख अवस्थाएं होती हैं–

(*i*) असंतृप्त संचलन (Unsaturated Movement) : अंसतृप्त जल संचलन रन्ध्रावकाश के आंशिक रूप से जल भरे होने की अवस्था में होता है।

(*ii*) संतृप्त संचलन (Saturated Movement) : यह जल संचलन मृदा की संतृप्तावस्था में होता है। इस दशा में मृदा के अंतर्गत वायु का संचय नहीं होता।

(ब) जल वाष्प संचलन (Water Vapour Movement)

मृदा जल का वाष्प के रूप में संचलन जल वाष्प कहलाता है। यह दो प्रकार का होता है।

(*i*) विसरण (Diffusion) : मृदा के विभिन्न भागों में वाष्प दाब में अन्तर पाये जाने के कारण जल वाष्प का संचलन विसरण द्वारा होता है।

***(ii)* द्रव्यमान संचलन (Mass Movement) :** मृदा के कुल दाब में अंतर के कारण प्रणाली की अन्य गैसों के साथ जल वाष्प द्रव्यमान में प्रवाहित होता है।

5.8 मृदा जल संचलन की यांत्रिकी (Mechanics of Soil Water Movement)

मृदा जल संचलन मूलतया ऊर्जा अवधारणा पर आधारित है। मृदा में जल संचलन मृदा जल विभव प्रवणता (Soil Water Potential Gradient) के कारण होता है। मृदा में जल का संचलन मृदा में जल के लिए चालकता एवं जल को संचालित करने वाले बल के गुणनफल का समानुपाती होता है जिसे निम्नलिखित सूत्र द्वारा प्रदर्शित किया जा सकता है–

$$V = CDK$$

जहाँ V = जल संचलन की दर (Flow Velocity)

C = समानुपाती गुणांक (Proportionality Coefficient)

D = जल को संचालित करने वाला बल (Driving Force)

K = माध्यम की चालकता (Conductivity of the Medium)

जल अधिक दाब से कम दाब की ओर संचालित होता है। द्रव अवस्था में मृदा जल की गति निम्नलिखित रूपों में पायी जाती है–

(*i*) मृदा के ऊपरी सतह से ढाल के अनुरूप अतिरिक्त जल का अपवाह संचलन होता है।

(*ii*) मृदा में गुरुत्वाकर्षण बल के कारण गुरुत्वीय जल संचलन (Gravitational Water Movement) होता है। मृदा में गुरुत्वाकर्षण बल द्वारा जल संचलन संतृप्त प्रवाह की अवस्था में होता है।

(*iii*) मृदा जल का आन्तरिक एवं वाह्य केशिका के रूप में विभिन्न गतियों में केशिका जल संचलन (Capillary Water Movement) होता है। केशिका के अन्दर वायु मृत्तिका, ह्यूमस की उपस्थिति होने पर जल संचलन कम हो जाता है।

5.9 मृदा जल स्थिरांक (Soil Water Constant)

विभिन्न प्रकार की मृदाओं में सभी प्रकार के जल ह्रास के पश्चात् कुछ जल उससे नष्ट न होकर मृदा द्वारा धारित कर लिया जाता है। विभिन्न मृदाओं द्वारा धारित जल की मात्रा को ज्ञात करने के लिए प्रयोग किये जाने वाले स्थिरांक मृदा जल स्थिरांक कहलाते हैं। ये स्थिरांक निम्नलिखित हैं–

(*i*) पी–एफ (PF)

(*ii*) मृदा की अधिकतम जल धारण क्षमता (Maximum water holding capacity of soil)

(*iii*) मृदा का आर्द्रता समतुल्यांक (Moisture equivalent of soil)

(*iv*) मृदा क्षमता (Field capacity)

(*v*) म्लान या मुरझान गुणांक (Wilting coefficient)

(*vi*) चिपचिपा बिन्दु (Sticky point)

(*vii*) आर्द्रता गुणांक (Hygroscopic coefficient)

(*viii*) जल स्तर (Water lable)

पी–एफ. उस संख्या का लघु गुणक है जो इकाई जल स्तम्भ की ऊँचाई को सेमी. में व्यक्त करता है जिसके भार का दबाव उस चूषण बल के समतुल्य होता है जिससे मृदा द्वारा धारित जल मृदा से अलग किया जा सकता है। संतृप्त मृदा के अंतर्गत जितना जल रुका अथवा धारित रह जाता है वह मृदा की अधिकतम जल धारण क्षमता कहलाती है।

मृदा का आर्द्रता समतुल्यांक जल की वह प्रतिशत मात्रा है जिसे मृदा से बाहर निकालने के लिए गुरुत्व से 000 गुना से अधिक बल लगाना पड़ता है। नमी तुल्यांक की मात्रा सदैव म्लानि अथवा मुरझान गुणांक (Wilting coefficient) से अधिक और मृदा की अधिकतम जल धारण क्षमता से कम होता है। इसको निम्नलिखित समीकरणों द्वारा ज्ञात किया जा सकता है।

$$\text{आर्द्रता तुल्यांक} = (\text{जल धारण क्षमता} - 21) \times 0.635$$

$$\text{आर्द्रता तुल्यांक} = \text{म्लानि गुणांक} - 1.84$$

$$\text{आर्द्रता तुल्यांक} = \text{आर्द्रताग्राही गुणांक} \times 2.7$$

क्षेत्र क्षमता अथवा मृदा जल धारिता जल की वह मात्रा है जिसे जल निकास की उचित व्यवस्था होते हुए मृदा गुरुत्वाकर्षण बल के विरुद्ध कार्य करके नीचे जाने से रोक लेती है।

पौधों को स्थायी रूप से मुरझा जाने के समय अथवा पौधों के सूख जाने के समय मृदा में नमी की जितनी प्रतिशत मात्रा उपस्थित होती है उसे मुरझान गुणांक अथवा क्रान्तिक नमी अथवा आर्द्रता बिन्दु कहते हैं।

चिपचिपा बिन्दु को असलांग बिन्दु भी कहते हैं। मृदा के अंतर्गत जितना प्रतिशत जल धारित होता है, मृदा का चिपचिपा अथवा असलांग बिन्दु (Sticky Point) कहलाता है।

ताप एवं आर्द्रता की प्रमाणिक दशाओं में 100 ग्राम वायु शुष्क मृदा द्वारा शोषित की गयी अधिकतम आर्द्रताग्राही जल की मात्रा को आर्द्रताग्राही गुणांक कहते हैं।

$$\text{आर्द्रता गुणांक} = \text{मुरझान गुणांक} \times 0.068$$

$$\text{आर्द्रता गुणांक} = (\text{जल धारण क्षमता} - 21) \times 0.234$$

संतृप्त मृदा के जल तल को ही जल स्तर अथवा भौमिक अथवा भूजल स्तर कहते हैं।

विभिन्न प्रकार की मृदाओं में अधिकतम जल धारण क्षमता, आर्द्रता गुणांक एवं चिपचिपा बिन्दु में एक निश्चित सम्बन्ध होता है (तालिका 5-II)।

तालिका 5-II

मृदा जल धारण क्षमता, आर्द्रता गुणांक एवं चिपचिपा बिन्दु में सम्बन्ध

मृदा	अधिकतम जल धारण क्षमता	आर्द्रता गुणांक	चिपचिपा बिन्दु
बलुई दोमट	53	36	38
मटियार दोमट	66	40	40
भारी मृदा	81	44	49

5.10 मृदा जल मापन (Measurement of Soil Water)

मृदा जल मापन के दो प्रमुख आधार हैं–

अ. मृदा जल की सम्पूर्ण मात्रा का मापन–

मृदा जल की सम्पूर्ण मात्रा का मापन प्रत्यक्ष एवं अप्रत्यक्ष दो रूपों में किया जाता है–

1. प्रत्यक्ष परिमापन (Direct Estimation)

इसकी दो विधियाँ हैं–

***(i)* आयतनात्मक विधि (Volumetric Method) :** इस विधि में एक ज्ञात आयतन (V S I) वाले कोर सैम्पलर (Core Sampler) अथवा नली बरमा (Tube Auger) द्वारा मृदा का प्रतिदर्श (Sample) लेते हैं। ऊष्मक (Oven) में भार स्थिर होने तक 105°C पर प्रतिदर्श को सुखाते हैं और ठन्डा करके मृदा का भार निम्नलिखित सूत्र से ज्ञात कर लेते हैं–

$$\text{प्रतिशत मृदा जल} = \frac{W_1 - W_2}{\text{जल घनत्व} \times VS_1} \times 100$$

जहाँ

W_1 = नम मृदा का भार

W_2 = शुष्क मृदा का भार

(*ii*) भारात्मक विधि (Gravitational Method) : एक सिलिका डिश में ज्ञात भार का मृदा प्रतिदर्श लेकर ऊष्मक में 105°C पर भार स्थिर होने तक गर्म करते है। ठन्डा करके मृदा का भार ज्ञात कर लेते है और निम्नलिखित सूत्र द्वारा जल की प्रतिशत मात्रा ज्ञात कर लेते हैं–

$$\text{प्रतिशत मृदा जल} = \frac{\text{मृदा प्रतिदर्श के भार में कमी } (W_2 - W_1)}{\text{मृदा का ऊष्मक शुष्क भार } (W_2)}$$

मृदा जल के प्रतिशत आयतन का निर्धारण निम्नलिखित प्रकार से स्थूल घनत्व द्वारा किया जा सकता है

$$\text{प्रतिशत जल का आयतन} = \text{प्रतिशत जल भार} \times \text{स्थूल घनत्व}$$

2. अप्रत्यक्ष परिमापन (Indirect Estimation)

यह विधि अपेक्षाकृत अधिक प्रचलित है। इसके अंतर्गत मापन की निम्नलिखित विधियाँ हैं–

(*i*) न्यूट्रान प्रकीर्णन विधि (Neutron Scattering Method) : इस विधि के अंतर्गत न्यूट्रान मापी (Neutron Meter) यंत्र की सहायता से मृदा जल का मापन किया जाता है।

(*ii*) गामा किरण अवशोषण विधि (Gamma-ray Absorption Method) : इस विधि में मृदा जल मापन के लिए गामा विकिरण स्रोत के लिए सीजियम (Cesium) परिचायक (Detector) के लिए गाइगर नली (Geiger Tube) या स्फुरण एषणी (Scintilation Probe) तथा आदिष्ट (Scaler) का प्रयोग किया जाता है। ऐश्टन (Ashton) महोदय ने इस प्रकार का प्रयोग किया था।

(*iii*) विद्युत धारिता विधि (Electrical Capacitance Method) : मृदा में जल मापन की यह विधि इस सिद्धान्त पर आधारित है कि मृदा की अपेक्षा जल का विद्युतपार्य स्थिरांक (Dielectric constant) अत्यन्त कम होता है। यही कारण है कि विद्युत धारिता परिवर्तन द्वारा जल की मात्रा में परिवर्तन को ज्ञात कर लिया जाता है।

(*iv*) ऊष्मा संवाहकता विधि (Thermal Conductivity Method): अधिक नम एवं कम मृत्तिका युक्त मृदाओं के जल मापन की यह एक सर्वोत्तम विधि है। यह विधि इस सिद्धान्त पर आधारित है कि मृदा की ऊष्मा संवाहकता मृदा जल के व्युत्क्रमानुपाती होती है। इस विधि द्वारा मृदा जल मापन के लिए ब्लडवर्थ और पेज (Bloodworth and Page) ने ऊष्मा संवाहकता इकाई का निर्माण किया।

(ब) मृदा जल की सम्पूर्ण मुक्त ऊर्जा अन्तर का मापन

ऊष्मा गतिकीय सिद्धान्त के अनुसार मुक्त ऊर्जा को निम्नलिखित प्रकार से परिभाषित करते हैं–

$$G = E + PV - TS$$

जहाँ G = गिब्स का मुक्त ऊर्जा फलन

E = आन्तरिक ऊर्जा

P = दाब

V = आयतत

T = परम ताप

एवं S = व्यवस्थिति की एण्ट्रापी (Entropy of System)

ऊष्मा ऊर्जा (Kinetic Energy), स्थितिज ऊर्जा (Electrical Energy), गतिज ऊर्जा (Potential Energy), रसायनिक ऊर्जा (Chemical Energy) एवं परमाणुविक ऊर्जा (Atomic Energy) को सामूहिक रूप से मुक्त ऊर्जा (Free Energy) कहते हैं।

5.11 मृदा नमी संरक्षण (Soil Moisture Conservation)

मृदा नमी प्राणिवर्ग के लिए अत्यन्त आवश्यक है। मानव जीवन के विविध क्रियाकलाप प्रत्यक्ष एवं अप्रत्यक्ष रूप से मृदानमी पर आधारित है। मानवीय अतिक्रमण ने मृदानमी का दुरुपयोग किया है। अतः आवश्यकता है कि मृदा नमी के संरक्षण सम्बन्धी निम्न नियमों का परिपालन किया जाय–

(*i*) मृदा नमी संरक्षण वर्षण जल के धरातलीय सम्पर्क के साथ होना चाहिए। वर्षण जल को यदि सतह पर बहने से रोक दिया जाय और भूमिगत होने के लिए प्रयास किया जाय तो भौम जल वृद्धि के साथ मृदा नमी में वृद्धि होगी।

(*ii*) मृदा नमी संरक्षण के लिए भूमि क्षरण पर विवरण करना आवश्यक है। मृदा अपरदन को रोकने के लिए ढालों के सहारे सीढ़ीनुमा खेतों, वेदिकाओं तथा अन्य विधियों का प्रयोग किया जाय जिससे मृदा नमी में वृद्धि हो।

(*iii*) मृदा में जीवांश की मात्रा बढ़ाने की मात्रा बढ़ाने से नमी धारण करने की शक्ति बढ़ जाती है। इसलिए मृदानमी में वृद्धि के लिए जीवांश की मात्रा को बढ़ाना आवश्यक है।

(*iv*) मृदा नमी संरक्षण के लिए मृदा जल सोखने की क्षमता अधिक होनी चाहिए। जिस सतह पर गहरी पोली मिट्टी, घास की परत, चौड़ी पत्ती वाले वनों के नीचे सूखी पत्ती का आवरण होता है वहाँ मृदा नमी का संचयन अधिक होता है। अतः इस प्रकार की सतहों का होना मृदा नमी संरक्षण के लिए आवश्यक है।

(*v*) मृदा नमी संरक्षण के लिए धरातलीय सतह पर घास के मैदानों, वनस्पतियों एवं घने वनारोपण का होना आवश्यक है। वानस्पतिक आवरण के द्वारा जल के अपवाह गति में अवरोध होता है। परिणामस्वरूप मृदा में जल संचय की गति बढ़ जाती है। इसके साथ ही साथ पेड़ पौधों के अवशिष्ट भाग मृदा गुणों में परिवर्तन कर देते हैं जिसके कारण जल सोखने की शक्ति एवं क्षमता अधिक हो जाती है।

(*vi*) कृषि क्षेत्रों में फसलों के साथ अनावश्यक खरपतवार उगे रहते हैं जिनके द्वारा वाष्पोत्सर्जन से मृदानमी का ह्रास होता है। अतः मृदा नमी संरक्षण के लिए ऐसे खरपतवारों का निवारण आवश्यक है।

(*vii*) नदियों, जलाशयों के सहारे बाँध का निर्माण एवं शुष्क प्रदेशों में कन्टूर बाँध (Contour Bund) का निर्माण करके मृदा नमी का संरक्षण किया जा सकता है।

(*viii*) मृदा संरचना एवं बनावट का मृदा नमी पर प्रभाव पड़ता है। रन्ध्र युक्त मृदा में नमी अधिक होती है।

(*ix*) सूर्यातप के प्रभाव से वाष्पीकरण वाष्पोत्सर्जन अधिक होता है और मृदा नमी का क्षय होता है। मृदा नमी वाष्प बनकर वायुमण्डल में विसर्जित हो जाती है। इस प्रकार मृदा नमी क्षय को रोकने के लिए कृषि क्षेत्रों में गोबर की खाद एवं पोली मिट्टी की परत बिछा देनी चाहिए। इसके अलावा धरातल पर कम मात्रा में वाष्पीकरण-वाष्पोत्सर्जन करने वाली वनस्पतियों एवं घासों का आवरण भी होना चाहिए जो मृदा नमी को वाष्पन से रोक सके।

सम्भावित प्रश्न

1. मृदा नमी पर एक संक्षिप्त टिप्पणी लिखिए। (P.U. 1990)
2. जल सतह के उतार चढ़ाव को प्रभावित करने वाले कारकों की विवेचना कीजिए। यह मिट्टी की नमी को कैसे प्रभावित करता है। (P.U. 1992)
3. मृदा आर्द्रता के मण्डल पर एक संक्षिप्त टिप्पणी लिखिए। (P.U. 1994)

4. मृदा जल धारण पर एक संक्षिप्त टिप्पणी लिखिए। (P.U. 1995)
5. मृदा आर्द्रता पर एक टिप्पणी लिखिए। (P.U. Back Paper 1995 & P.U. 1996)
6. मृदा नमी को प्रभावित करने वाले कारकों एवं महत्व की विवेचना कीजिए।
7. मृदा जल के विभिन्न रूपों को व्याख्या कीजिए तथा उसका वर्गीकरण कीजिए।
8. मृदा नमी ह्रास की व्याख्या कीजिए।
9. मृदा जल संचलन एवं यान्त्रिकी पर प्रकाश डालिए।
10. मृदा जल स्थिराकों की विवेचना कीजिए।
11. मृदा जल मापन की विधियों एवं मृदा नमी संरक्षण पर प्रकाश डालिए।

अध्याय
6

भूमिगत जल
(UNDER GROUND WATER)

6.1 सामान्य परिचय (General Introduction)

पृथ्वी की ऊपरी सतह के नीचे भूपृष्ठीय चट्टानों की सन्धियों, छिद्रों, दरारों एवं अवशिष्ट रिक्त स्थानों में स्थित जल की मात्रा को भूमिगत जल की संज्ञा प्रदान की जाती है। **डेविड कीथ टोड** महोदय ने स्पष्ट किया है कि भौमजल का अर्थ साधारणतया उस जल से लिया जाता है जो किसी भू-स्तर (Geologic Stratum) की समस्त रिक्तियों में उपस्थित रहता है। **आर.सी. वार्ड** (R.C. Ward) के कथनानुसार भूमिगत जल वह जल है जो पृथ्वी के सतह (धरातल) के नीचे भूगर्भिक परत के संतृप्त मेखला में पाया जाता है। इस भाग में हाइड्रोस्टेटिक दबाव (Hydrostatic Pressure) वायुमण्डलीय दबाव के बराबर या अधिक होता है। यह जल उपधरातलीय जल का ही एक अंग है तथा ताजे जल का एक बहुत बड़ा स्रोत है। इसका संचयन असंतृप्त मेखला (Unsaturated zone) में भी होता है। किन्तु उस स्थिति में शैल सन्धियों में जल एवं वायु दोनों का समावेश मिलता है।

एस.एन. निकितिन (S.N. Nikitin, 1900) ने अपने लेख "Ground Water and Artesian Water of the Russian Plain" में भूमिगत जल की परिभाषा प्रस्तुत की है। निकितन के अनुसार 'भौम जल वह जल है जो धरातलीय सतह के नीचे स्थित मिट्टी के सबसे ऊपरी जल भरे में संग्रहीत वर्षण जल के द्वारा सुनिश्चित होता है। अथवा गहरे शैल संस्तर में सबसे ऊपरी जल भृत में पाया जाता है। यह जल प्राय: स्वतंत्र होता है क्योंकि जल भरे की न्यूनतम नमी धारण करने की क्षमता पहले से ही संचित (विद्यमान) रहती है।[1]

के.जी. गुरेविच (K.G. Gurevich, 1980) ने **'General Hydrogeology'** नामक पुस्तक में स्वीकार किया है कि भूमिगत जल अनवरत क्षैतिजिक एक्यूटार्ड (Aquitard) के ऊपर स्थित जल भृत के सबसे ऊपरी भाग

---

1. "Ground water is the water.......formed from absorbed precipitated water in the upper most aquifer occurring in Sub-Soil or in deeper bedrocks found above the uppermost aquitard; this water remains free, because the minimal moisture capacity of an aquifer is already stocked."

(धरातलीय सतह के समीप) में संचित जल है। भूमिगत जल प्राय: अप्रवेश्य शैलों के साथ उपरिशायी नहीं होता और न तो एक जल भृत के सम्पूर्ण लम्बवत खण्ड को संतृप्त ही करता है। इस प्रकार भूमिगत जल की सतह स्वतंत्र एवं दबाव से रहित होती है।[2]

सम्पूर्ण भौम जल को जलीय चक्र का एक महत्वपूर्ण अंग माना जाता है जिसमें सतही जल एवं वायुमण्डलीय जल भी सम्मिलित है। धरातलीय सतह के नीचे भौम जल की स्थिति के अनेक प्रमाण मिलते हैं जैसे कुएं, गेसर, सोते (springs), ट्यूबवेल, पाताल तोड़ कुएं (Artesian wells) इत्यादि। चूंकि यह जल पृथ्वी की ऊपरी सतह के नीचे स्थित शैल संस्तरों में मिलता है अत: इसे अध:तल जल (Sub-Surface Water) भी कहते हैं।

भौमजल धरातलीय सतह से विभिन्न स्रोतों के द्वारा अन्त:स्पन्दन क्रिया से भूमिगत हो जाता है। इस क्रिया के दौरान वर्षण जल धरातलीय सतह पर शैलों के रन्ध्रों, छिद्रों एवं दरारों से रिसकर पारगम्य शैलों के रिक्त स्थानों में एकत्रित होकर भूमिगत जल का रूप धारण करता है। इस प्रकार भूमिगत जल की क्रिया सतह एवं अत:तल दोनों स्थानों पर होती है। भूमिगत जल का मूल्यांकन पृथ्वी की सतह पर प्रवाहित नदियों, हिमानियों, सागरों, झीलों, कृत्रिम जलाशयों एवं तालाबों जैसे अनन्त स्रोतों तथा शैलों की संरचना एवं प्रवेश्यता के आधार पर किया जाता है। रन्ध्रयुक्त या नमी धारण की अत्यधिक क्षमता वाली शैलों में भौमजल की उपस्थिति के अधिक प्रमाण मिलते हैं।

धरातलीय जल बजट के अनुमानित वितरण के आधार पर यह ज्ञात होता है कि समस्त धरातलीय जल भण्डारों का 0.62% भूमिगत जल के रूप में है जिसका कुल आयतन 83,36,400 घन किमी. है। 41,68,200 घन किमी. जल पृथ्वी की सतह से 800 मीटर की गहराई तक पाया जाता है शेष 800 मीटर की अधिक गहराई में विद्यमान है। एक सर्वेक्षण के आधार पर यह अनुमान लगाया गया है कि समस्त भूमिगत जल को यदि धरातलीय सतह पर ला दिया जाय तो पृथ्वी की सतह पर सर्वत्र 500 फीट की ऊँचाई तक जल का विस्तार हो जायेगा। स्लिचर महोदय ने यह स्वीकार किया है कि सम्पूर्ण भौमजल को सतह पर लाने से 3000 फीट से 3500 फीट ऊँची जल की सतह का फैलाव हो जायेगा। **आर. सी वार्ड**

---

2. "Groundwater is the water contained in the uppermost (the closest to the surface) aquifer resting upon a laterally continuous aquitard. Ground water usually is not overlain with impervious rocks and does not saturated the total vertical section of an aquifer therefore, the surface of groundwater is free and impressured."

के अनुसार पूरे विश्व में धरातल के 8 किमी. नीचे एक मिलियन घन मील जल आंका गया है। जबकि धरातलीय जल केवल 30,000 घन मील ही है।

6.2 भूमिगत जल अध्ययन की ऐतिहासिक पृष्ठभूमि (Historical Background of the Study of Underground Water)

मानव सभ्यता के विकास के साथ ही अति प्राचीन काल से भौमजल का विकास कार्य हो रहा है। ओल्ड टेस्टामेन्ट में भौमजल झरने एवं कुओं के बहुत से उद्धरण मिलते हैं। टोलमन ने 800 ई. पूर्व की भूमिगत जल सुरंगों का उल्लेख किया है जो कि फारस एवं मिस्र में पायी गयी है। भौमजल का उपयोग उसकी उत्पत्ति, उपस्थिति एवं गति के अध्ययन से बहुत पुराना है। ग्रीक एवं रोमन दार्शनिकों के लेखों में भौमजल झरनों की उत्पत्ति सम्बन्धी काल्पनिक एवं यथार्थ की कसौटी पर खरे उतरने वाले सिद्धान्तों की पुष्टि होती है। प्राचीन ग्रीक दार्शनिकों जैसे होमर, थेल्स, प्लेटों की परिकल्पनाओं के अनुसार झरनों की उत्पत्ति समुद्री जल से हुई है। अरस्तू ने भी झरनों की उत्पत्ति पर अपने विचार प्रस्तुत किए हैं। रोमन शिल्पी विटूवियंस ने सर्वमान्य अन्तःस्पन्दन सिद्धान्त की रूपरेखा द्वारा झरनों की उत्पत्ति की व्याख्या की थी। इस सन्दर्भ में फ्रेंच दार्शनिक बर्नार्ड पेलिसी (1580) का अन्तःस्पन्दन सिद्धान्त, जौहान केपलर (1571-1630) का झरनों के रूप में भौमजल निष्कासन की काल्पनिक विचार शैली तथा रेने डिस्कार्टस (1596-1650) का समुद्र जल सिद्धान्त विशेष महत्वपूर्ण माना जाता है। सत्रहवीं शताब्दी के अन्तिम भाग में जलीय चक्र का विशेष ज्ञान हुआ है। इस सन्दर्भ में यूरोपियन विद्वान पिरे पिराट (1608-1680), एडमें मेरियोटे (1620-1684) तथा एडमंड हेली (1656-1742) का नाम विशेष रूप से उल्लेखनीय है।

अट्ठारहवीं शताब्दी में भू-विज्ञान के मूल सिद्धान्तों के अंतर्गत भौमजल की उपस्थिति एवं गति के अध्ययन को आधार बनाया गया। उन्नीसवाँ शताब्दी में प्रारम्भिक चरण के अंतर्गत कई उत्स्रुत कूप फ्रांस में बनाये गये। इस दौरान भौमजल के द्रव चालित सिद्धान्तों के विकास पर बल दिया गया। हेनरी डारसी (1803-1858) का रेत में जलगति अध्ययन एक सिद्धान्त के रूप में स्वीकार किया गया। इस दौरान जे. बाउजीनेक, जी.ए. डर्बी, पी. फार्चहीमर एवं ए. थीम के कार्य सराहनीय है। बीसवीं शताब्दी में भौमजल अध्ययन के प्रत्येक क्षेत्र में सक्रियता बढ़ी। यूरोप और अमेरिका महाद्वीप में इस क्षेत्र में काफी प्रगति हुई। आर. डेचलर, ई. इबोक्स, के. केलाक, डब्ल्यू कोहने, जी. कोजेने, ई. प्रिंज एवं जी. थीम जैसे कुछ ऐसे विद्वान हैं जिन्होंने भौमजल अध्ययन का प्रचार-प्रसार अमेरिका महाद्वीप में किया। ए. हेजन्, एफ.एच. किंग, सी.एस. स्लिचर, टी.सी. चेम्बरलीन, एन.एस. डार्टस हो डब्ल्यू. टी. ली, डब्ल्यू.सी. मेंडलहाल के अतिरिक्त सबसे अधिक विशिष्ट

योगदान के लिए ओ.ई. मी का नाम लिया जाता है जिन्होंने अथक प्रयास के साथ भौमिकी सर्वेक्षण के भौमजल विभाग का मार्गदर्शन किया एवं बहुत लोगों को इस दिशा में खोज करने की प्रेरणा दी।

सोवियत वैज्ञानिकों में जिन लोगों ने भौमजल का अध्ययन किया है उनमें पी. पी. क्लीमेन्टोब, वी.एम. नोनोव (1973), ए.एफ. लेबेदेव (1936), एन.आई. टास्तीरिवन (1941) तथा बी.एम. शेवेज (1973) का नाम उल्लेखनीय हैं। अमेरिका में यू.एस. ज्योलाजिकल सर्वे विभाग द्वारा वर्तमान समय में बड़े पैमाने पर कार्य किये जा रहे हैं। भारत में भूजल सर्वेक्षण विभाग द्वारा समस्या प्रधान क्षेत्रों में भौमजल सम्बन्धी विवरण प्राप्त किये जा रहे है। भारत के विभिन्न विश्वविद्यालयों में इस क्षेत्र में अनुसन्धान कार्य तेजी से हो रहे हैं।

6.3 भूमिगत जल के स्रोत (Sources of Ground Water)

भूमिगत जल का मुख्य स्रोत वर्षा ही है किन्तु साधारण व्यक्ति यही सोचता है कि सागरीय जल रिसकर धरातल के नीचे पहुँचकर भूमिगत जल का रूप धारण करता है। यद्यपि सागर द्वारा भौमजल की प्राप्ति होती है किन्तु इसे सामान्य स्रोत ही कहा जाता है। जलवाष्प के संघनन के द्वारा भी भौमजल की प्राप्ति होती है। वायुमण्डलीय नमी वायु संचरण प्रक्रिया के अंतर्गत मिट्टी के ऊपरी परतों के रन्ध्रों एवं रिक्त स्थानों में पहुँच जाती है किन्तु इसकी मात्रा बहुत कम होती है। भौमजल के प्रमुख स्रोतों का उल्लेख इस प्रकार किया जा सकता है।

(*i*) आकाशी या उल्का जल (Meteoric Water) : भूमिगत जल भण्डारण के लिए सर्वप्रमुख स्रोत जल वर्षा तथा हिम है। धरातल पर स्थित जलाशयों, सागरों, नदियों, झीलों एवं वनस्पतियों से वाष्पन-वाष्पोत्सर्जन द्वारा जल वर्षा एवं हिमपात के रूप में धरातल पर चला आता है। इस तरह वर्षा एवं हिम के पिघलने से प्राप्त जल को आकाशी जल कहते हैं। आकाशी जल धरातलीय चट्टानों की सन्धियों, छिद्रों, दरारों, एवं संस्तरण तल से होकर रिसने लगता है और अध:तल की अपारगम्य शैलों पर पहुंचकर शैलों के छिद्रों, दरारों एवं रिक्त स्थानों पर संचित होने लगता है। आकाशी जल की प्रधानता इसी बात से स्पष्ट है क्योंकि वर्षा कम होने या शुष्क मौसम में भौमजल काफी नीचे हो जाता है जबकि वर्षावधि में जल तल ऊपर होता है। आकाशी जल को उल्का जल या अवपृष्ठ जल भी कहते हैं।

(*ii*) सहजात जल (Connate Water) : सहजात जल भूमिगत जल भण्डारण का द्वितीय महत्वपूर्ण साधन है। सागर या झीलों में निक्षेपित परतदार चट्टानों के छिद्रों एवं सुराखों में संचित जल को तलछट जल या सहजात जल कहते हैं। जब सागर या झीलों में शैल संस्तरों का जमाव होता है तो वहां उपस्थित

जल पारगम्य संस्तरों के मध्य रुक जाता है और चतुर्दिक अपारगम्य शैलों से अवरुद्ध रहता है। भूगर्भिक हलचलों के फलस्वरूप जब सम्बन्धित क्षेत्र ऊपर उठ जाता है तो उसका जल भूमिगत हो जाता है। इस तरह के जल को सहजात जल कहते हैं। इसमें अधिक गति नहीं होती।

***(iii)* मैगमा जल (Magmatic Water) :** ज्वालामुखी प्रभावित क्षेत्रों में धरातल के निचले भाग में मैगमा जल पाया जाता है जो धरातल के सीमित भागों पर उपलब्ध है और अल्पमात्रा में भौमजल का निर्माण करने में सहायक होता है। ज्वालामुखी क्रिया के दौरान तप्त एवं तरल मैगमा जलवाष्प के साथ विभिन्न दरारों एवं सन्धियों में प्रवेश करता हुआ उद्भेदन के साथ धरातल की ओर बढ़ता है। शैलों के अवरोध के कारण जलवाष्प घनीभूत होकर जल में परिवर्तित होकर भौमजल के साथ मिल जाती है जिसे मैगमा जल या तरुण जल कहते हैं। ह्वाइट (1975) के अनुसार जल के जननिक प्रकारों का परस्पर एक निश्चित सम्बन्ध होता है (चित्र संख्या 6.1)।

6.4 भूमिगत जल को प्रभावित करने वाले कारक (Factors Affecting Underground Water)

धरातल के नीचे भौमजल संचयन को प्रभावित करने वाले अनेक कारक हैं। पर्यावरणीय कारक विभिन्न दशाओं में एक जैसे प्रभावकारी नहीं होते। अतः इन कारकों का स्थानिक-कालिक परिप्रेक्ष्य में अलग-अलग रूपों में मूल्यांकन किया जाता है। सामान्य रूप में किसी भी स्थान पर भूमिगत जल को प्रभावित करने वाले कारक निम्नलिखित हैं।

***(i)* धरातलीय ढाल की प्रकृति (Nature of Ground Slope) :** सतही जल का धरातलीय ढाल की प्रकृति के अनुसार अन्तर्निवेशन और अन्तर्निवेशन की प्रकृति के आधार पर भौमजल का संचयन सुनिश्चित होता है। यदि धरातलीय ढाल अधिक है तो सतही जल तीव्र गति से आगे प्रवाहित होता है फलतः अन्तःस्पन्दन की क्रिया न्यून होती है और अधःशैल में भौम जल का भण्डारण भी न्यूनतम होता है किन्तु यदि मन्द या समतल ढाल होता है तो अन्तःस्पन्दन की क्रिया तीव्र होती है और सतही जल तीव्रता से भूमिगत होकर शैलों की सन्धियों के बीच संचित हो जाता है।

***(ii)* शैलों की सरन्ध्रता (Porosity of Rocks) :** शैलों की सरन्ध्रता का प्रभाव वर्षण जल के प्रवाह एवं संचयन पर देखा जा सकता है। जब शैलें रन्ध्र युक्त होती है तो वर्षण जल का सतह के सहारे अन्तःनिवेशन अधिक होता है। अतः भौम जल का भण्डारण तीव्र गति से होता है किन्तु जब रन्ध्रहीन शैलों के आवरण धरातलीय सतह पर होते हैं तो वर्षण जल आंशिक रूप में भूमिगत हो

पाता है। अपारगम्य एवं अत्यन्त ठोस चट्टानों में अन्तःस्पन्दन- की क्रिया अत्यन्त न्यून होती है। इस प्रकार की शैलों में जल सोखने की अपेक्षा जल अवरोधन की शक्ति अधिक होती है। जैसा कि क्वार्टज एवं ग्रेनाइट शैलों में देखने को मिलता है।

(*iii*) वर्षण गति एवं वर्षण गहनता (Velocity and Intensity of Prccipitation) : वर्षण गति, वर्षण अवधि एवं वर्षण गहनता का प्रभाव भूमिगत जल भण्डारण पर प्रत्यक्ष रूप से देखा जा सकता है। शनैः-शनैः किन्तु दीर्घकालिक वर्षण से सतही जल बड़ी मात्रा में भूमिगत होता है किन्तु तीव्र वृष्टि जो अल्पकालिक वर्षण अवधि में सम्पादित हो, भौमजल के संचयन की सक्रिय कारक नहीं मानी जाती। दीर्घकालिक तीव्र वृष्टि में जलप्लावन की स्थिति होने से भी अन्तःस्पन्दन की क्रिया तीव्र होती है और भौमजल भण्डारण गति तीव्र हो जाती है।

(*iv*) वायु की शुष्कता (Dryness of Air) : वायु की शुष्कता से वायुमण्डल में अधिक नमी धारण करने की क्षमता का प्रादुर्भाव होता है। शुष्क प्रदेशों में वर्षण जल का अधिकांश भाग वायुमण्डल में ही उच्च तापजन्य वाष्पीकरण की प्रक्रिया से वाष्पीकृत होकर गैसीय रूप धारण कर लेता है। अतः सतह पर सीमित जल के कारण अन्तःस्पन्दन कम होता है और भूमिगत जल संचयन भी कम होता है।

(*v*) वानस्पतिक आवरण (Vegetal {Sod} Cover) : वानस्पतिक आवरण वर्षा के जल प्रवाह को अवरुद्ध करता है। वनस्पतियों के तनों, पत्तियों एवं जड़ों के सहारे जल की एक बहुत बड़ी मात्रा अन्तःस्पन्दन क्रिया के दौरान भौमजल का रूप धारण करती है। इस प्रकार सघन वनस्पतियों वाले क्षेत्रों में भौम जल भण्डार की सम्भावनाएं ज्यादा होती है किन्तु वनस्पतिविहीन प्रदेशों में प्रवाही जल अवरोध के अभाव में भूमिगत होने के बजाय अपरदन की क्रिया तीव्र कर देता है जिससे असामान्य धरातल का निर्माण होता है।

(*vi*) मृदा संचित जल की मात्रा (Quantity of Soil Saturated Water) : मृदा संचित जल की मात्रा (मृदा नमी की मात्रा) का प्रत्यक्ष प्रभाव भौमजल भण्डारण पर पड़ता है। यदि मृदा में नमी पहले से ही विद्यमान है तो वर्षा जल का अधःतल में अन्तःपूरण न्यूनं गति से होता है किन्तु शुष्क एवं सरन्ध्र शैल चूर्णों में वर्षण जल का समावेश तीव्र गति से होता है। अतः ऐसे क्षेत्रों में भौम जल के भावी संचयन की सम्भावनाएं अधिक होती हैं।

(*vii*) भौम जल की प्रवाह गति (Flow Velocity of Ground-water) : भौम जल की प्रवाह गति तीव्र होने पर भौम जल के संचयन की

संभावना अधिक होती है। प्रवाहगति रन्ध्रयुक्त शैलों में ज्यादा होती है। इस प्रदेश में अन्त:स्पन्दन भी अधिक मिलता है। इस प्रकार सतही जल के तीव्र अन्त:स्पन्दन, तथा अध:तल पूरित भौम जल की अत्यधिक मात्रा भौम जल की प्रवाहशीलता में वृद्धि करती है और अन्तत: भौम जल का भण्डारण अधिक होने लगता है।

(*viii*) ठोस शैल अध:तल (Solid Rock Sub-Surface) : धरातलीय सतह के नीचे स्थित स्थायी संतृप्तमण्डल के नीचे का तल जब ठोस शैलों का बना हुआ होता है तो भौम जल का रिसाव नीचे की ओर नहीं हो पाता। ऐसी दशा में ठोस अध:तल के ऊपर स्थायी, भौमजलमण्डल का प्रादुर्भाव होता है जो ठोस शैल अध:तल के विस्तार के अनुरूप एक निश्चित दिशा में गतिशील होता है। अत: भौमजल की अवस्थिति के लिए शैलों के आधार तल को ठोस एवं अपारगम्य होना अनिवार्य है।

6.5 भौमजल संचयन एवं भौमजल स्तर (Groundwater Storage and Groundwater Table)

शैल रन्ध्रों से संचित जल को भौमजल संचयन कहते हैं। भूमिगत जल का संचयन विभिन्न स्रोतों यथा–आकाशी जल, सहजात जल तथा मैगमा जल के द्वारा शैलों की सन्धियों, सुराखों, छिद्रों तथा संस्तरण तलों के सहारे होता है। धरातल के नीचे भौमजल संचयन मुख्य रूप से शैल सरन्ध्रता पर निर्भर करता है। चट्टानों की सरन्ध्रता (Porosity) संरचना पर आधारित होती है। जो चट्टानें सघन एवं संगठित होती हैं उनमें सन्धियों एवं छिद्र कम होते हैं फलत: भौमजल भण्डारण कम हो पाता है। चीका एवं स्लेट इसी प्रकार की शैलें हैं। सरन्ध्र शैलों यथा–रेत, बजरी, बालुका पत्थर इत्यादि में भौमजल संचयन की सम्भावनाएं अधिक होती हैं। शैल रन्ध्रों के आयतन तथा उस शैल के कुल आयतन अनुपात को संरन्ध्रता कहते हैं। आर्थर होम्स के अनुसार रेत या बजरी में संरन्ध्रता 35 प्रतिशत, बालूका पत्थर में 15 प्रतिशत, चीका में 45 प्रतिशत, चूना पत्थर में 5 से 30 प्रतिशत, शैल में 3 प्रतिशत तथा भारी आग्नेय एवं रूपांतरित शैल में 1 प्रतिशत तक मिलती है। भौमजल संचयन हेतु शैलों की संरन्ध्रता के साथ-साथ पारगम्यता (Permeability) का होना भी आवश्यक है। चीका शैल एक ऐसी शैल है जो संरन्ध्र शैल होते हुए भी अप्रवेश्य (Impervious) है। जब शैलों की सन्धियों से होकर जल संचरित होता है तो उसे पारगम्यता कहते हैं। जब शैल रन्ध्र एक दूसरे से आपस में जुड़े रहते हैं तो भौमजल परिसंचरण निर्बाध रूप से चलता है। इस प्रकार शैलों की संरन्ध्रता एवं पारगम्यता भौमजल उपस्थिति की सुचालक है।

भूपटल के नीचे सतही जल रिसकर शैल सन्धियों में जमा होता रहता है जिसके सम्पर्क से शैलें जलासिक्त होने लगती है। इस क्रिया को शैलों का सम्पृक्त होना (Saturation of Rocks) कहते हैं। पूर्णतया जलपूरित शैल को

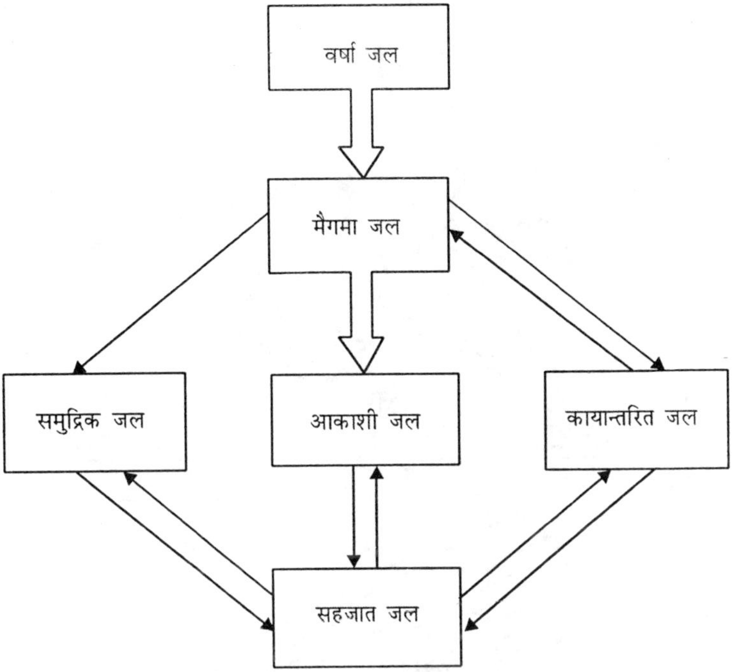

चित्र 6.1. जल के जननिक प्रकारों का सम्बन्ध (ह्वाइट 1957 के अनुसार)

सम्पृक्त शैल (Saturated Rock) कहते हैं। भूगर्भ में स्थित सम्पृक्त शैल परिवेश को सम्पृक्त मण्डल (Saturated zone) कहते हैं। सम्पृक्त मण्डल के ऊपरी तल को जल तल या भौम जल स्तर (Water lable) कहा जाता है। धरातल के नीचे भौमजल की संचयन स्थिति को तीन मण्डलों में विभक्त किया जा सकता है (चित्र संख्या 6.2 एवं 6.3)।

(*i*) असम्पृक्त या अस्थायी मण्डल (Non-Saturated Zone) : भौम जलस्तर के उस ऊपरी भाग को असम्पृक्त (असंतृप्त) मण्डल कहते हैं जिससे होकर जल रिसकर भूमिगत होता हैं। भूमिगत जल के इस ऊपरी मण्डल में मृदा सन्धियाँ पवन पूरित होती हैं। इन सन्धियों में रिसने वाले जल का कुछ भाग रुक जाता है। पवन पूरित होने के कारण इस मण्डल को 'पवन मिश्रित मण्डल' या 'वातन क्षेत्र' (Zone of Aeration) भी कहते हैं। शैलों के असम्पृक्त होने के

कारण इस मण्डल को असम्पृक्त मण्डल कहा जाता है। इस मण्डल का जल वाष्पीकरण एवं वाष्पोत्सर्जन क्रिया द्वारा वायुमण्डल में संचरित हो जाता है। वर्षणावधि में यह मण्डल जल सम्पृक्त होता है अन्यथा शुष्क मौसम में प्रायः सूख जाता है।

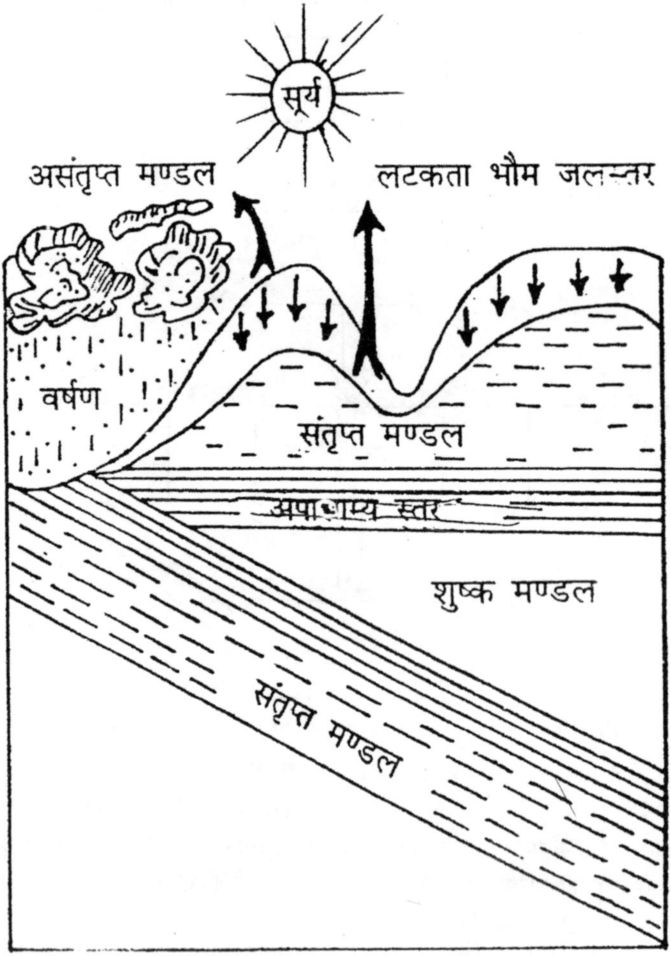

चित्र 6.2. भौम जल स्तर एवं भौम जल के विभिन्न मण्डल

***(ii)* सम्पृक्त मण्डल (Saturated Zone) :** भूमिगत जल के जिस मण्डल में शैलें जल युक्त रहती हैं उन्हें सम्पृक्त या संतृप्त मण्डल कहते हैं। इस मण्डल की शैलें रन्ध्रयुक्त होती हैं। असम्पृक्त मण्डल का अधिकांश जल छनकर इस मध्यवर्ती मण्डल में शैल सन्धियों के बीच संचित होता है। शुष्क एवं वर्षा ऋतु में

भौमजल की स्थिरता या उतार चढ़ाव की दृष्टि से इस मण्डल को दो उपभागों में विभक्त किया जा सकता है।

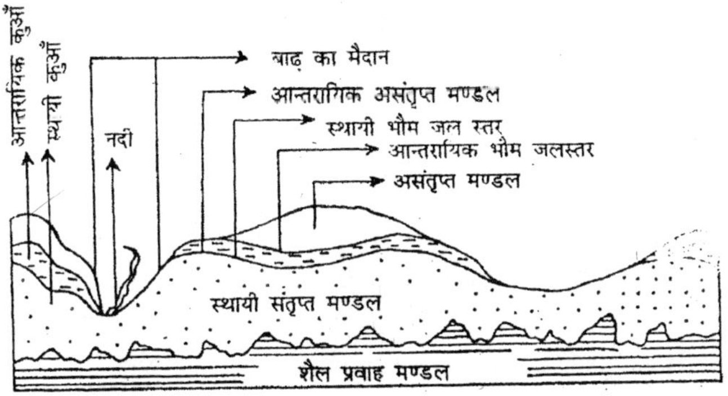

चित्र 6.3. लटकता भौम जलस्तर

(अ) आन्तरायिक सम्पृक्त मण्डल (Zone of Intermittent Saturation)

भौमजल की मात्रा एवं उसका तल मौसमी परिवर्तन से प्रभावित होता है। वर्षण काल में अत्यधिक जलापूर्ति के कारण भौमजल तल अत्यधिक ऊँचा हो जाता है जबकि शुष्क मौसम में वर्षण जल के अभाव में भौमजल तल नीचा हो जाता है। इस प्रकार वर्षाकाल के समय सबसे उच्च जल तल तथा शुष्क मौसम के निम्न भौम जल स्तर के मध्यस्थ भाग को आन्तरायिक सम्पृक्त मण्डल कहते हैं। इस मण्डल में भौमजल तल का उतार-चढ़ाव देखा जा सकता है। यही कारण है कि इस मण्डल में खोदे गये कुएं तथा नल पम्प शुष्क मौसम में भौम जलस्तर में गिरावट के कारण सूख जाते हैं।

(ब) स्थायी सम्पृक्त मण्डल (Zone of Permanent Saturation)

आन्तरायिक सम्पृक्त मण्डल के नीचे स्थित मण्डल को स्थायी सम्पृक्त मण्डल कहते हैं। इस मण्डल का ऊपरी तल सदैव स्थिर अवस्था में होता है। प्रत्येक मौसम में यह मण्डल जल संपृक्त होता है। इसकी गहराई सामान्यतया 2000 से 3000 फीट मानी गयी है किन्तु 1800 फीट की गहराई तक बोरिंग के उदाहरण मिले हैं किन्तु इस गहराई में जल भण्डारण अपेक्षाकृत कम मिला है। जहाँ कहीं भी स्थायी सम्पृक्त मण्डल विवर्तनिक क्रियाओं के कारण धरातलीय सतह से ऊपर होता है वहाँ निस्पन्दन (Seepages), जलस्रोत (Springs), दलदल, झील या सरिताओं का आविर्भाव होता है।

(*iii*) शैल प्रवाह मण्डल (Rock Flowage Zone) : स्थायी सम्पृक्त

मण्डल के नीचे अपारगम्य शैलों की एक ऐसी परत होती है जो सम्पृक्त मण्डल में संचित जल को नीचे जाने से रोकती है उसे शैल प्रवाह मण्डल की संज्ञा देते हैं। इस मण्डल में ऊपरी चट्टानों के बढ़ते भार के कारण स्थित शैलों के छिद्र तथा रन्ध्र बन्द हो जाते हैं। अतः शैल अप्रवेश्य हो जाती है। धरातलीय सतह से इसकी गहराई 16 कि.मी. मानी गयी है।

भूमिगत जल अपारगम्य शैलों के कारण कई भागों में विभक्त हो जाता है। जब किसी अपारगम्य शैल (चीका या मृत्तिका परत) के ऊपर एवं नीचे भौम जल के भण्डार मिलते हैं तो सबसे ऊपरी भूमिगत जल मण्डल के ऊपरी जल तल (ऊपरी भौम जल स्तर) को लटका हुआ जल स्तर (Perched Water Table) कहते हैं। इस तरह के दो या अधिक सम्पृक्त मण्डलों के बीच प्रायः शुष्क भाग रहता है। जिन चट्टानों के भाग से होकर भौमजल गतिशील होता है उसे जलभरा (Aquifer) कहते हैं (चित्र संख्या 6.2)।

6.6 भौम जल का उर्ध्वाधर वितरण एवं विभाजन (Vertical Distribution and Classification of Groundwater)

भौमजल की भूमिगत उपस्थिति को संतृप्त खण्ड (Saturated Zone) एवं वातन खण्ड (Zone of Aeration) में विभक्त किया जा सकता है। संतृप्त खण्ड के सम्पूर्ण अन्तरालों में द्रवस्थैतिक (Hydrostatic) दाबयुक्त जल संचित होता है जबकि वातन क्षेत्र के अन्तरालों में आंशिक रूप से जल एवं आंशिक रूप में वायु भरी रहती है। पृथ्वी के अधिकांश भागों में एकल संतृप्त भाग के ऊपर एकल वातन क्षेत्र होता है जो धरातलीय सतह पर विस्तारित होता है (चित्र संख्या 6.4)। संतृप्त खण्ड का ऊपरी भाग या तो संतृप्तता की सीमा सतह अथवा अपारगम्य स्तरों से परिबद्ध होता है और निचले भागों में इसका विस्तार अधःस्थित अपारगम्य स्तरों जैसे मृत्तिका अथवा शैल संस्तरों तक होता है। उपरिशायी (Overlying) अपारगम्य शैल संस्तरों के अभाव में संतृप्त भाग की ऊपरी सतह को भौमजल स्तर (Water Table) अथवा भौमजल सतह कहते हैं। इसे वायुमण्डलीय दाब की सतह भी कहा जाता है। संतृप्त मण्डल में संचित जल को भौम जल की संज्ञा दी जाती है जबकि ऊपरी वातनमण्डल में निलम्बित (Suspended) अथवा अधि भौमजल (Vadose Water) उपस्थित रहता है। अधिभौमजल को धरातलीय सतह से नीचे क्रमशः मृदाजल, झिल्ली जल तथा गुरुत्वीय जल एवं केशिका जल जैसे तीन उपखण्डों में विभक्त किया जा सकता है (चित्र संख्या 6.4)।

मृदा जल मण्डल (Soil Water Zone) में जल संतृप्त मात्रा में कम उपस्थित रहता है। कभी-कभी अस्थायी वर्षा एवं अतिरिक्त सिंचाई जल की आपूर्ति से यह भाग संतृप्तावस्था में हो जाता है। भू-सतह से मुख्य मूल क्षेत्र (Root Zone) के बीच मृदा प्रकार एवं वनस्पति की प्रकृति पर इसकी मोटाई निश्चित होती है। इस

मण्डल का कृषीय महत्व है। ब्रिग्स एल. (1897) ने मृदा जल को तीन भागों में विभक्त किया है (चित्र संख्या 6.5)।

(*i*) आर्द्रताग्राही जल (Hygroscopic Water) : आर्द्रताग्राही जल वायु से सोखा हुआ वह जल होता है जो कणों के सतह पर नमी की पतली परतें बनाता है। आसंजक (Adhesive) जल की अधिकता के कारण यह जल पौधों को उपलब्ध नहीं होता।

(*ii*) केशिका जल (Capillary Water) : केशिका जल मृदा कणों के चतुर्दिक अविच्छिन्न परतों के रूप में उपस्थित रहता है। यह पृष्ठ तनाव बल से अवरुद्ध तथा केशिका क्रिया द्वारा गतिशील होती है। यह जल पौधों के लिए उपलब्ध होता है।

(*iii*) गुरुत्वाकर्षणीय जल (Gravitational Water) : गुरुत्वाकर्षणीय जल अतिरिक्त मृदा जल है जो गुरुत्वाकर्षण के कारण मृदा से बह जाता है।

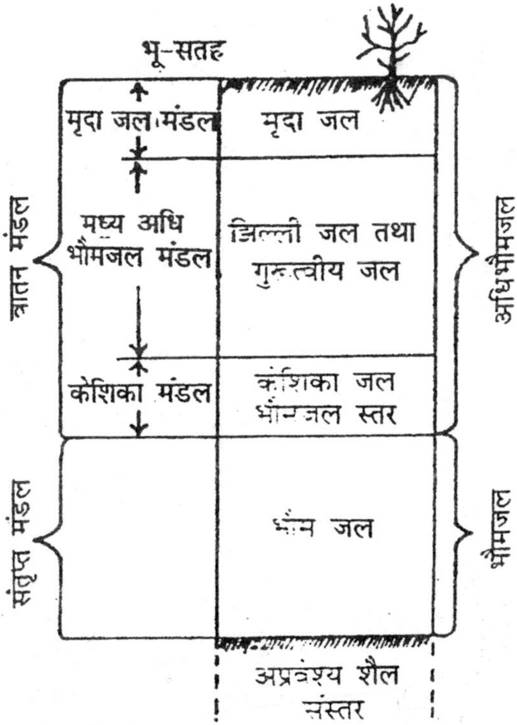

चित्र 6.4. भौम जल का विभाजन

कृषि कार्यों में मृदा का महत्वपूर्ण स्थान होता है। मृदा जल या मृदा नमी की कई मान्यताएं एवं संतुलन बिन्दु होते हैं जो प्रयोगशाला अध्ययनों के आधार पर स्पष्ट किये जा चुके हैं (चित्र संख्या 6.5)। आर्द्रताग्राही गुणांक (Hygroscopic co-efficient) अधिकतम नमी की वह मात्रा है जो पूर्व शुष्कित मृदा, 50 प्रतिशत आर्द्रता वाले वायुमण्डल के सम्पर्क में 25°C पर सोख लेती है। म्लान बिन्दु (Wilting Point) जलांश की वह मात्रा है जिसमें स्थायी रूप से पौधे मुरझा

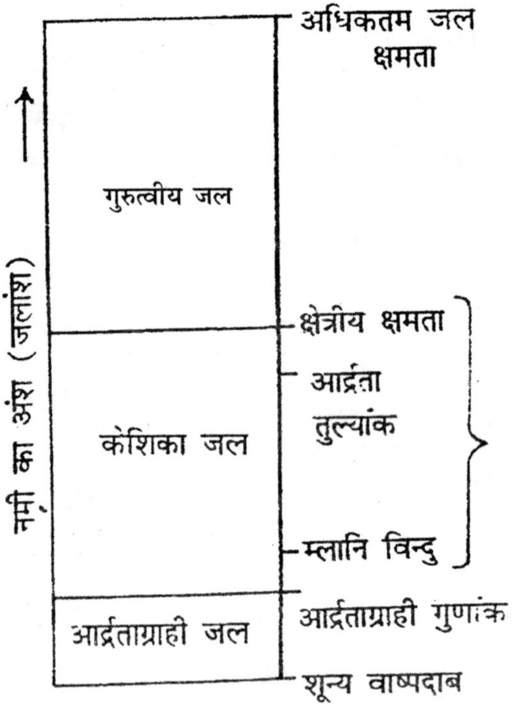

चित्र 6.5. मृदा जल आरेख

जाते हैं। क्षेत्रीय क्षमता (Field Capacity) मृदा में उपस्थित जल की वह मात्रा है जो अतिरिक्त गुरुत्वाकर्षणीय जल के बह जाने के पश्चात् एवं जल के नीचे की ओर प्रवाह पर्याप्त रूप में कम हो जाने पर प्राप्त होती है। नमी तुल्यांक जल की वह मात्रा है जो गुरुत्वाकर्षण से 1000 गुना अपकेन्द्रीयबल उपयोग करने पर अपकेन्द्रित होकर संतृप्त मृदा में रह जाती है। रेत की क्षेत्रीय क्षमता आर्द्रता तुल्यांक से अधिक होती है किन्तु दोमट के लिए समान होती है। चूंकि क्षेत्रीय क्षमता तथा

म्लान बिन्दु पौधों के सम्बर्द्धन हेतु जल की उच्च एवं निम्न सीमाएं प्रदर्शित करते हैं। अतः पादप जगत के विकास हेतु उपलब्ध जल इन दोनों के अन्तर के बराबर होता है। मृदा की सम्पूर्ण रिक्तियों के संतृप्त करने के लिए आवश्यक जल उसमें उपस्थित अधिकतम जलांश है। इसे अधिकतम जल क्षमता (Maximum Water Capacity) कहते हैं।

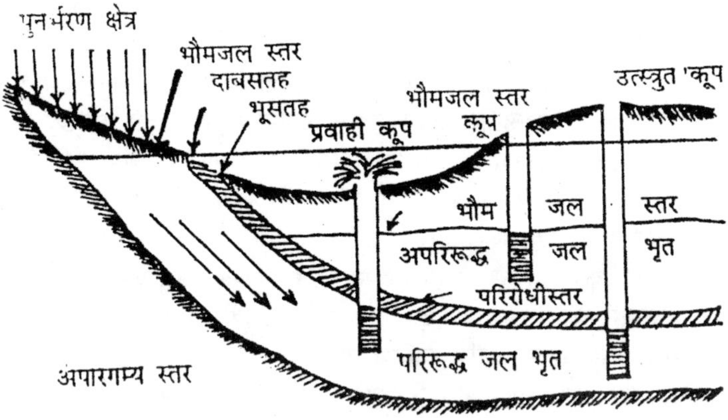

चित्र 6.6. अपरिरूद्ध एवं परिरूद्ध जलभृत

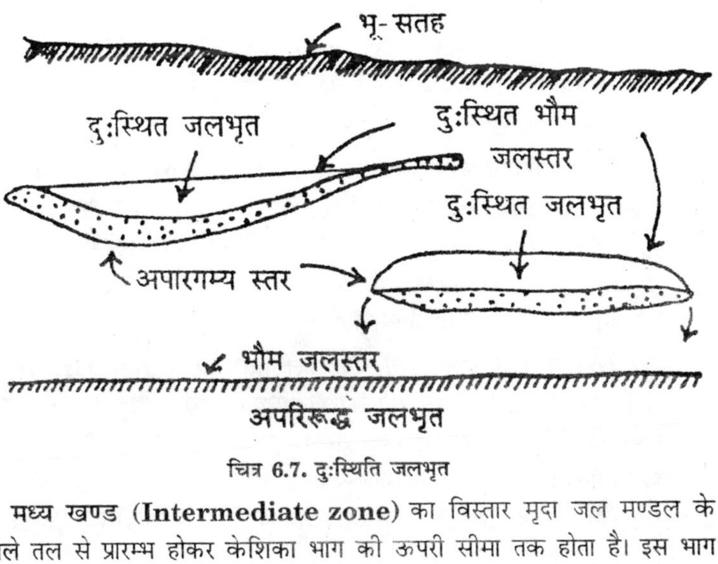

चित्र 6.7. दु:स्थिति जलभृत

मध्य खण्ड (Intermediate zone) का विस्तार मृदा जल मण्डल के निचले तल से प्रारम्भ होकर केशिका भाग की ऊपरी सीमा तक होता है। इस भाग

की मोटाई शून्य से सैकड़ों फुट तक हो सकती है। जब सीमक खण्ड भू-सतह पर आ जाने वाले उच्च भौम जल स्तर से मिल जाता है तो इस खण्ड की मोटाई शून्य फुट तक मानी जाती है। भौमजल की गहराई अधिक होने पर इसकी मोटाई बढ़ जाती है। यह भाग भू-सतह के पास के खण्डों को भौम जल स्तर से जोड़ता है तथा इस भाग से भौम जल का उर्ध्वाधर संचलन होता है। **केशिका खण्ड (Capillary zone)** भौम जल स्तर से जल के केपिलरी उठाव तक विस्तारित होता है। **संतृप्त भाग (Saturated zone)** में सम्पूर्ण अन्तराल भौम जल से भरा रहता है। अत: संरन्ध्रता प्रति इकाई आयतन में उपस्थित जलांश का सीधा मापन होता है। इस भाग का सम्पूर्ण जल पम्पन क्रिया से निकाला जा सकता है। कोई भी जल समूह अथवा पदार्थ जो कि पर्याप्त मात्रा में जल उपलब्ध करा सके, जलभृत (Aquifer) कहलाते हैं। सभी विकसित जलभृतों के प्राय: 90 प्रतिशत भाग असंपीडित (unconsolidated) शैल होते हैं। प्राप्ति की अवस्था के आधार पर इन्हें चार भागों यथा–जलमार्ग, अर्न्तहित घाटियाँ, मैदान तथा अन्तरापर्वतीय घाटी में विभक्त किया जा सकता है। विभिन्न शैल संरचनाएं जलभृतों को प्रभावित करती है। जलमार्ग की जलोढ़ मिट्‌टी पारगम्य, अर्न्तहित घाटियां अपारगम्य, मैदानों में पारगम्य तथा अन्तरापर्वतीय घाटियों में प्राय: अपारगम्य शैल संस्तर मिलते हैं। रेतीला भाग, चूनापत्थर तथा ज्वालामुखी शैल प्राय: पारगम्य जलभृत बनाते हैं जबकि कायान्तरित शैलों में अपारगम्य जलभृत दिखायी देते हैं।

जलभृतों को भूमिगत जल संचायक जलाशय कहा जाता है। ये जलभृत अधिकांशतया विस्तृत रूप में मिलते हैं। प्राकृतिक अथवा कृत्रिम पुन:पूरण के द्वारा जल इस जलाशय में संचित होता है। भौमजल स्तर के उपस्थित अथवा अनुपस्थित होने के आधार पर भौमजल भृत को दो श्रेणियों में विभक्त किया जा सकता है (चित्र संख्या 6.6)।

(*i*) अपरिरुद्ध/अप्रतिबन्धित भौमजल भृत (Unconfined Groundwater Aquifer) : अपरिरुद्ध जलभृत भूमिगत जल संचयन का वह जलाशय है जिसमें भौमजल स्तर संतृप्त भाग के ऊपरी सतह का कार्य करता है। इसको मुक्त अथवा अउत्स्रुत (Non-Artesian) भौम जल भी कहा जाता है। प्रतिबन्धित न होने के कारण इस जल को अप्रतिबन्धित भौमजल भी कहते हैं।

(*ii*) परिरुद्ध/प्रतिबन्धित भौम जल भृत (Confined Groundwater Aquifer) : परिरुद्ध जल भृत को प्रतिबन्धित, उत्स्रुत अथवा दाबयुक्त जलभृत भी कहा जाता है । ये जल भृत या भौमजल वहाँ पाये जाते हैं जहाँ पर भौमजल का दाब उपरिशायी अपेक्षाकृत अपारगम्य स्तरों के कारण वायुमण्डलीय दाब से अधिक होता है। परिरुद्ध जल भृतों में जल उन क्षेत्रों में प्रवेश करता है जहां प्रतिरोधी

संस्तर भूसतह तक ऊपर आ जाते हैं अथवा भूमिगत स्थितियों में समाप्त हो जाते हैं और जल भृत अपरिरुद्ध हो जाते हैं। परिरुद्ध जल भृत में जलपूर्ति करने वाले क्षेत्र को पुनः पूरण (Recharge) क्षेत्र कहते हैं। परिरुद्ध जलभृत की सतह एक काल्पनिक सतह होती है जो जलभृत को द्रव-स्थैतिक दाब तल (Hydrostatic level) की ऊँचाई की सम्पाती होती है।

(*iii*) दु:स्थिति भौम जल भृत (Perched Groundwater Aquifer): अपरिरुद्ध जलभृत की एक विशेष स्थिति दु:स्थिति भौम जलभृत होती है (चित्र संख्या 6.7)। दु:स्थिति जलभृत वहां पाये जाते हैं जहाँ कोई भी भौमजल पिण्ड मुख्य भौमजल पिण्ड से अल्प क्षेत्रीय विस्तार के अपेक्षाकृत अपारगम्य स्तरों तथा मुख्य भौमजल पिण्ड के ऊपर स्थित वातन क्षेत्र द्वारा पृथक किया हुआ होता है। अवसादी संस्तरीकरण के मृत्तिका लेन्सों में अधिकतर उपरिशायी उथले दु:स्थिति जलपिण्ड उपस्थित रहते हैं। दु:स्थिति जलभृतों में स्थित कूपों से अस्थाई अथवा अल्पमात्रा में जल प्राप्त किया जा सकता है।

भौमजलभृतों के आधार पर भूमिगत जल को (*i*) परिरुद्ध (प्रतिबन्धित) (*ii*) अपरिरुद्ध (अप्रतिबन्धित) एवं (*iii*) दु:स्थिति भूमिगत जल तीन प्रकारों में विभक्त किया जा सकता है। वैसे तो भूमिगत जल को वर्गीकृत करने के कई तरीके हैं क्योंकि भूमिगत जल के संचयन एवं विदोहन की अनेक प्रक्रियाएं जटिल रूप में विद्यमान है। भूमिगत जल को सामान्यतया उसकी उत्पत्ति, संचयन की प्रणाली एवं स्थिति, जल गतिकी मान-तापमान रसायनिक संगठन, जलाशय की शैलिकी, जलभृत की भूगर्भिक अवस्था तथा अन्य विशेषताओं के आधार पर श्रेणीकृत किया जा सकता है। एफ.पी. सावरेन्सकी (F.P. Savarenski) ने सन् 1939 में भूमिगत जल को पांच वर्गों में विभक्त किया है–

(*i*) मृदा जल/दलदली जल/अधिभौम जल (Soil Water/Swamp Water/Vadose Water)

(*ii*) भूमिगत जल (Ground Water)

(*iii*) कार्स्ट जल (Karst Water)

(*iv*) उत्स्रुत जल (Artesian Water)

(*v*) जल शिरायें/दरारी जल (Water Veins/Fissure Water)

सावरेन्सकी ने भौमजल के इस वर्गीकरण में संचयन प्रणाली, गुण, प्रवाह उत्पत्ति, भूगर्भिक संरचना, जलवायु, भू-रसायनिक प्रक्रिया एवं संगठन को वर्गीकरण का मुख्य आधार चुना है। ए.एम. ओवसिन्नीकोव एवं पी.पी. क्लीमेन्टोव (A. M. Ovchinnikov and P.P. Klimentov) ने जल संचयन के तरीके, गुण, भण्डारण

की विशेषता, उत्पत्ति एवं आर्थिक महत्व को ध्यान में रखते हुए भौमजल को तीन प्रकारों में विभक्त किया है–

(*i*) वातनमण्डल में स्थित जल (दबावरहित जल)

(*ii*) भूमिगत जल (प्राय: दबावरहित जल)

(*iii*) उत्स्रुत जल (दबाव युक्त जल)।

भौम जल संचयन की स्थिति (Mode of Occurrence) के आधार पर भूमिगत जल को चार वर्गों में रखा जा सकता है–

(*i*) सरन्ध्र अवसादी सतह में स्थित भूमिगत जल।

(*ii*) अवसादी शैल परतों में प्रवाहित भूमिगत जल (Formation Water migrating within the Sedimentary layers)।

(*iii*) विवर्तनिक टूटन एवं अपक्षयजनित जोड़ों में संचित भूमिगत जल (Fracture Water type in tectonic Fractures and Weathering Joints)।

(*iv*) चूना पत्थर शैल की दरारों एव कन्दराओं में संचरित कार्स्ट जल।

भौमजल को तापमान के आधार पर निम्न वर्गों में रखा जा सकता है–

(*i*) बहुत ठंडा जल (Very Cold Water) – 4°C से कम तापमान।

(*ii*) ठंडा जल (Cold Water) – 4°C से 20°C के बीच तापमान।

(*iii*) गुनगुना जल (Warm Water) – 20°C से 37°C के बीच तापमान।

(*iv*) गर्म जल (Hot Water) – 37°C से 42°C के बीच तापमान।

(*v*) बहुत गर्म जल (Very Hot Water) – 42°C से 100°C के बीच तापमान।

(*vi*) अत्यन्त गर्म (तापीय) जल (Extremely Hot (Thermal) Water) – 100°C से अधिक तापमान।

6.7 भूमिगत जल प्रवाह (Groundwater Movement)

भूमिगत जल का जलीय चक्र के निर्माण में सक्रिय योगदान होता है। भौमजल जलपूर्ति क्षेत्र से जल निकासी वाले क्षेत्रों की ओर सदैव गतिशील रहता है। गतिशीलता चाहे वह क्षैतिजिक हो या लम्बवत्, भूमिगत जल का प्राकृतिक गुण है। भौमजल की प्रवाहशीलता (गति या चलन) स्थापित जलीय सिद्धान्तों द्वारा नियन्त्रित होती है। प्रारम्भ से ही भौमजल गति एवं दिशा सम्बन्धी अध्ययन जलवैज्ञानिकों के लिए एक महत्वपूर्ण प्रश्न के रूप में माना गया है। भौमजल प्रवाह मार्ग एवं प्रवाह दर मूलतया भूगर्भिक संरचना एवं जलगति दशाओं पर निर्भर करती है। धरातल पर

प्रवाहित होने वाली नदियों की तुलना में भूमिगत जल का प्रवाह अत्यन्त मन्द होता है। सामान्यतया 24 घन्टे में 0.5 मीटर से 1.0 मीटर तक भौमजल प्रवाहित होता है। भौम जल गति मृदा ताप, मृदा रन्ध्रों की संख्या, कणों के आकार एवं संरचना, आन्तरिक मोड़ों आदि से निर्धारित होती है। वर्षण से प्राप्त अन्तःस्पन्दित जल ही भूमिगत जल का स्रोत होता है। अन्तःस्पन्दित जल की मात्रा सर्वत्र एक जैसी नहीं होती बल्कि परिवर्तनशील होती है। अन्तःस्पन्दित एवं रिसे हुए जल का अनुमान लगाकर भूमिगत जल की गति का आंकलन किया जा सकता है। बुचन (Buchan, 1965) ने प्रवेश्य शैल संस्तर के मध्य भूमिगत जल की प्रवाह गति को दशमलव कुछ मिलीमीटर प्रति दिन से लेकर 5500 मीटर प्रतिदिन बताया है। भूमिगत जल की दिशा भी दर की ही भांति परिवर्तनशील होती है। भौमजल प्रवाह वर्षा की मात्रा एवं सघनता से अधिक प्रभावित होता है। जिन शैल खण्डों से होकर भूमिगत जल प्रवाहित होता है उसे जलभरा/जलभृत (Aquifer) कहते हैं। रेत, बजरी या अवसादों के ढेर जल भरने के लिए अधिक उपयुक्त होते हैं। भौमजल प्रवाह का मापन डारसी के नियमों के आधार पर किया जा सकता है।

भौमजल प्रवाह सम्बन्धी डारसी का नियम (Darcy's law of Ground Water Movement)

डारसी के नियम तथा सातत्य समीकरण (Equation of Continuity) द्वारा भौमजल के सामान्य प्रवाह के समीकरणों को ज्ञात किया जा सकता है। लगभग एक शताब्दी पूर्व फ्रेंच जलीय अभियन्ता हेनरी डारसी ने जल निस्यन्दन के उपयोग में लायी जाने वाली बालू के क्षैतिज तहों में भौमजल प्रवाहों का अन्वेषण किया था। डारसी ने सन् 1856 में अपने प्रतिवेदन में स्पष्ट किया है कि–

"मैंने परिशुद्ध प्रयोगों द्वारा निस्यंदकों में से होकर बहने वाले जल प्रवाह के नियमों को ज्ञात करने की चेष्टा की है। ये प्रयोग निश्चित रूप से प्रमाणित करते हैं कि–

"किसी दी हुई प्रकृति के बालू तल से बहने वाले जल का आयतन दाब का अनुक्रमानुपाती (Directly Proportional) तथा बालू की तह की मोटाई का व्युत्क्रमानुपाती (Inversely Proportional) होता है। इस प्रकार यदि S को निस्यंदक का सतही क्षेत्र, K को बालू की प्रकृति पर निर्भर गुणांक, e को बालू तह की मोटाई, P – Ho को फिल्टर करने वाले तल के नीचे का दाब, P + H को वायुमण्डलीय दबाव और निस्यंदक के जल की गहराई का योग माना जाय तब इस अन्तिम स्थिति का जल प्रवाह $Q = (Ks/e)(H + e + Ho)$ होगा जो कम होकर $Q = (Ks/e)(H + e)$ हो जाता है। यहाँ Ho = O होता है अथवा जब निस्यंदक तल के नीचे का दबाव वायुमण्डलीय भार के बराबर होता है।" डारसी

का यह कथन कि "सरन्ध्री माध्यमों में प्रवाह की दर द्रवमापी ऊँचाई की कमी के अनुक्रमानुपाती (समानुपाती) तथा प्रवाह पथ के (बालू की मोटाई के) व्युत्क्रमानुपाती (बिलोमानुपाती) होती है" सार्वभौमिक रूप में डारसी के नियम के रूप में जाना जाता है। डारसी के इस नियम के आधार पर ही भौमजल गतियों एवं कूपों की जलीय समस्याओं का विश्लेषण एवं अध्ययन प्रारम्भ हुआ। डारसी ने स्पष्ट किया कि वास्तविक वेग प्रत्येक स्तम्भ के सभी बिन्दुओं पर परिवर्तनशील होता है।

$$V = K - \frac{h}{1}$$

जहाँ V प्रवाह वेग (Velocity of Flow), h दो शीर्षों का अन्तर एवं 1 उनके बीच की दूरी है। h/1 को जलप्राप्ति प्रवणता कहा जाता है। K एक स्थिरांक है जिसको प्रवेश्यता गुणांक (Coefficient of Permeability) कहते हैं। डारसी का नियम केवल पतले परत प्रवाह के लिए उपयुक्त होता है। यह नियम प्राकृतिक जल के लिए किया जा सकता है। अधिकांश प्राकृतिक जलभृत की स्थिति में K की मात्रा 0.4 से 2 मीटर प्रतिदिन के बीच पायी जाती है।

भौमजल प्रवाह जलीय प्रवणता पर आधारित होता है। पारगम्यता भी प्रवाह को प्रभावित करती है। जहाँ पर प्राकृतिक प्रवाह पम्पन कूपों अथवा निकासी द्वारा परिवर्तित हो जाते हैं वहाँ अति प्रवण भौमजल स्तरों अथवा दाब सतहों के द्वारा उच्च वेग उत्पन्न हो जाता है। डारसी का नियम केवल उन स्थानों पर मान्य होता है जहाँ पर प्रतिरोधक बल अधिक होते हैं। जब जड़त्वीय बल प्रतिरोधक बलों के परिमाण के बराबर होने लगते हैं तब डारसी का नियम अनुपयोगी होता है। जैसे-जैसे जलीय प्रवणता बढ़ती जाती है, विक्षुब्ध प्रवाह तीव्रतम वेगों से युक्त एकल रन्ध्रों में उत्पन्न हो जाते हैं। वेग बढ़ने से माध्यम के अधिक हिस्सों में विक्षुब्ध प्रवाह उत्पन्न हो जाता है जिसके द्वारा प्रवाह का क्रमिक संक्रमण हो जाता है।

भौम जल प्रवाह में गति विभव (Velocity Potential) उपस्थित रहता है। वेग विभव के उपस्थित रहने से अघूर्ण प्रवाह (Irrotational Flow) उत्पन्न हो जाता है। चूँकि भौमजल का प्रवाह माध्यम के प्रत्येक कण के आसपास से होता है। यदि माध्यम के कण स्थल तरल में डूबे हुए पिण्ड माने जाय तब कथन भ्रामक हो सकता है। स्थूल आधार पर अन्तरालों (Interstices) में घूर्ण सांख्यकीय रूप में संतुलित होते हैं जिससे प्रवाह अघूर्ण हो जाता है। मेविस तथा सुई (Mavis and Tsui) ने रेत जलमार्गों के प्रायोगिक अध्ययनों के आधार पर यह स्पष्ट किया कि भौमजलस्तर के समानान्तर प्रवाह केशिका भागों में उपस्थित रहते हैं। अनुमानतः असंतृप्त भाग में भौमजलस्तर के ऊपर दूरी के अनुसार वेग कम हो जाता है।

डारसी के नियमों के आधार पर भौमजल के अपरिवर्ती, परिवर्ती, विक्षुब्ध, स्तरित (Laminav), भौमजल स्तर बेधी, पारगम्य सीमा वेधी तथा असंतृप्त प्रवाहों

का गणितीय परिकलन किया जाता है। भूमिगत जल के इन प्रवाहों का आंकलन प्राय: भू-जलीय अध्ययनों में किया जाता है। मोटे तौर पर भूमिगत जलप्रवाह को दो रूपों में व्यक्त कर सकते हैं–

(*i*) भूमिगत जल का क्षैतिज प्रवाह (Horizontal Movement of Ground Water) : जब संतृप्त शैलों के मध्य भूमिगत जल क्षैतिजिक रूप में एक स्थान ये दूसरे स्थान की ओर संचरित होता है तो उसे भूमिगत जल का क्षैतिज प्रवाह कहते हैं। धरातलीय जल का कुछ भाग अन्त:निवेशन क्रिया द्वारा अधोगामी होकर शैल सन्धियों को जलयुक्त बनाकर संतृप्त खण्ड का निर्माण करता है। संतृप्त मण्डल में पारगम्य शैलों के आधार पर भौमजल में क्षैतिज गतिशीलता उत्पन्न होती है। भौमजल का क्षैतिज प्रवाह एक जटिल प्रक्रिया है जो मुख्यतया शैलों की प्रकृति, पारगम्यता, प्रवेश्यता, शैल संस्तरों की बनावट, ढाल प्रवणता, तापमान, भौमजल की मात्रा, वर्षण मात्रा एवं गहनता आदि कारकों से प्रभावित होता है। जब भू-सतह के नीचे स्थायी संतृप्त मण्डल का विस्तार निर्बाध रूप में क्षैतिज अवस्था में होता है तो भौमजल में स्थायी प्रवाह का जन्म होता है। भौमजल का क्षैतिज प्रवाह उस समय बाधित हो सकता है जब वर्षण की मात्रा कम हो जाये अथवा विवर्तनिक हलचलों से उत्पन्न बलन या भ्रंशन की स्थितियों से शैल संस्तरों का विस्थापन हो जाये या किसी कारण से जलभृत में संचित जल का दूसरे स्थायी स्त्रोत द्वारा अपहरण कर लिया जाये। जलवायु परिवर्तन भी क्षैतिज प्रवाह को नियन्त्रित करता है। यदि चट्टानें पारगम्य है तथा काफी लम्बाई में फैली हुई हैं तो भौमजल का क्षैतिज प्रवाह लम्बी दूरी तक होता है। (चित्र संख्या 6.8)। जब किसी स्थायी संतृप्त मण्डल में कई जल कूप प्रतिरोधी शैल संरचना के कारण अलग-अलग गहराई के भौमजल स्तर को प्रदर्शित करते हैं तो उच्च भौमजल तल से निम्न भौमजल तल की ओर प्रवाह होता है (चित्र संख्या 6.9)।

(*ii*) भूमिगत जल का लम्बवत् प्रवाह (Vertical Movement of Ground Water) : धरातलीय सतह से शैल प्रवाह मण्डल के मध्य भौमजल के स्थानान्तरण (उतार-चढ़ाव) या भौमजल तल के परिवर्तन को लम्बवत् प्रवाह कहते हैं। क्षैतिज भौमजल प्रवाह को प्रभावित करने वाले सभी कारक भौमजल के लम्बवत् प्रवाह को भी प्रभावित करते हैं। लम्बवत् प्रवाह पर मौसम एवं जलवायु का प्रभाव सर्वाधिक होता है। मानसूनी जलवायु प्रदेशों में मानसूनकालीन दशाओं में अधिक वर्षण जल प्राप्ति से भौमजल तल भू-सतह के बिल्कुल नजदीक आ जाता है। कहीं-कहीं पर यह भौमजल तल भू-सतह के ऊपर तक आ जाता है। मानसून अवधि के बाद (Post Monsoon Period) जल तल में गिरावट होता है क्योंकि वर्षण जल की प्राप्ति कम हो जाती है। मानसून अवधि के पहले (Pre-Monsoon

Period) अत्यधिक तापमान एवं शुष्क मौसम के कारण भौमजल तल भू-सतह से काफी नीचे चला जाता है। इस प्रकार प्रत्येक वर्ष मानसून के आगमन एवं मानसून के पूर्व की शुष्क अवधि के बीच लम्बवत् प्रवाह का एक चक्र पूरा होता है। जून के अन्तिम सप्ताह तक पुनः मानसून आगमन एवं जल वर्षण से भौमजल तल ऊपर उठने लगता है और लम्बवत् प्रवाह के दूसरे चक्र की शुरूआत होती है। भूमिगत जल के लम्बवत् प्रवाह का उल्लेख (चित्र संख्या 6.10) में किया गया है।

6.8 भूमिगत जल का पुनः पूरण (पुर्नप्राप्ति) एवं विसर्जन (बहिर्स्राव) (Recharge and Discharge of Ground Water)

वर्षण जल (वर्षा का जल, हिम द्रवण से प्राप्त जल, ओस आदि) का भू-सतह के नीचे अन्त:निवेशन भूमिगत जल पुन:पूरण का मुख्य स्रोत माना जाता है। अन्त:निवेशन की दर वर्षा की प्रकृति एवं गहनता तथा वातन क्षेत्र का निर्माण करने वाली मृदा एवं शैलों की पारगम्यता पर निर्भर करती है। भूमिगत जल के पुन:पूरण में निम्न गहनता की अनवरत वर्षा महत्वपूर्ण मानी जाती है जबकि उस अवधि में वायुमण्डल की सापेक्षिक आर्द्रता उच्च स्तर (लगभग 100 प्रतिशत) पर विद्यमान हो। धीमी गति किन्तु लम्बी अवधि की अनवरत वर्षा शैलों में वर्षण जल के अन्त:निवेशन दर को बढ़ा देती है। हार्टन ने अन्त:स्पन्दन (अन्त:निवेशन) की क्षमता को वर्षा के जल को मिट्टी द्वारा सोखने की अधिकतम दर के रूप में परिभाषित किया है। अन्त:स्पन्दन क्रिया द्वारा शैलों में निवेशित समस्त भौमजल यदि वाष्पीकरण वाष्पोत्सर्जन पम्पन आदि क्रियाओं से भौमजल के कुल होने वाले ह्रास के बराबर है तो उस समय भौमजल का संचयन स्थिर या संतुलित माना जाता है किन्तु यदि भूमिगत जल का पुन:पूरण भौमजल विसर्जन से अधिक होता है तो भौमजल का संचयन अधिक होता है। पुन:पूरण को धरातलीय मृदा अथवा शैलों द्वारा जल संचित करने की क्रिया कहते हैं। विभिन्न मौसमों एवं विभिन्न जलवायु प्रखण्डों में भौमजल पुन:पूरण में अन्तर मिलता है। पर्वतीय क्षेत्रों घाटी प्रदेशों तथा रेगिस्तानी भागों में भौमजल पुन:पूरण अलग-अलग रूपों में सम्पादित होता है। पर्वतीय क्षेत्रों में भौमजल पुन:पूरण को जल वर्षा; हिम वर्षा, ओस, कुहरा तथा अन्य दशाएं प्रभावित करती हैं। रेगिस्तानी भागों में पुन:पूरण वायुमण्डलीय जल वाष्प के संघनन के दौरान उत्पन्न जलकणों द्वारा शैलखण्डों के सिक्त होने से सम्पादित होता है। भौमजल का पुन:पूरण गहरे जलभृतों से उत्स्रुत जल के अन्त:प्रवाह के द्वारा भी होता है। भौमजल की प्राकृतिक पूर्ति बढ़ाने के लिए मानव ने भौमजल बेसिन के कृत्रिम पुन:पूरण के वैज्ञानिक प्रयास किए हैं। कृत्रिम पुन:पूरण में, होने वाली वर्षा अथवा सतही जल के प्राकृतिक अन्त:स्पन्दन को भूमिगत स्तर समूहों में किन्हीं निर्माण विधियों, जल विस्तारण अथवा प्राकृतिक स्थितियों को कृत्रिम परिवर्तन

द्वारा बढ़ा दिया जाता है। इसके लिए अनेक प्रकार की विधियों का विकास किया गया है जिनमें जल निस्तारण गड्ढों द्वारा पुनःपूरण, खुदाई कूप एवं साफ्ट तथा सतही जल पिण्डों से पम्पन द्वारा प्राप्त प्रेरित पुनःपूरण (Induced Recharge) प्रमुख है।

भौमजल के शैल खण्डों से बाहर निकलने (विसर्जन) की क्रिया को भौमजल विसर्जन कहते हैं। भौमजल का विसर्जन या वहिर्स्राव शैलों की प्रकृति एवं उसमें संचित जल की मात्रा पर निर्भर करता है। भौमजल विसर्जन पर जलवायु एवं शैल संस्तरों की बनावट का व्यापक प्रभाव पड़ता है। भौमजल का धरातलीय दृश्यांश (सतह पर प्रगट होने की क्रिया) झरनों, रिसावों आदि के रूप में देखा जा सकता है। भौमजल के वहिर्स्राव द्वारा क्षेत्र में भौमजल की उपस्थिति, जलभृतों के संगठन, अनेक स्तरीय विभाजन और उनमें जलपूरण की मात्रा एवं गुणों का अनुमान लगाया जा सकता है। कुछ क्षेत्रों में झरनें क्षेत्र पर्यवेक्षण के दौरान देखे जा सकते हैं किन्तु कुछ क्षेत्रों में अभिनूतन अवसादों के अन्दर तिरोहित होते है जिन्हें कूप खुदाई या बोरिंग के दौरान प्राप्त किया जा सकता है। झरनें प्रायः उन स्थानों पर पाये जाते हैं जहाँ पर अपरदित सतह पर घर्षित जलभृत ऊपर आ जाते हैं। विवर्तनिक शैल भंगो (Rock Fractures) के सहारे भी झरनें देखे गये हैं। भौमजल रिसाव दो प्रतिरोधी शैलों के सहारे देखे जा सकते हैं। पर्वतीय ढालों या घाटी ढालों के सहारे रिसाव (Seepages) के उदाहरण प्रायः देखे गये है। विन्ध्यन पर्वतमाला में बालुका पत्थर एवं चूना पत्थर के परस्पर मिश्रित संस्तरों के बीच से भौमजल के बहिर्स्राव का नमूना उल्लेखनीय है। चित्रकूट पठारी भाग पर तिरोहन लाइमस्टोन शैल खण्डों के जोड़ों से जल रिसाव के कई उदहारण मिले हैं। जहाँ पर बालू एवं मृत्तिका के निम्न पारगम्यता वाले शैल दृश्यांश उपस्थित होते हैं तथा ढाल धुलन (Slope Wash) के कारण जल धारण करने वाली बालुकामय सतह का अनावरण होता है तो गुरुत्व झरने का निर्माण भौमजल के विसर्जन के रूप में होता है (चित्र संख्या 6.11)।

भौमजल झरने का सतह पर प्रादुर्भाव स्थानीय भू-संरचना, शैलिकी तथा प्रवाह प्रतिरूपों द्वारा सुनिश्चित होता है। निम्नवर्ती कटाव करने वाली प्रवाह प्रणाली जलभृतों के खण्ड को सतह पर लाने का प्रयास करती है जिससे सम्पर्क झरने का निर्माण होता है (चित्र संख्या 6.12)। भौमजल विसर्जन की अवस्थिति अवसादी जमावों के संगठनात्मक परिवर्तनों द्वारा भी निर्धारित होती है। झरनें प्रायः गहरी अवनलिकाओं एवं बीहड़ों के कटाव के सहारे पाये जाते हैं। झरनों से प्रवाहित जल लघु सरिताओं का जन्म देता है। चित्रकूट पठारी भाग पर गुप्त गोदावरी कन्दरा में सीताकुण्ड एवं श्रीरामकुण्ड के पास झरनों के प्रवाहित जल से गुप्त गोदावरी नदी का प्रादुर्भाव

हुआ है जो निचली घाटी में आने पर लुप्त हो जाती है। नदी घाटी ढलानों में अवनलिकाओं एवं बीहड़ों के सहारे उत्पन्न होने वाले झरनें अन्ततः भूस्खलन को बढ़ावा देते हैं। भू-जलीय सर्वेक्षणों से स्पष्ट है कि गुरुत्व एवं उत्स्रुत झरनों (Gravity and Artesian Springs) का निर्माण मैदानी एवं पर्वतीय दोनों क्षेत्रों में होता है। भंगित (Fractured) एवं कार्स्ट जनित भू-भागों पर भौमजल का विसर्जन अपेक्षाकृत अधिक होता है। भौमजल का बहिर्स्राव शैलों के अति संतृप्तावस्था में पहुँच जाने के बाद भी होता है। जब वर्षाकालीन अवधि में अत्यधिक वर्षण जल आपूर्ति से अधःशैल संतृप्त हो जाती है और जलाधिक्य की स्थिति उत्पन्न होती है तो भूमिगत जल धरातलीय सतह पर जल धाराओं (सरिताओं) के साथ प्रवाहित होने लगता है। मानसूनी जलवायु वाले प्रदेशों में अधिकतम वर्षाकाल के बाद इस प्रकार की स्थिति का प्रादुर्भाव होता है।

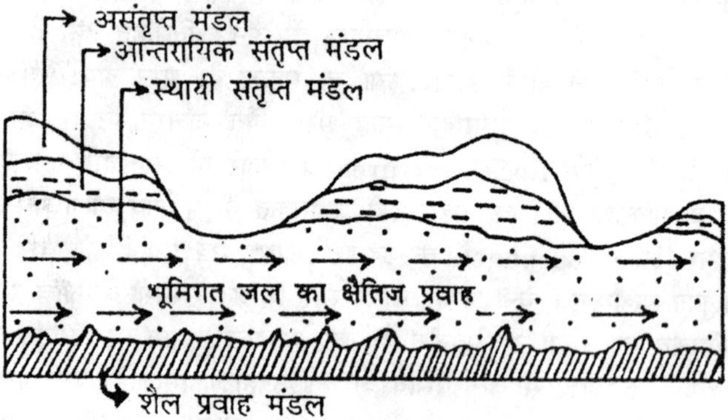

चित्र 6.8. भौम जल का क्षैतिज प्रवाह

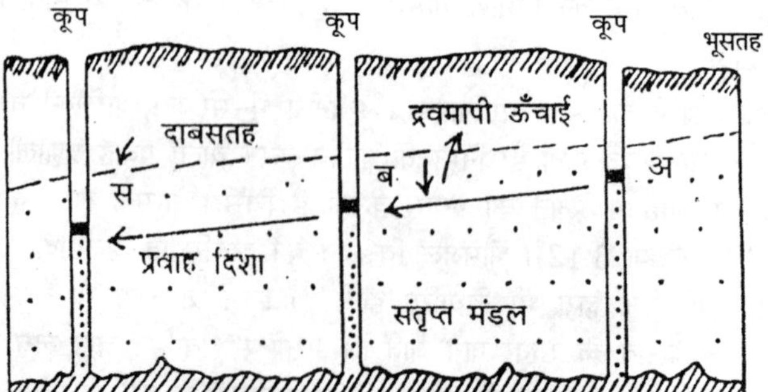

चित्र 6.9. उच्च्य भौम जल तल (अ) से निम्न भौम जल तल (स) की ओर भौम जल प्रवाह

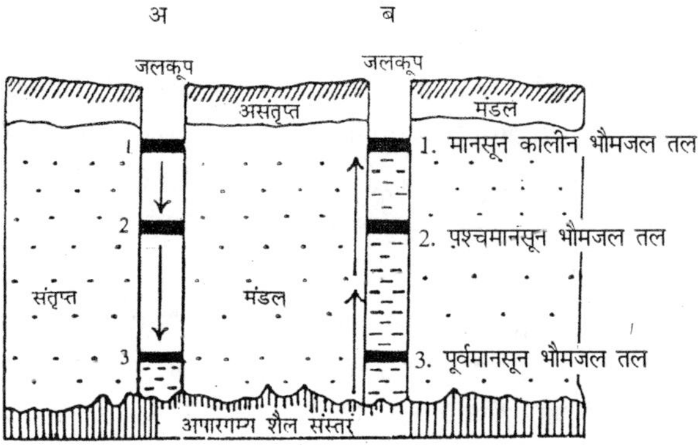

अ. पूर्व मानसून काल में भौमजल का अधोगामी प्रवाह

ब. मानसून काल में भौमजल का उपरिमुखी प्रवाह

चित्र 6.10. भूमिगत जल का लम्बवत् चक्र

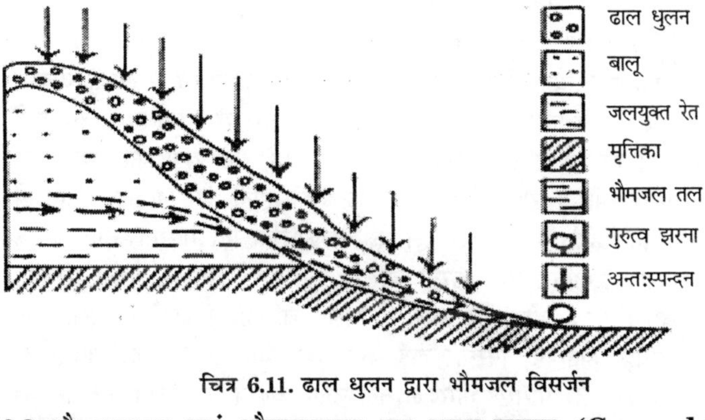

चित्र 6.11. ढाल धुलन द्वारा भौमजल विसर्जन

6.9 भौमजलस्तर एवं भौमजलस्तर का उतार-चढ़ाव (Ground Water Table and Fluctuation of Ground Water Table)

धरातलीय सतह के नीचे कुछ गहराई के बाद शैल रन्ध्र, दरार, छिद्र एवं अवशिष्ट रिक्तियाँ भूमिगत जल से संतृप्त होती है। शैल संतृप्तता की इस ऊपरी सीमा को ही भौमजल तल कहते हैं। इसे संतृप्तता का तल (Level of Saturation) भी कहते हैं। सेलिस सबरी के अनुसार "किसी प्रदेश की अधोभूमि का वह तल जिसके नीचे चट्टानें जल से ओत-प्रोत रहती हैं उस प्रदेश का भूमिगत जल तल कहलाता है। इस भौमजल तल की कोई समतल रेखा नहीं

होती। सामान्यतया जल तल या जल रेखा धरातलीय बनावट का अनुसरण करती है। पहाड़ियों के नीचे भौमजल स्तर मेहराबनुमा उठा रहता है जबकि घाटी प्रदेशों में भौमजल स्तर नीचे झुका रहता है। वस्तुतः भौमजल तल एक सा नहीं होता। स्थान, भूआकारिकी, मौसम एवं जलवायु में परिवर्तन के साथ-साथ भौमजल तल में परिवर्तन अवश्यम्भावी होता है। किसी स्थान पर वर्षण जल की प्रकृति एवं अवधि तथा निवेशित जल की मात्रा के आधार पर भौमजल तल का उतार-चढ़ाव देखा जा सकता है।

वीच, ए.सी. (Veatch, A.C. 1906) के अनुसार, "अपरिरुद्ध जलभृत के भौमजल स्तर का अथवा परिरुद्ध जलभृत की दाब सतह का भौमजल तल जलभृत के वायुमण्डलीय दाब को इंगित करता है। भौमजल दाब में परिवर्तन करनेवाली कोई भी परिघटना भौमजल तल को भी परिवर्तित कर देती है। जलपूर्ति एवं अपनयन/निकासी (Withdrawl) अन्तर से उत्पन्न संचयन (Storage) परिवर्तन तल को समयानुसार परिवर्तित करता रहता है। यह क्रिया कुछ मिनटों से लेकर वर्षों तक चलती रहती है। भौमजल तल में होने वाले परिवर्तन को भौमजल तल का उतार-चढ़ाव भी कहते हैं। जलवायु परिवर्तन के अनुसार भौमजल तल के परिवर्तन की एक चक्रीय अवस्था होती है। भौमजल तल के उतार-चढ़ाव (परिवर्तन) का आंकलन निम्नलिखित रूपों में कर सकते हैं।

(*i*) भौमजल् तल का द्रीर्घकालिक एवं मौसमी परिवर्तन : लम्बी अवधि के दौरान होने वाले परिवर्तनों को दीर्घकालिक एवं मौसम से प्रभावित होकर होने वाले परिवर्तन को मौसमी परिवर्तन कहते हैं। शुष्क एवं आर्द्र वर्षों की एकान्तरित श्रृंखला में जिसमें औसत से कम या अधिक वर्षा होती है, भौमजल तल में दीर्घकालिक परिवर्तन होते हैं। भौमजल तल के दीर्घकालिक एवं मौसमी उतार-चढ़ाव को वर्षा पूर्णरूपेण प्रभावित नहीं करती बल्कि पुनःपूरण (Recharge) परिवर्तन का एक महत्वपूर्ण घटक होता है। अति विकसित बेसिनों में जहाँ निकासी जल पुनःपूरण से अधिक होता है, निरन्तर कई वर्षों तक भौमजल तल की अधोमुखी प्रवृत्ति पाई जा सकती है। मौसमी भौमजल तल उतार-चढ़ाव प्रायः वर्षा एवं सिंचाई से प्राप्त पुनःपूरण तथा पम्पन विसर्जन द्वारा प्रभावित होते हैं। इस प्रकार के परिवर्तन मौसमी चक्रों द्वारा नियन्त्रित होते हैं।

(*ii*) सरिता प्रवाह एवं भौमजल तल परिवर्तन : सरिता प्रवाह या सरिता जल तल में उतार-चढ़ाव से भौम जल तल, भौम जल प्रवाह मात्रा एवं दिशा में बृहत् परिवर्तन उत्पन्न हो सकता है। जहाँ सरिता जलमार्ग अपरिरुद्ध जलभृत से सीधे सम्बन्धित होता है वहाँ सरिता भौमजल को पुनः पूरित अथवा भौमजल का विसर्जन प्राप्त कर सकती है। सरिता प्रवाह में अन्तःप्रवाही धारा (Influent Stream) भौमजल पूर्ति करती है जबकि बहिःप्रवाही धारा भौमजल का विसर्जन प्राप्त करती

है। नदी में बाढ़ आने के समय जलमार्ग के निकट होने वाले अन्तर्वाह के कारण भौमजल तल अस्थायी रूप से ऊपर उठ जाता है। बाढ़ के अवसान के पश्चात् मुक्त संचित जल को तट संचयन (Bank Storage) कहा जाता है। सरिता प्रवाह का वह भाग जो भौमजल विसर्जन से प्राप्त होता है, मूल प्रवाह (Base Flow) कहलाता है। उच्च सतह वाह (Surface run off) के समय सम्पूर्ण प्रवाह का यह नगण्य अंश होता है। जबकि शुष्क मौसम या सूखे की स्थिति में यह सम्पूर्ण प्रवाह हो सकता है। मूल प्रवाह में वृहत् उतार-चढ़ाव नहीं होते। ऐसे उतार-चढ़ाव सतही वाह द्वारा सरिता प्रवाह में अक्सर परिलक्षित होते हैं।

(*iii*) वाष्पन-वाष्पोत्सर्जन भौमजल तल का परिवर्तन : वाष्पन-वाष्पोत्सर्जन द्वारा धरातलीय सतह के निकट भौमजल स्तर वाले अपरिरुद्ध जलभृतों में अधिकतर दैनिक उतार-चढ़ाव पाये जाते हैं। वाष्पन-वाष्पोत्सर्जन द्वारा भौमजल का वायुमण्डल में विसर्जन होता है तथा तापक्रम से सम्बन्धित होने के कारण दोनों का दैनिक परिवर्तन भी समान होता है। जब तक भौमजल स्तर (Water Table) भू-सतह के पास नहीं होता, भौमजल का वाष्पीकरण नगण्य होता है। भू-सतह से एक फुट से कम दूरी पर स्थित भौमजल स्तरों का वाष्पीकरण अपेक्षाकृत उच्च होता है तथा तीन-चार फुट नीचे होने पर नगण्य होता है। वाष्पोत्सर्जन द्वारा भौमजल उतार-चढ़ाव का मान वनस्पति के प्रकार, ऋतु तथा मौसम पर निर्भर करता है। ग्रीष्म काल में प्रचण्ड वायु प्रकोप में अधिकतम जलावतलन पाया जाता है जबकि शीत एवं मेघाच्छन्न अवधि में न्यून परिवर्तन परिलक्षित होता है। ह्वाइट, डब्ल्यू.एन. (White, W.N. 1932) के अनुसार वनस्पति के बढ़ने के साथ उतार-चढ़ाव प्रारम्भ होते हैं तथा नाशक तुषार (Frost) के पश्चात् न्यून हो जाते हैं। वनस्पति विहीन क्षेत्रों में जैसे जुते हुए खेत तथा उन स्थानों में भी जहाँ भौमजल स्तर काफी नीचे चला जाता है, वाष्पोत्सर्जन नहीं होता। उच्च भौमजल स्तर वाले वनस्पति क्षेत्रों में वर्षा के पश्चात् भौमजल स्तर तीव्रता से ऊपर उठता है क्योंकि बढ़ी हुई मृदानमी वाष्पोत्सर्जन भागों को पूरा कर देती है तथा भौमजल विसर्जन को कम कर देती है किन्तु कम वनस्पति वाले सपाट प्रदेशों में न्यून उत्थान पाया जाता है। भौमजल विसर्जन से प्राप्त दैनिक उतार-चढ़ाव का प्रकार वाष्पीकरण, वाष्पोत्सर्जन अथवा दोनों के सामूहिक प्रभाव हेतु समान रहता है। मध्य प्रातः काल में उच्चतम भौमजल स्तर पाया जाता है। वनस्पति युक्त क्षेत्रों में भौमजल पुनःपूरण, भौम स्तर तल का व्युत्क्रमानुपाती होता है। पुनःपूरण दर तथा भौमजल तल वक्र रेखा के ढाल का अन्तर वाष्पोत्सर्जन के समतुल्य होता है।

(*iv*) मौसमी घटनाएं तथा भौमजल तल का उतार-चढ़ाव : मौसमी घटनाएं भौमजल तल में परिवर्तन लाती है। वायुमण्डलीय दाब परिवर्तन का भौमजल स्तर

पर कोई प्रभाव नहीं पड़ता किन्तु परिरुद्ध जलभृत को वेधित करने वाले कूपों पर उसका व्यापक प्रभाव पड़ता है। वायुमण्डलीय दाब बढ़ने से जल तल कम हो जाता है तथा विलोमित क्रिया में भी यही पाया जाता है। वायुमण्डलीय दाब के बढ़ने से कूप का जल सतह गिर जाता है। अपरिरुद्ध जलभृत में वायुमण्डलीय दाब परिवर्तन सीधे भौमजल स्तर तक पारगत (Transmitted) हो जाते हैं। अतः उसके फलस्वरूप जलभृत तथा कूप दोनों में कोई उतार-चढ़ाव नहीं होता है। पारकर, जी.जी. एवं स्ट्रिंग फील्ड, वी.टी. (Parker, G.G. and Stringfield, V. T., 1950) के अनुसार वायु-कूप शीर्षों पर से बहने वाली वायु द्वारा जल सतह के न्यून उतार-चढ़ाव उत्पन्न होते हैं। वर्षा के समय पुनःपूरण के मौसमी परिवर्तनों द्वारा भौमजल तल में वार्षिक उतार-चढ़ाव उत्पन्न होता है।

(*v*) समुद्री भाटों, बाह्य भारों तथा भूकम्पों द्वारा भौमजल तल का उतार-चढ़ाव : समुद्र से जुड़े हुए तटीय जलभृतों के भौमजल तलों में भाटे के कारण ज्यावक्रीय उतार-चढ़ाव उत्पन्न होते हैं। जिस प्रकार वायुमण्डलीय दाब परिवर्तनों द्वारा दाब सतह तल परिवर्तित होती है उसी प्रकार भाटे के उतार-चढ़ाव द्वारा समुद्र तल के अन्दर फैले हुए परिरुद्ध जलभृत में भार परिवर्तन होता है। वायुमण्डलीय दाब के प्रभाव से विपरीत भाटा का उतार-चढ़ाव सीधा होता है अर्थात् समुद्री तल के बढ़ने के साथ भौमजल तल भी बढ़ जाता है। समुद्र से बहुत दूरी पर स्थित परिरुद्ध जलभृतों की दाब सतहों में कम मान के नियमित अर्द्ध दैनिक उतार-चढ़ाव पाये गये हैं। परिरुद्ध जलभृतों के प्रत्यास्थ गुणों के कारण भार परिवर्तन होने पर द्रवस्थैतिक दाब परिवर्तन प्राप्त होता हैं। सर्वोत्तम उदाहरण रेल पटरियों के निकट स्थित कूपों द्वारा प्रदर्शित किये जाते है जहाँ निकलने वाले रेलों के द्वारा दाब सतह में मापन योग्य उतार-चढ़ाव उत्पन्न हो जाते हैं। भूकम्पों के प्रभाव द्वारा भौमजल स्तर में परिवर्तन होते हैं। सामान्यतया बेधित परिरुद्ध जलभृत में स्थित कूपों में भूकम्प द्वारा अल्प उतार-चढ़ाव पाया जाता है।

भारत के विभिन्न क्षेत्रों में भू-जल सर्वेक्षण विभाग द्वारा नलकूपों की खुदाई के दौरान कूपों के अंतर्गत मौसमी परिवर्तन के अनुसार भौमजल तल में उतार-चढ़ाव के उदाहरण मिलते हैं। मई-जून महीने में अत्यधिक तापमान एवं वाष्पीकरण वाष्पोत्सर्जन से भौमजल तल भू-सतह के काफी नीचे मिलता है। इसे पूर्व मानसून भौमजल तल (Pre-monsoon ground water level) की संज्ञा देते हैं। जुलाई-अगस्त में अत्यधिक वर्षण जल से भौमजल तल भू-सतह के काफी नजदीक हो जाता है। इसे मानसूनकालीन भौमजल तल (Monsoon ground water level) कहते हैं। मानसून के पश्चात् पुनः जल तल में गिरावट आती है जिसे पश्च मानसून भौमजल तल कहते हैं। भौमजल तल भू-सतह से अत्यधिक समीप

अगस्त व सितम्बर माह (मानसून काल) में तथा अत्यधिक गहराई में मई-जून महीने (पूर्व मानसून काल) में होता है। मानसून अवधि एवं पूर्व मानसून अवधि में भौमजल तल के अन्तर को भौमजल तल का वार्षिक उतार-चढ़ाव कहा जाता है। भौमजल तल का यह निर्धारण मूलतया मौसमी परिवर्तनों पर आधारित माना जा सकता है (चित्र संख्या 6.13)।

6.10 भौमजल गुण (Ground Water Quality)

जल मानव जीवन के लिए अत्यन्त उपयोगी तत्व है। जलं का अपना एक भौतिक एवं रासायनिक गुण होता है जो विभिन्न पर्यावरणीय दशाओं से प्रभावित होता है। तापमान, पारदर्शिता (Transparency), रंग, गन्ध, स्वाद, घनत्व, गंदलापन, दबाव, चुम्बकीय सुचालकता, रेडियो धर्मिता आदि भौमजल के भौतिक गुण माने गये हैं। भौमजल का तापमान मुख्यतया भूगर्भिक संरचना और संरचनात्मक इकाई की भूगर्भिक उत्पत्ति, भ्वाकृतिक दशाओं एवं पुनःपूरण की स्थितियों पर निर्भर करता है। परमाफ्रास्ट क्षेत्रों में लवणीय भौमजल का तापमान –5°C या इससे भी कम होता है जबकि मध्य अक्षांशों में तापमान 5°C से 15°C के बीच मिलता है। सक्रिय ज्वालामुखी वाले क्षेत्रों में तापमान 100°C तक पाया गया है। आन्तरिक भू-तापीय मण्डल में भौमजल का तापमान 150°C या इससे भी अधिक पाया गया है। समय एवं गहराई के अनुसार भौमजल ताप में परिवर्तन मिलता है। 7°C से 11°C के बीच तापमान वाला भौमजल पीने योग्य एवं स्वादिष्ट होता है। औषधीय उद्देश्यों के लिए भौमजल का तापमान 35°C से 37°C के बीच होना चाहिए।

भौमजल का पारदर्शी होना घुलित खनिज तत्वों पर निर्भर करता है। कार्बनिक तत्व के द्वारा भी पारदर्शिता प्रभावित होती है। पारदर्शिता के आधार पर भौमजल (*i*) स्पष्ट (पारदर्शी), (*ii*) आंशिक मटमैला, (*iii*) मटमैला एवं (*iv*) बहुत मटमैला होता है। प्रायः जल रंगहीन होता है किन्तु कठोर जल नीले रंग के, फेरस साल्ट तथा हाइड्रोजन सल्फाइड के कारण भौमजल हरे-नीले रंग के, कार्बनिक ह्यूमिक घोल के कारण पीले रंग के तथा खनिज तत्वों के मिश्रण से भूरे रंग के होते हैं। जिस जल में कैल्सियम एवं मैगनेशियम बाई-कार्बोनेट अथवा कार्बनिक एसिड का मिश्रण होता है, वे स्वाद में अच्छे लगते हैं। कार्बनिक घोल से जल मीठा हो जाता है। सोडियम क्लोराइड से जल लवणीय तथा मैगनेशियम एवं सोडियम सल्फेट से जल तीखा (खारा) हो जाता है। भौमजल का घनत्व घुलित लवण, गैस आदि के द्वारा निर्धारित होता है। भौमजल का घनत्व 1 से 1.4 g/cm^3 के बीच मिलता है।

भौमजल में पी.एच. मान 1.8 से 11.0 के बीच मिलता है। पेय जल की पी. एच. सीमा 6.5 से 8.5 के बीच उपयुक्त मानी गयी है। भौमजल में प्रायः पी.एच. मान 5 से 8 के बीच मिलता है। अत्यधिक अम्लीय भौमजल में पी.एच. मान 5 से कम, अम्लीय भौमजल में पी.एच. मान 5 से 7, सामान्य श्रेणी के भौमजल में 7,

क्षारीय जल में पी.एच. मान 7 से 9 तथा अत्यधिक क्षारीय भौमजल में पी.एच. मान 9 से अधिक मिलता है। शुष्क अवशिष्ट अत्यधिक स्वच्छ जल में 0.2 ग्रा./लीटर (0.02%), स्वच्छ जल में 0.2-1.0 ग्राम लीटर (0.02-0.1%), आंशिक खारे जल में 1-3 ग्राम/लीटर (0.1-0.3%), अत्यधिक खारे जल (Strongly Brakish water) में 3-10 ग्राम/लीटर (0.3-1.0%), लवणता प्रधान जल (Saline Water) में 10-30 ग्राम/लीटर (1.0-3.5%) तथा समुद्री खारे जल (Brine Water) में 35 ग्राम/लीटर (3.5% से अधिक) से अधिक मिलता है। भौमजल में विभिन्न खनिज तत्व जैसे सोडियम, कैल्सियम, मैग्नेशियम बाई कार्बोनेट, सल्फेट, क्लोराइड एवं सिलिका अधिक मात्रा में पाये जाते हैं। भौमजल अनेक रसायनों का मिश्रण होता है। विभिन्न कीटाणुओं एवं विषैले पदार्थों की उपस्थिति भी भौमजल में देखी जा सकती है। खनिज तत्वों एवं रसायनों के भौमजल में मिश्रण की एक मानक सीमा होती है। मानक सीमा तक उनका पाया जाना उपयुक्त तथा सीमा से ऊपर होने पर भौमजल अनुपयुक्त हो जाता है।

6.11 भौमजल संतुलन (Ground water balance)

भौमजल संतुलन भौमजल पूर्ति एवं भौमजल निकासी द्वारा निर्धारित होता है। जब भौमजल पूर्ति एवं भौमजल निकासी बराबर होती है तो भौमजल संतुलन होता है। इस प्रकार स्पष्ट है कि जब जलापूर्ति (Recharge) की मात्रा में वृद्धि होगी तो भौम जल भण्डार में वृद्धि होगी किन्तु अत्यधिक जल निकासी होने पर भौमजल भण्डारण में कमी आयेगी। भूमिगत जल संतुलन को निम्न समीकरण में प्रदर्शित किया जा सकता है।

$$\Delta S = Qr - Qd$$

जहाँ ΔS = भूमिगत जल भण्डार में परिवर्तन,

Qr = भूमिगत जल पुनःपूरण (जलपूर्ति)

तथा Qd = भूमिगत जल निकासी

6.12 भौमजल स्तर एवं जलस्तर कन्टूर्स (Ground Water Table and Water Table Contours)

कूप, गड्ढों, बोर होल्स (Bore Holes), ड्रिल होल्स (Drill Holes) तथा झरनों में जल स्तर का मापन कर समान जल स्तर (एक निश्चित ऊँचाई/गहराई) वाले बिन्दुओं को मिलाने वाली रेखा को भौमजलस्तर कन्टूर्स कहते हैं। ये रेखाएं धरातल के लिए खींची जानेवाली समोच्च रेखाओं के ही समान होती है। समोच्च रेखाएं धरातल पर समुद्र तल से समान ऊँचाइयों को प्रदर्शित करने वाले स्थानों को दिखाती है जबकि भौमजल स्तर समोच्च रेखाएं भौमजल तल की ऊँचाई की

समानता के आधार पर भू-सतह के नीचे स्थित स्थानों के लिए निर्मित की जाती है। भौमजल स्तर कन्टूर्स के निर्माण के लिए निम्नलिखित आँकड़े की आवश्यकता होती है।

(*i*) प्रवाह दिशा एवं भौमजल प्रवाह का ढाल।

(*ii*) एक निश्चित भू-इकाई क्षेत्र में भौमजल संचयन की गहराई।

(*iii*) जलभृत की मोटाई।

(*iv*) भौमजल भण्डारण की प्रकृति तथा भूआकारिकी से उसका सम्बन्ध।

भौमजल प्रवाह दिशा उच्च भौमजल स्तर कन्टूर्स से निम्न भौम जल स्तर कन्टूर्स की तरह होता है। भौमजल प्रवाह ढाल ज्ञात करने के लिए उच्च जलस्तर कन्टूर्स तथा निम्न जल स्तर कन्टूर्स के ऊँचाई अन्तराल से दोनों कन्टूर्स के बीच की क्षैतिज दूरी को विभाजित करना चाहिए। भौमजल की गहराई सतही समोच्च रेखा तथा भौमजल तल की रेखा की दी गयी ऊँचाई अन्तराल से प्राप्त की जा सकती है। समोच्च जल स्तर रेखा एवं समोच्च तली रेखा (जलभृत तली) के अन्तराल द्वारा जलभृत की मोटाई ज्ञात की जा सकती है। भौमजल स्तर की समान गहराई को प्रदर्शित करने के लिए 'आइसोबाथ्स' (Isobaths) का निर्माण किया जाता है। नगरीय क्षेत्रों तथा औद्योगिक प्रदेशों में भूजलीय अध्ययनों के अंतर्गत समोच्च भौमजल स्तर मानचित्र (Ground Water Table Contour Map) तथा सम गहराई मानचित्र (Depth Contour Map) बनाये जाते हैं। भौमजल स्तर सम रेखाएं उच्च भौमजल स्तर तथा गहराई सम प्रभाव रेखाएं निम्न भौमजल स्तर को प्रदर्शित करती है। भौमजल स्तर कन्टूर्स पर भूआकारिकी, भूगर्भिक संरचना तथा जलवायु के तत्वों का व्यापक प्रभाव देखा जा सकता है। भारत के भूजलीय सर्वेक्षणों में भौमजल स्तर के उपलब्ध आंकड़ों से पूर्व मानसून कालीन, मानसून कालीन एवं पश्च मानसून समोच्च भौमजल स्तर रेखा मानचित्रों का निर्माण किया गया है। अत: स्पष्ट है कि भौमजल स्तर कन्टूर्स मौसमी परिवर्तनों पर आधारित बनाये गये हैं।

6.13 भौमजल की सुलभ प्राप्ति (Safe yield of Ground Water)

भौमजल की सुलभ प्राप्ति किसी भूमिगत जल बेसिन के जल की निकाली गयी वह मात्रा होती है जिसके द्वारा/बेसिन के भूस्वामियों के जलस्रोतों को हानि नहीं पहुँचती तथा अनन्तकाल तक जल बिना किसी दुष्परिणाम के उपलब्ध होता रहता है। जलस्रोत अनन्तकाल तक उपलब्ध होता रहे, इसके लिए भूमिगत जल बेसिन में जल पूर्ति एवं भौमजल विसर्जन में संतुलन का पाया जाना आवश्यक है। जब किसी क्षेत्र में भौमजल की सुलभ प्राप्ति की तुलना में पम्पन क्रिया द्वारा

अधिक भौमजल की निकासी होती है, तो उसे भौमजल का अति अपनयन (Overdraft) कहते हैं।

भौमजल की सुलभ प्राप्तिं का सामान्य अर्थ बिना किसी बाधा या आसानी से प्राप्त होने वाले (बिना हानि के) जल की मात्रा से है। अन्तःस्पन्दन क्रिया द्वारा जितना जल भूमिगत होता है तथा अन्तःस्पन्दित जल की जो मात्रा शैल जलभृतों में संचित होती है उसे विशेष परिस्थितियों में पम्पन क्रिया द्वारा मानव सुलभ प्राप्ति के रूप में प्राप्त कर सकता है। किसी भौमजल बेसिन में पम्पन क्रिया द्वारा एक से अधिक अवांछनीय परिणाम उत्पन्न हो सकते हैं तथा यह भी ज्ञात होता है कि सुलभ प्राप्ति का परिमाण बेसिन में पहुँचने वाले जल परिमाण से कम होता है और सुलभ प्राप्ति पर्यावरणीय दशाओं के अनुसार परिवर्तित होती रहती है। सुलभ प्राप्ति की दशाएं बदल जाने पर भौमजल उपलब्धि में अन्तर स्थापित हो जाता है।

यदि भौमजल को पुनः उत्पाद का प्राकृतिक स्त्रोत माना जाय तब किसी भौमजल बेसिन द्वारा नियमित मात्रा ही वर्ष भर उपलब्ध हो सकेगी। किसी भूमिगत जलाशय से, निर्विघ्न रूप से प्राप्त जल की मात्रा सुलभ प्राप्ति पर निर्भर करती है। भौमजल अति अपनयन द्वारा भौमजल की अनेक समस्याएं उत्पन्न होती है। जबतक भूमिगत जल बेसिन के अति अपनयन को सुलभ प्राप्ति में परिवर्तित नहीं किया जाता तबतक स्थायी पूर्ति अथवा भौमजल स्त्रोतों के समाप्त हो जाने की सम्भावना बनी रहती है।

भौमजल सुलभ प्राप्ति के नियंत्रक घटक

भौमजल बेसिन की सुलभ प्राप्ति निर्धारित करने के लिए अवांछित परिणामों का विश्लेषण आवश्यक है जो सुलभ प्राप्ति में वृद्धि के फलस्वरूप होते हैं। बैंक्स, एच.ओ. (Banks, H.O. 1953) ने भौमजल बेसिन के सुलभ प्राप्ति निर्धारण में सामान्य चार घटकों पर विचार करना आवश्यक माना है जिसमें (*i*) बेसिन को उपलब्ध जल की मात्रा, (*ii*) बेसिन से पम्पन का आर्थिक दृष्टिकोण, (*iii*) भौमजल गुणता तथा (*iv*) बेसिन एवं उसके परिक्षेत्र के जल अधिकार सम्मिलित है। इन घटकों में से यदि कोई भी घटक रूपान्तरित होकर अवांछित प्रभाव उत्पन्न करता है तब अति उपनयन की स्थिति का प्रादुर्भाव होता है। जल संभरण ही सबसे महत्वपूर्ण तकनीक है जो परिमाणात्मक निर्धारण में सर्वाधिक उपयोगी होती है। सुलभ प्राप्ति के नियन्त्रक घटकों का उल्लेख इस प्रकार किया जा सकता है।

(*i*) जल संभरण (बेसिन को उपलब्ध जल की मात्रा) : सुलभ प्राप्ति की जानकारी हेतु यह जानना आवश्यक है कि सुलभ जल प्राप्ति की मात्रा बेसिन

के औसत वार्षिक जल संभरण से कम होती है। सुलभ प्राप्ति से अधिक अपनयन (निकासी) जलभृत संचयन (Aquifer Storage) के द्वारा सम्भव होता है। भौमजल के इस प्रकार के क्षय को भौमजल खनन (Ground water mining) की संज्ञा प्रदान की जाती है क्योंकि यह प्रक्रिया खनन प्रक्रिया से मेल खाती है। अधिकांश भौमजल बेसिनों में भण्डारित जल की मात्रा, वार्षिक पुनःपूरण अथवा विसर्जन से कई गुनी अधिक होती है अतः बिना किसी स्थायी अपघटन के किसी भी वर्ष की भौमजल निकासी उस वर्ष के भौमजल पुनःपूरण से अधिक हो सकती है। किन्तु दीर्घिकालिक अन्वेषणों में जब वर्षा ऋतु एवं ग्रीष्म ऋतु किसी एक ही भू-इकाई क्षेत्र में प्रायः क्रमिक रूप से दृष्टिगोचर होती है और औसत जल संभरण से अधिक भौमजल की निकासी की जाती है तो भौमजल निकासी अति निकासी (अति अपनयन) के रूप में परिवर्तित हो जाती है।

किसी भौमजल बेसिन में जल संभरण की सीमा मुख्यतया दो बातों क्रमशः (*i*) भूमिगत बेसिन के प्राकृतिक आकार तथा (*ii*) पुनः पूरण क्षेत्र से बेसिन अपनयन क्षेत्र में प्रवाहित जल की गति द्वारा निर्धारित होती है। इस प्रकार सुलभ प्राप्ति का निर्धारण या तो परिमाणात्मक आधार अथवा गति की दर पर अवलम्बित होता है। जिस भौमजल बेसिन में दोनों कारक महत्वपूर्ण होते हैं वहाँ कम मान वाले कारक को प्राथमिकता दी जाती है। जिन भौमजल बेसिनों के संभरण एवं विसर्जन के क्षेत्र पास-पास स्थित होते हैं वहाँ पर अपरिरुद्ध जलभृतों के लिए परिमाणात्मक धारणाएं महत्वपूर्ण होती हैं। वे उत्स्रुत जलभृत जिनके भौमजल संभरण एवं विसर्जन क्षेत्र दूर-दूर स्थित होते हैं वहाँ पर जल की गति सम्बन्धी धारणा उल्लेखनीय मानी जाती है।

(*ii*) भौमजल बेसिन से पम्पन का आर्थिक दृष्टिकोण : भौमजल की सुलभ प्राप्ति आर्थिक दृष्टि से भी महत्वपूर्ण होती है। दुर्गम पहाड़ी क्षेत्रों की अपेक्षा मैदानी क्षेत्रों में भौमजल का पम्पन आर्थिक दृष्टि से कम खर्चीला होता है। ऐसी भौमजल बेसिनें जहाँ भौमजल पम्पन खर्चीला हो जाता है वहाँ पर भौमजल की सुलभ प्राप्ति आर्थिक दृष्टिकोण से निश्चित होती है। जहाँ पर कृषि एवं औद्योगिक विकास हेतु भौमजल की प्राप्ति आवश्यक हो किन्तु बहुत खर्चीली हो तो ऐसी अवस्था में वहाँ का कृषि एवं औद्योगिक उत्पाद अधिक मंहगा हो सकता है। भौमजल स्तर नीचे होने पर भी पम्पन खर्च बढ़ जाता है। अतः स्पष्ट है कि भौमजल की सुलभ प्राप्ति आर्थिक परिप्रेक्ष्य में भी आंकी जाती है।

(*iii*) भौमजल गुणता : भौमजल की सुलभ प्राप्ति भौमजल गुणता पर भी आधारित होती है। यदि किसी भौमजल बेसिन से निष्कासित जल निम्न कोटि का हो तो उसकी सुलभ प्राप्ति में वृद्धि की जा सकती है। भौमजल गुणता के अंतर्गत

उसके रासायनिक, भौतिक स्वच्छता, जीवाण्विक तथा जैविक विश्लेषणों को महत्व प्रदान किया जाता है। भौमजल में विद्यमान इन तत्वों के आधार पर उसकी गुणात्मक परख होती है और यह निष्कर्ष निकाला जाता है कि भौमजल का उपयोग किस प्रकार किया जाय। पेयजल मानक, औद्योगिक जल मानक, जल की जीवाण्विक गुणता तथा भौतिक एवं रसायनिक विशेषताओं के आधार पर भौमजल का एक निश्चित मात्रा एवं अवधि तक पम्पन किया जाता है। भौमजल की उपस्थिति एवं पर्यावरणीय दशाओं के प्रभाव से भौमजल की गुणता एवं पम्पन द्वारा उसकी निकासी में अंतर स्थापित हो सकता है। उदाहरण के लिए यदि तटीय जलभृतों से पम्पन द्वारा जल निकासी की जाय तो भौमजल बेसिन में समुद्री जल का अध्यारोपण एवं अतिक्रमण हो सकता है। यदि भौमजल स्तर नीचा हो जाय तो सतहों में पम्पन द्वारा सहजात जल का प्रवेश हो सकता है। सुलभ प्राप्ति की गुणता सीमा जल के न्यूनतम मान्य मानक गुणों पर निर्भर करती है जो पम्पित जल के उपयोग पर आधारित होती है। अत: स्पष्ट है कि जिस उद्देश्य के लिए जल का निष्कासन होता है उसी उद्देश्य के अनुसार बेसिन की सुलभ प्राप्ति पर प्रभाव पड़ता है।

(*iv*) भौमजल बेसिन एवं उसके परिक्षेत्र के जल अधिकार : भौमजल प्राप्ति के लिए कानूनी अधिकार होते हैं। सुलभ जल प्राप्ति का निर्धारण कानूनी विधानों पर सुनिश्चित किया जा सकता है। भविष्य में जल स्रोतों के पूर्ण विकास, सरिता प्रणाली एवं भौमजल बेसिनों की व्यवस्था में अभिवृद्धि तथा उत्तम गुण सम्पन्न भौमजल उत्पादों को बनाये रखने के लिए प्राकृतिक जल की सही जानकारी के साथ ही साथ जल उपयोग सम्बन्धी कानूनी नियंत्रण की जानकारी आवश्यक होती है। संयुक्त राज्य अमेरिका में जल अधिकार हेतु एक नदतटीय (Reperian) सिद्धान्त एवं दूसरा पूर्वस्वायत्तीकरण सिद्धान्त का प्रतिपादन किया गया है। सिद्धान्त क्रमश: स्थान एवं समय पर आधारित है। नदतटीय अधिकार प्राकृतिक जलस्रोत के समीपस्थ भूमि के स्वामित्व पर आधारित है जबकि पूर्व स्वायत्तीकरण अधिकार (Prior appropriative right) सार्वजनिक जल के उपयोग एवं स्वायत्तीकरण पर आधारित है। भूमि स्वामित्व अधिकार का सिद्धान्त इंग्लैण्ड में उन्नीसवीं शताब्दी के पूर्वार्ध में आया जिसे असीमित उपयोग का इंग्लिश नियम कहा गया। इन अधिकारों के अतिरिक्त 1877 में 'मरुभूमि अधिनियम', निर्देशित अधिकार, अपनयन क्षेत्रों में जल अधिकार, पुन:पूरित जल पर कानूनी नियंत्रण तथा भौमजल अनुप्रयोज्य सम्बन्धी सामान्य नियम भी प्रमुख अधिकार माने गये हैं।

यदि किसी क्षेत्र में आर्थिक, गुणात्मक एवं कानूनी समस्या उपस्थित नहीं है तो भौमजल बेसिन में उपलब्ध जल संभरण ही सुलभ प्राप्ति को निर्धारित करता है। जल विज्ञान संतुलन के समीकरण, जिसका उल्लेख आगे किया जा रहा है, के

आधार पर किसी भौमजल बेसिन की सुलभ प्राप्ति अथवा अति अपनयन की वर्तमान स्थिति अथवा उनकी भविष्य की अनुमानित परिस्थितियाँ निर्धारित की जा सकती हैं।

सतही अन्तर्वाह + भूमिगत अन्तर्वाह + अवक्षेपण + आयातित जल + सतही जल भण्डारों में कमी + भौमजल भण्डारों में कमी

सतही अन्तर्वाह + भूमिगत वहिर्वाह + जल उपयोग + निर्यातित जल + सतह जल भण्डारों में वृद्धि + भौमजल भण्डारों में वृद्धि

भौमजल सुलभ प्राप्ति की गणना

सुलभ प्राप्ति वार्षिक रूप से किसी बेसिन से निकाली जा सकने वाली जल की मात्रा है। परिरुद्ध जलभृत में जहाँ सतही जल से कोई सम्बन्ध नहीं होता है वहाँ सुलभ प्राप्ति वार्षिक जल की निकाली हुई कुल मात्रा होती है। अपरिरुद्ध जल भृतों में सुलभ प्राप्ति पम्प विसर्जित वार्षिक भूमिगत जल का यथार्थ व्ययित उपयोग तथा निर्धारित जल का उपयोग है। यह सम्पूर्ण वार्षिक पम्पन में से वापसी प्रवाह की घटाई गयी मात्रा के बराबर होती है। सुलभ प्राप्ति की गणना के लिए अपनयन तथा भौमजल स्तर में परिवर्तन पर आधारित हित की विधि (Hill's Method), सानजाओक्विन घाटी, कैलीफोर्निया हेतु एस.टी. हार्डिंग (S.T. Harding) विधि, भौमजल स्तर के शून्य उतार-चढ़ाव पर आधारित हेली विधि (सान्ताल्कारा घाटी, कैलीफोर्निया), तटीय जलभृतों के पम्पन गर्त पर आधारित टी. आर. सिमस्न विधि, डारसी के नियम पर आधारित विधि तथा आपेक्षिक प्राप्ति तथा औसत वार्षिक भौमजल स्तर उत्थान पर आधारित विधि महत्वपूर्ण मानी जाती है।

भौमजल की सुलभ प्राप्ति में परिवर्तन मिलता है। एक लम्बे समय तक सुलभ प्राप्ति के मान का स्थिर रूप में पाया जाना सम्भव नहीं है क्योंकि उसके नियंत्रक घटक अस्थिर रूप में पाये जाते हैं। बेसिन के किसी एक कारक के परिवर्तन से सुलभ प्राप्ति में परिवर्तन हो सकता है।

भौमजल का अधिकतम विकास तभी सम्भव है जबकि सतही एवं भौमजल भण्डारों का युतिपूर्ण उपयोग किया जाय। भौमजल के वैज्ञानिक उपयोग के लिए जल संरक्षण, लघु सतही जल संचय, सतही जल प्रणाली में कमी, न्यून जल विकास प्रणाली का विकास, बाढ़ नियंत्रण, त्वरित अभियान (विकास सम्बन्धी), विकास कार्यों की सुगमता, वाष्पोत्सर्जन में ह्रास, अन्तर्वाह पर नियंत्रण आदि प्रमुख लाभकारी घटकों की उपस्थिति अनिवार्य है।

कम जलविद्युत का उत्पादन, अत्यधिक शक्ति उपयोग, पम्पन दक्षता में कमी, अधिक खनिज युक्त जल, अधिक जटिल परियोजना संचालन, मूल्यांकन की कठिनाइयाँ, कृत्रिम पुन:पूरण की आवश्यकता, भूमि धसाँव आदि ऐसे हानिकारक

घटक हैं जो भूमिगत जल के युतिपूर्ण उपयोग को प्रभावित करते हैं। उचित युतिपूर्ण विकास के लिए जल संभरण तथा वितरण के विभिन्न घटकों का अनुमान आवश्यक है।

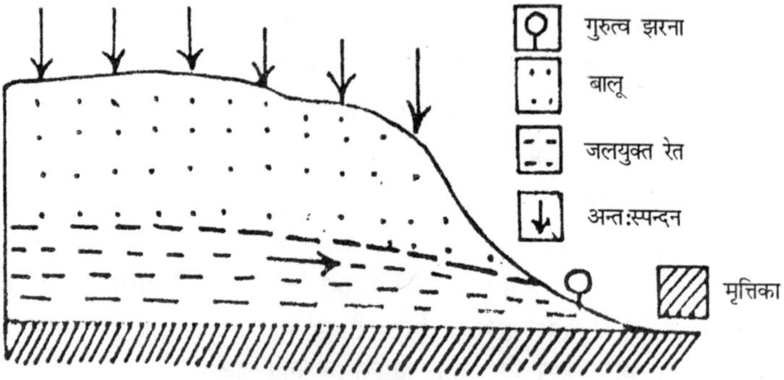

चित्र 6.12. निम्नवर्ती कटाव से झरने का प्रादुर्भाव

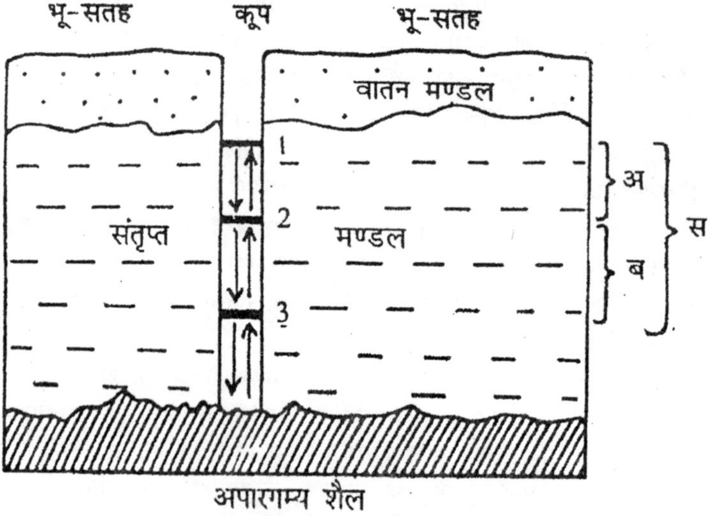

1. मानसून कालीन भौम जल तल (उच्च भौम जल तल)
2. पश्च मानूसन भौम जल तल (सामान्य भौम जल तल)
3. पूर्व मानसून भौम जल तल (निम्न भौम जल तल)
अ-ब- भौम जल तल का मौसमी उतार-चढ़ाव (1-2 या 2-3)
स- भौम जल तल का वार्षिक उतार-चढ़ाव (1-3)

चित्र 6.13. भौम जल का उतार-चढ़ाव

A

सम्भावित प्रश्न

1. भूमिगत जल के प्रमुख स्रोतों एवं प्रभावित करने वाले कारकों की व्याख्या कीजिए।
2. भौमजल की अवस्थिति, संचयन एवं गति पर प्रकाश डालिए (P.U. 1991)
तथा प्रभावित करने वाले भौमिकीय कारकों की व्याख्या कीजिए। (P.U. 1994)
3. भौमजल के वितरण एवं प्रवाह का मूल्यांकन कीजिए।
4. भौमजल स्तर के उतार-चढ़ाव से क्या समझते हैं? इसे प्रभावित करने वाले पर्यावरणीय तत्वों का उल्लेख कीजिए। स्पष्ट कीजिए कि यह मृदा नमी को प्रभावित करता है। (P.U. 1992)
5. भूमिगत जल पुनःपूरण एवं विसर्जन पर एक टिप्पणी लिखिए।
6. भौमजल की सुलभ प्राप्ति कैसे होती है। सुलभ प्राप्ति के नियंत्रक घटकों एवं गणना की विधियों पर प्रकाश डालिए।
7. भौमजल का विकास एवं युतिपूर्ण उपयोग कैसे सम्भव है?
8. भूमिगत जल की उपलब्धि, भण्डारण, गति, पुनरापूर्ति एवं विसर्जन (क्षरण) पर एक निबन्ध लिखिए। (P.U. 1996)
9. भौमजल स्तर पर एक टिप्पणी लिखिए। (P.U. 1996)

अध्याय **7**

अवक्षेपण या वर्षण
(PRECIPITATION)

7.1 अवक्षेपण या वर्षण का अर्थ एवं परिभाषा (Meaning and Definition of Precipitation)

वायुमण्डल से धरातलीय सतह की ओर तरल या ठोस रूप में जल के अवपतन को अवक्षेपण या वर्षण की संज्ञा दी जाती है। वायुमण्डल में वाष्पीकरण या जलवाष्प के संघनन के बाद तरल एवं ठोस रूप में परिवर्तन होने की क्रिया के बाद या दोनों की सम्मिलित अभिक्रिया से अवक्षेपण या वर्षण का आविर्भाव होता है। अवक्षेपण का शाब्दिक अर्थ है जल का नीचे की ओर गिरना। कुहरा, ओस एवं तुषार को अवक्षेपण का अंग नहीं माना जाता किन्तु कुछ विद्वान इस अवधारणा से सहमत नहीं हैं। Dictionary of Geography (Edited by Jackie Smith, 1984) के अनुसार 'जल या बर्फ के कण जो बादलों के अंतर्गत उत्पन्न होते हैं और पृथ्वी तल की ओर गिरते हैं, अवक्षेपण कहलाते हैं। वर्षा, फुहार, हिम वृष्टि, तुषार एवं ओलावृष्टि अवक्षेपण के प्रमुख प्रकार होते हैं। (Precipitation may be defined as the particles of water or ice that form within clouds and fall towards the earth's surface. The main types are rain, drizzle, sleet, snow and hail.)

अवक्षेपण एवं वर्षा (Rainfall) एक दूसरे के समानार्थी शब्द हैं। दोनों शब्दों को एक दूसरे के सम्पूरक के रूप में प्रयोग किया जाता है किन्तु वर्षा के अंतर्गत जल वर्षा (तरल रूप में होने वाली वर्षा) को ही सम्मिलित किया जाता है। अवक्षेपण में फुहार (drizzle), बौछार (shower), वर्षा (rain), हिमकारी वर्षा (Freezing rain or glaze), सहिमवृष्टि (sleet), बर्फ (snow), बर्फ गोली (snow pellet), हिमगोली तथा हिम सूचिका (ice pellet and ice needle) एवं ओला (Hail) को सम्मिलित किया जा सकता है।

7.2 अवक्षेपण के रूप (Forms of Precipitation)

अवक्षेपण के विभिन्न रूपों की विशेषताएं निम्नवत् हैं–

क्र.सं.	अवक्षेपण के रूप	विशेषताएं	जलकणों का व्यास
1.	फुहार (Drizzle)	अति सूक्ष्म, सघन एवं समान आकार की बूँदें	0.5 मिलीमीटर से कम

2.	बौछार (Shower)	अल्प समय में तीव्र एवं बड़ी जल की बूँदें	0.5 मिमी. से अधिक
3.	वर्षा (Rain)	फुहार की अपेक्षा संख्या एवं सघनता कम	0.5 मिमी. से अधिक एवं अधिकतम 6 मिलीमीटर तक
4.	हिमकारी वर्षा (Freezing rain or glaze)	धरातलीय सम्पर्क से आने पर जमना	सामान्य
5.	सहिम वृष्टि (Sleet)	हिम के साथ होने वाली वर्षा	सामान्य
6.	बर्फ (Snow)	हिम के रूप में या हिमपात एवं रवेदार	4 से 5 मिमी.
7.	बर्फ गोली (Snow pellet)	हिम के अपारदर्शी दानों का जमीन पर वर्षण	2 से 5 मिमी.
8.	हिम गोली तथा हिम सूचिका (Ice pellet and ice needle)	बर्फ के रवे गोलाकार, अनियमित या सुई के आकर के हों (हिम गोली)। जब रवे सुइयों की तरह नुकीले हो (हिम सूचिका)	5 मिमी से कम (हिम गोली) 2 मिमी लम्बे (हिम सूचिका)
9.	ओला (Hail)	हिम के बड़े टुकड़ों का गिरना	5 मिमी से अधिक
10.	कुहरे की बूँदें (Fog drip)	कुहरे से जल की बूँदों का गिरना।	सामान्य

7.3 वर्षण की प्रक्रिया (Mechanism of Precipitation)

वर्षण की अनुकूल दशाएं निम्नलिखित हैं–

1. वायु में शीतलन होने की प्रक्रिया (A mechanism to produce cooling of the air) : यह प्रक्रिया कई रूपों में सम्पन्न होती है–

(अ) कम दबाव की तरफ क्षैतिज संचार से उत्पन्न रूद्धोष्म शीतलन (Adiabatic cooling by horizontal motion towards lower pressure)

(ब) विकिरण शीतलन (Radiational cooling)

(स) ठंडे स्थल या सागरीय धरातल के सम्पर्क से उत्पन्न शीतलन (Cooling by contact with a colder land or sea surface)

(द) दो राशियों का मिश्रण (Mixing of two air masses)

(य) धरातल के नजदीक से वायुमण्डल के ऊपरी तल तक उठने वाली वायु के दबाव में कमी (The pressure reduction when air ascends from near surface to upper level in the atmosphere)

उपरोक्त चार विधियों से वर्षा न्यूनतम होती है किन्तु पाँचवी (य) विधि में पर्याप्त वर्षा होती है।

2. संघनन उत्पन्न करने की प्रक्रिया (A mechanism to produce condensation) से वर्षण होता है।

3. पर्याप्त मात्रा में नमी एकत्र करने की प्रक्रिया (A mechanism to produce accumulation of moisture of sufficient amount) से वर्षण होता है। वर्षण हेतु वाष्पीकरण की निरन्तरता आवश्यक है।

4. जल कणों के विकास की प्रक्रिया (A mechanism to produce growth of water droplets) के कारण वर्षा सम्भव होती है। जल कणों में वृद्धि के कारण बादलों द्वारा वर्षा होती है। जल कणों का आकार निम्न कारणों से बढ़ता है–

(अ) जल कणों के आवेश में भिन्नता से (By the difference in changes of droplets)

(ब) जल कणों के आकार में भिन्नता से (By the difference in size of water droplets)

(स) तापमान के साथ संतृप्त वाष्पदाब में भिन्नता से (With the variation of saturation vapour pressure with temperature)

(द) बड़े संघनन केन्द्रक की मौजूदगी (By the presence of large condensation nuclei)

(य) बिजली की चमक से (By Lightning)

(र) बर्जरान फिन्डेसन के बादल अस्थिरता सिद्धान्त के आधार पर (On the basis of the theory of unstable cloud of Bergeron-Findeisen)

7.4 वर्षा के प्रकार (Rainfall Types)

वर्षा तीन प्रकार की होती है (चित्र. 7.1)–

(अ) सम्वाहनीय वर्षा (Convectional Rainfall) : धरातलीय भाग के अधिक गर्म प्रदेश से गर्म हल्की हवाओं की सम्वाहन धाराओं के वायुमण्डलीय क्षेत्रों में प्रवाहित होने से यह वर्षा होती है।

(ब) पर्वतीय वर्षा (Orographic or Relief Rainfall) : जब पर्वतीय ढालों के सहारे वर्षा होती है।

(स) चक्रवातीय वर्षा (Cyclonic Rainfall) : चक्रवातीय वाताग्र के विकसित होने पर गर्म वायु के वाताग्र के सहारे ऊपर उठने से यह वर्षा सम्भव होती है।

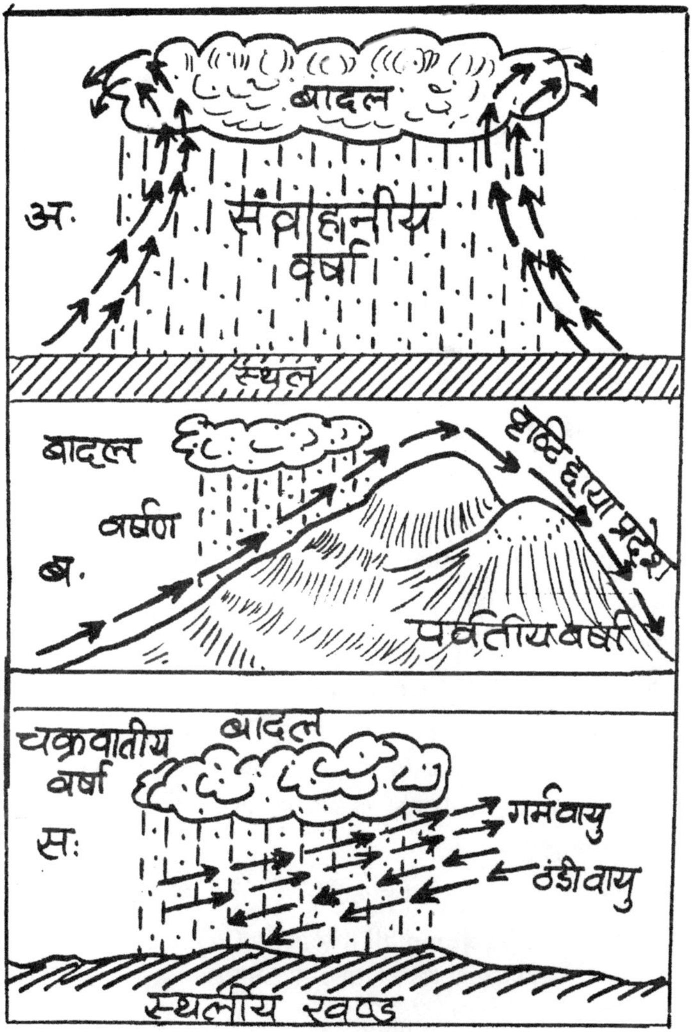

चित्र 7.1. वर्षा के प्रकार

7.5 वर्षा की विशेषताएं

वर्षा का ऑकलन निम्न रूपों में किया जा सकता है–

1. औसत वार्षिक वर्षा (Mean Annual Rainfall)

$$MAR = \frac{TMR}{TM}$$

जहाँ MAR = Mean Annual Rainfall
(औसत वार्षिक वर्षा)

TMR = Total Monthly Rainfall
(कुल मासिक वर्षा का योग)

और

TM = Total Months
वर्षा के कुल महीनों की संख्या

2. वर्षा बदलाव (Rainfall Variability)

वर्षा बदलाव स्थिरांक (Constant variability) को निम्न सूत्र से आंकलित किया जाता है–

$$CV = S/M \times 100$$

जहाँ S = मानक विचलन (Standard Deviation)

और M = औसत वार्षिक वर्षा
(Mean Annual Rainfall)

नोट : वर्षा जितने ही अधिक वर्षों की होगी वर्षा बदलाव उतना ही अधिक सही होगा।

3. वर्षा गहनता (Rainfall Intensity)

वर्षा की मात्रा में वर्षा अवधि से भाग देने के पश्चात् वर्षा गहनता का ऑकलन किया जाता है। लघु अवधि की औसत वर्षा गहनता दीर्घकालिक औसत वर्षा गहनता से अधिक होती है। वर्षा गहनता की गणना निम्न सूत्र के आधार पर की जा सकती है–

$$I = \frac{R}{T + C}$$

जहाँ I = Average Rainfall Intensity C/H
(औसत वर्षा गहनता सेमी. प्रति घण्टा)

T = Period of rainstorms in hours
(वर्षा तूफानों की अवधि घण्टों में)

R = Rainfall coefficient in cm
(वर्षा गुणांक सेमी में)
तथा
C = Constant in hours
(स्थिरांक घण्टों में)

4. वर्षा तूफानों का क्षेत्रीय विस्तार (Areal Extent of Rainstorms)

एक निश्चित समय के अन्तराल पर उपलब्ध सम्पूर्ण वर्षा की मात्रा क्षेत्रीय विस्तार के अनुसार परिवर्तनशील होती है। क्षेत्रीय विस्तार एवं वर्षा की मात्रा में ऋणात्मक सहसम्बन्ध है। क्षेत्रीय विस्तार अधिक होने की दशा में वर्षा की मात्रा कम तथा कम क्षेत्रीय विस्तार होने की स्थिति में अधिक वर्षा की मात्रा का योग बनता है।

5. वर्षा तूफानों की बारम्बारता एवं वर्षा तूफानों की पुनरावृत्ति (Frequency of Rainstorms and Recurrence Period)

किसी निश्चित अवधि की स्थिति में वर्षा की मात्रा एवं वर्षा तूफानों की बारम्बारता में उल्लेखनीय (महत्वपूर्ण) धनात्मक सह सम्बन्ध (Significent Positive Correlation) पाया जाता है। इसके ठीक विपरीत निश्चित वर्षा की मात्रा (Fixed amount of rainfall) की दशा में वर्षा तूफानों की बारम्बारता एवं वर्षा अवधि में ऋणात्मक सहसम्बन्ध प्राप्त होता है। यदि वर्षावधि स्थिर हो तो वर्षा की मात्रा वर्षा तूफानों का अनुपाती होता है जबकि वर्षा की मात्रा के स्थिर होने की दशा में वर्षावधि वर्षा तूफानों के विलोमानुपाती होता है।

6. वार्षिक वर्षा प्रवृत्ति (Annual Precipitation Regime)

भूपटल पर वार्षिक वर्षा की अनेक प्रवृत्तियाँ मिलती है। आर.जी. बेरी (1969) ने वार्षिक वर्षा प्रवृत्तियों को 6 प्रकारों में समायोजित किया है–

(अ) भूमध्य रेखीय प्रवृत्ति (Equatorial Regime) : भूमध्यरेखीय प्रदेश जहाँ वर्ष भर अधिक वर्षा होती है।

(ब) उष्ण कटिबन्धीय प्रवृत्ति (Tropical Regime) : उष्ण कटिबन्धों के साथ मानसूनी क्षेत्र जहाँ गर्मियों में अधिक वर्षा होती है और शुष्क शीत ऋतु मिलती है।

(स) भूमध्य सागरीय प्रवृत्ति (Mediterranean Regime) : जहाँ अधिकतम वर्षा जाड़े में होती है। ग्रीष्म काल शुष्क रहता है।

(द) शीतोष्ण महाद्वीपीय आन्तरिक प्रवृत्ति (Temperate Continental Interior Regime) : सम्वाहन द्वारा वर्षा ग्रीष्म ऋतु में होती है। जाड़े में हिमपात होता है।

(य) शीतोष्ण महासागरीय प्रवृत्ति (Temperate Oceanic Regime): शीतोष्ण पश्चिमी तटों के वे क्षेत्र जहाँ साल भर वर्षा होती है किन्तु अधिकतम वर्षा शीत ऋतु एवं पतझड़ काल में उल्लेखनीय है।

(र) आर्कटिक प्रवृत्ति (Arctic Regime) : पतझड़ काल या ग्रीष्मान्त में अधिकतम वर्षा होती है।

7. दैनिक प्रवृत्ति (Diurnal Regime)

वर्षा की दैनिक प्रवृत्तियां विशेष उल्लेखनीय हैं जैसे विषुवत् रेखीय मण्डल में वर्षा दोपहर बाद, उष्ण कटिबन्धीय सागरीय मण्डल में वर्षा रात्रि में, तथा पश्चिमी प्रशान्त महासागरीय क्षेत्र में (विशेषकर गुआम द्वीप में) वर्षा रात्रि 10 बजे से 1.0 बजे रात्रि तक होती है। सूडान के खार्तूम नगर में कुल वर्षा का तीन चौथाई भाग 6 बजे सायं से 6 बजे प्रातः के बीच प्राप्त होता है।

7.6 वर्षा मापन (Measurement of Precipitation)

वर्षा मापन वर्षामापी यंत्र की सहायता से किया जाता है। इसे इंच, सेमी या मिमी. इकाई में प्रस्तुत किया जाता है। भारत में वर्षा मापन का कार्य चौथी शताब्दी से शुरू हुआ माना जाता है। वर्षामापी मुख्यतया दो प्रकार का होता है–

(1) नान रिकार्डिंग वर्षामापी (Non-recording Rain Gauge)

(2) स्वतः अभिलेखी वर्षामापी (Recording or Automatic Rain Gauge)

स्वतः अभिलेखी वर्षामापी 6 प्रकार के होते हैं–

(अ) बेइंगबकेट वर्षामापी (Weighing Bucket Rain Gauge)

(ब) टिपिंग बकेट वर्षामापी (Tipping Bucket Rain Gauge)

(स) फ्लोट वर्षामापी (Floot Rain Gauge)

(द) वर्षा गहनता वर्षामापी (Rainfall Intensity Rain Gauge)

(य) स्टोरेज वर्षामापी (Storage Rain Gauge)

(र) राडार द्वारा वर्षामापन (Radar Measurement of Rainfall)

औसत वर्षा मापन (Measurement of Average Depth of Precipitation)

औसत वर्षा का मापन तीन विधियों से किया जाता है–

1. एरिथमेटिक औसत विधि (Arithmatic Average Method) : इस विधि में किसी भी क्षेत्र के सभी स्टेशनों की उपलब्ध वर्षा की मात्रा को जोड़कर स्टेशनों की कुल संख्या से भाग देकर औसत वर्षा की मात्रा ज्ञात की जाती है। आंकिक औसत विधि का गुर इस प्रकार है–

$$P = \frac{P_1 + P_2 \ldots\ldots.. + P_n}{n}$$

जहाँ P = औसत वर्षा

$P_1, P_2 \ldots\ldots P_n$ = उपलब्ध स्टेशनों की वर्षा और n = वर्षामापी स्टेशनों की संख्या

2. थिसेन पालिगन विधि (Thiessen Polygon Method) : इस विधि में किसी क्षेत्र के सभी नजदीकी स्टेशनों को त्रिभुजों में मिलाकर उनकी प्रत्येक भुजा पर लम्ब रेखा का निर्माण करते हैं। सभी लम्ब रेखाएं मिलकर पालीगन का रूप धारण कर लेती हैं। सभी पालीगन का क्षेत्रफल ज्ञात करके उसके बीच में पड़ने वाले स्टेशनों की वर्षा की मात्रा से गुणा कर लेते हैं। पुनः इनको जोड़कर सम्पूर्ण क्षेत्रफल से भाग देने पर वर्षा की औसत मात्रा ज्ञात हो जाती है (चित्र 7.2)।

3. आइसोहाइटल विधि (Isohyetal Method) : इस विधि में किसी भी क्षेत्र में समान वर्षा के मान को प्रदर्शित करने वाली रेखाओं का निर्माण किया जाता है (चित्र 7.3)। प्रत्येक दो आइसोहाइटल रेखाओं के क्षेत्रफल में औसत वर्षा वाली रेखा की मात्रा से गुणाकर सबको एक साथ जोड़ दिया जाता है। इस सम्पूर्ण योग में पूरे क्षेत्र के क्षेत्रफल से भाग देकर औसत वर्षा ज्ञात की जाती है।

7.7 वर्षा प्रसार या परिक्षेपण आरेख (Rainfall Dispersion Diagram)

वर्षा के वितरण सम्बन्धी विश्लेषण के लिए यह एक महत्वपूर्ण विधि है। इस आरेख में लम्बवत् अक्ष पर वर्षा तथा क्षैतिज अक्ष पर महीनों का प्रदर्शन किया जाता है। वर्षा परिक्षेपण के लिए सामान्यतः 35 वर्ष अथवा इससे अधिक वर्षों का ऑकड़ा प्रयोग में लाने पर अच्छे परिणाम आते हैं। दिये गये वर्षा आकड़े को न्यूनतम से अधिकतम मान के क्रम में प्रत्येक माह के लिए एक अलग सारणी बनायी जाती है। प्रत्येक माह के लिए अधिकतम प्राप्त वर्षामान के आधार पर एक निश्चित मोटाई का स्तम्भ बना लेते हैं।

फिर प्रत्येक माह हेतु माध्यिका (Median) ऊपरी एवं निचली चतुर्थक (Upper and Lower Quartile) की गणना करते हैं। इस प्रकार प्रत्येक माह के बने स्तम्भ में निम्नतम सीमा से उच्चतम सीमा के मध्य निचली चतुर्थक (Q_1), मध्यमान एवं ऊपरी चतुर्थक (Q_2) के मान के आधार पर स्तम्भ का विभाजन कर वर्षा परिक्षेपण आरेख का निर्माण कर लिया जाता है। वर्षा परिक्षेपण आरेख की रचना सरल होती है तथा किसी स्टेशन का एक ही झलक में वर्षा प्रसार का ऋतुवार वितरण एवं यथार्थ परिवर्तिता ज्ञात हो जाती है।

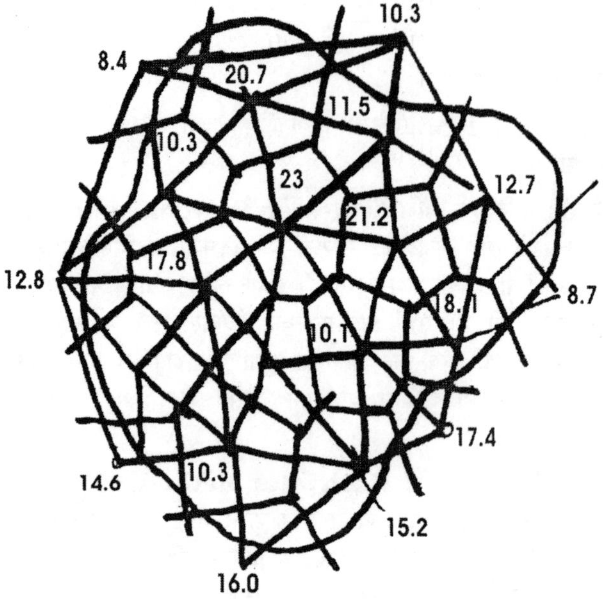

चित्र 7.2. थिसेन पालिगन का रेखांकन

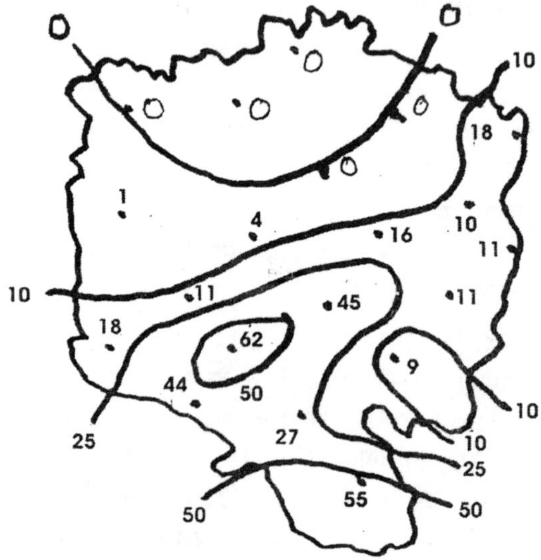

चित्र 7.3. आइसोहाइटल रेखा का रेखांकन

7.8 वर्षा मान समगुणांक रेखाएं (Equipluves)

वर्षा मान समगुणांक रेखाएं वर्षामापी समगुणांक के स्थानों को मिलाने वाली रेखाएं हैं। इनकी गणना निम्न सूत्र से की जाती है–

$$Pc = \frac{t}{T(Dm/N)}$$

यहाँ Pc = वर्षामापी गुणांक

t = किसी माह की कुल वर्षा

T = स्टेशन की वार्षिक वर्षा

Dm = उस माह में दिनों की संख्या

और

N = वर्ष में दिनों की संख्या (365)

7.9 वर्षा अवरोध (Interception)

वर्षा अवरोध की गणना हार्टन द्वारा प्रतिपादित निम्नलिखित फार्मूले के आधार पर की जा सकती है–

$$I = C + V.E.t$$

जहाँ

I = अवरोध हानि

C = वनस्पति की अवरोध क्षमता

V = वनस्पति सतह का क्षेत्रफल तथा इसके प्रक्षेपित क्षेत्रफल का अनुपात

E = वर्षा के समय औसत वाष्पीकरण दर और

t = वर्षा की अवधि

मेरियम (Merriam) ने वर्षा अवरोध गणना सम्बन्धी निम्न सूत्र प्रस्तुत किया है–

$$I = C\,(1 - e^{-P/C}) + V.E.T. \qquad ...(a)$$

$$I = C\,(1 - e^{-P/C}) + KP \qquad ...(b)$$

जहाँ

P = वर्षा की मात्रा

e = सामान्य लाभ का आधार

K = V.E.t/P जो कि माना गया स्थिरांक है।

सम्भावित प्रश्न

1. वर्षण को परिभाषित कीजिए तथा वर्षण के विभिन्न रूपों का वर्णन कीजिए।
2. वर्षण प्रक्रिया एवं प्रकार पर निबन्ध लिखिए।
3. वर्षा की प्रवृत्तियों का सकारण उल्लेख कीजिए।
4. वर्षा मापन की विधियों को समझाइए।
5. वर्षा प्रसार आरेख के महत्व को स्पष्ट कीजिए।

अध्याय
8

अन्त:स्पन्दन/अन्त:स्यन्दन
(INFILTRATION)

8.1 अन्तःस्पन्दन का अर्थ एवं परिभाषा (Meaning and Definition of Infiltration)

वर्षा जल का पृथ्वीतल के रन्ध्रों, छिद्रों एवं दरारों से होकर मिट्टी में पहुँचने की क्रिया ही अन्तःस्पन्दन या अन्तःस्यन्दन कहलाता है। अन्तःस्पन्दन या अन्तःस्यन्दन का शाब्दिक अर्थ जल का धरातलीय सतह से नीचे की ओर निवेशन है।

हार्टन ने अन्तःस्पन्दन को मिट्टी द्वारा जल को सोखने की प्रक्रिया के रूप में निर्धारित किया है। अतः स्पष्ट है कि अन्तःस्पन्दन धरातलीय शैल गुण पर निर्भर करता है। मिट्टी में रन्ध्रों एवं छिद्रों की स्थिति के आधार पर ही अन्तःस्यन्दन की प्रक्रिया सुनिश्चित होती है। छलनी युक्त मृदा/शैल सतह से अन्तर्निवेशन का कार्य अधिक होता है। वर्षा का जो भी जल अन्तःस्यन्दन द्वारा मृदा को प्राप्त होता है उस जल की कुछ मात्रा गुरूत्व के प्रभाव में आकर भौम जल स्तर (ground water table) तक पहुँच जाती है जिससे भौम जल की मात्रा में वृद्धि होती है। वर्षा जल के मृदा स्तर से भौम जल तल तक पहुँचने की क्रिया को रिसाव (percolation) का नाम दिया जाता है। अन्तःस्पन्दित जल गुरूत्व के प्रभाव से नीचे की ओर एवं तर भाग से शुष्क भाग की ओर कैपिलरी चलन के नियमानुसार प्रवाहित होता है।

विभिन्न विद्वानों ने अन्तःस्पन्दन को इस प्रकार परिभाषित किया है–

1. प्रसाद जी. (Prasad, G. 1991, P. 262 Ph.D. Thesis) के अनुसार : जल के मृदा में प्रवेश करने की क्रिया को ही सामान्यतः अन्तःस्पन्दन के रूप में परिभाषित किया जा सकता है।

(Infiltration may be simply defined as the process of water entering the soil. It is not similar to the hydraulic conductivity of soil which affects the rate of infiltration but it may be expressed as the flux of water across the soil surface.)

2. Dictionary of Geography (Edited by Jackie Smith, 1984) के अनुसार : मिट्टी में जल का रिसाव ही अन्तःस्यन्दन है। (The seepage of water into the soil is known as infiltration.)

3. जे. रूबिन (J. Rubin, 1966: Theory of Rainfall uptake by soils initially drier than their field capacity and its application, pp. 739-794) के अनुसार : रूबिन ने वर्षा जल के अन्तः स्पन्दन की पहचान सापेक्ष वर्षण सघनता के आधार पर की। उनका मानना था कि मृदा से जल के अन्तःस्पन्दन की दर समय के अनुसार भिन्न-भिन्न होती है।

4. ए. क्लोब्स एवं पी. कम्फर्ट (Clowes, A. and Comfort P., Process and Landform, Conceptual Frameworks in Geography 1982) के अनुसार : क्लोब्स एवं कम्फर्ट के अनुसार जल वर्षण के समय मृदा के शुष्क होने की स्थिति में जल का अन्तः निवेशन अति तीव्र हो सकता है। क्ले एवं सिल्ट शैलों में छोटे रिक्त स्थान अन्तः स्पन्दन की दर को कम कर सकते हैं। बालुका पत्थर एवं ग्रावेल में विस्तृत खुले स्थान होने के कारण अन्तः स्यन्दन की दर अधिक होती है।

8.2 अन्तःस्पन्दन की प्रक्रिया (Process of Infiltration) : मिट्टी में क्षैतिज रूप में विस्तृत एवं नीचे की ओर लटके हुए तमाम वृहद् रन्ध्र/छिद्र (Macropores) होते हैं। जिनको गैरकैपिलरी चैनल (Non-capillary channel) कहा जाता है। रन्ध्र एवं छिद्र प्रायः संकुचित एवं सिकुड़े हुए पाये जाते हैं। अन्तःस्पन्दन से प्राप्त जल गुरुत्व प्रभाव से न्यून प्रतिरोध रेखा (Lines of least resistance) के सहारे नीचे की ओर प्रवाहित होता है। वायु की अपेक्षा जल को आकर्षित करने के गुण धर्म वाले लघु छिद्र स्थान मिट्टी में विद्यमान होते हैं जो बृहद छिद्रों से अलग होते हैं। इन लघु छिद्रों से जल का अधोगामी संचरण होता है। मिट्टी में विद्यमान इन लघु छिद्रों को लघु कैपिलरी छिद्र स्थान (Small capillary pore space) की संज्ञा देते हैं। कैपिलरी बल सर्वदिश सक्रिय एवं क्रियाशील होता है। कुछ विशेष सन्दर्भों में कभी-कभी यह गुरुत्व बल से अधिक हो जाता है। कैपिलरी चलन नियम के अनुरूप कैपिलरी जल सदैव नम मेखला (wet zone) से शुष्क मेखला (dry zone) की ओर प्रवाहित होता है। मिट्टी के शुष्क होने की दशा में धरातलीय परतों से संचित जल का अन्तःस्पन्दन शुरू होता है। अन्तःस्यन्दन केवल वृहद् छिद्रों से ही नहीं शुरू होता वरन् कैपिलरी क्रिया से प्रभावित होकर सम्पूर्ण प्रभावित क्षेत्र में सक्रिय होता है। जैसे-जैसे मिट्टी में आर्द्रता (गीलापन) की मात्रा बढ़ती जाती है वैसे-वैसे कैपिलरी क्षमता घटती जाती है और धरातलीय कैपिलरी चलन की मात्रा भी कम हो जाती है। यह क्रिया अन्तःस्पन्दन की दर को भी कम कर देती है। धरातलीय परतों द्वारा कैपिलरी धारिता (capillary intake) के कम होने की दशा में गुरुत्व चैनेल के माध्यम से जल का प्रवाह नीचे की तरफ निरन्तर बना रहता है। गुरुत्व चैनेल मुख्य जल आपूर्ति तथा कैपिलरी छिद्र स्थानीय जल आपूर्ति के कारक के रूप में कार्य करते है। कैपिलरी छिद्रों के भरते जाने से

क्रमश: अन्त:स्पन्दन की दर भी कम होती जाती हैं। यह दशा उस समय तक निरन्तर विद्यमान रहती है जबतक कि अन्त:स्पन्दन दर रिसाव दर (percolation rate) के बराबर नहीं हो जाता। अन्त:स्पन्दन के बन्द हो जाने के वावजूद भी कैपिलरी क्रिया गैर कैपिलरी चैनल में पड़े गुरुत्व जल को आकर्षित करती रहती है। यह क्रिया तबतक जारी रहती है जब तक कि गुरुत्व जल भण्डार समाप्त न हो जाय।

8.3 अन्त:स्पन्दन क्षमता (Infiltration Capacity)

मिट्टी द्वारा वर्षा के जल को अन्त:स्पन्दित करने की योग्यता को मिट्टी की अन्त:स्पन्दन क्षमता कहते हैं। हार्टन ने अन्त:स्पन्दन क्षमता को वर्षा के जल को मिट्टी द्वारा सोखने की अधिकतम दर के रूप में स्वीकार किया है। (Infiltration capacity is thought as the maximum rate at which rain can be absorbed by a soil in a given condition.)

अन्त:स्पन्दन क्षमता का मापन मिलीमीटर प्रति घन्टे में किया जाता है। एक बार यदि अन्त:स्पन्दन क्षमता में वृद्धि हो जाती है तां मृदा अतिशीघ्रता से संपृक्त (saturated) हो जाती है और धरातलीय प्रवाह जारी हो जाता है (Once this is exceeded the soil quickly becomes saturated and overland flow takes place.)। किसी स्थान की अन्त:स्पन्दन क्षमता वहाँ की वर्षण गहनता, वर्षण अवधि, वर्षण जल के आकार, मृदा की विशेषताओं यथा गठन, संरचना, गहराई, प्रकृति, मृत्तिका एवं खनिजों के मृदा में समावेश, वनस्पति और भूमि उपयोग द्वारा प्रभावित होती है। इस प्रकार स्पष्ट है कि धरातलीय जल प्रवाह, मिट्टी में जल धारण करने की क्षमता एवं मात्रा, भौमजल संचयन एवं प्रवाह, वाष्पीकरण एवं वाष्पीकरण द्वारा वायुमण्डल में गैसीय जल का भण्डारण अन्त:स्पन्दन क्षमता से ही निर्धारित होता है। वर्षण के प्रारम्भ होने की दशा में अन्त:स्पन्दन क्षमता अधिक पायी जाती है जबकि वर्षा के जारी रहने पर बाद में यह क्षमता घटती जाती है। जब कभी वर्षण दर अन्त:स्पन्दन क्षमता से अधिक होती है तो मृदा में वर्षण जल पूरी क्षमता दर से प्रविष्ट करता है। जब कभी वर्षा गहनता अन्त:स्पन्दन क्षमता से कम होतीं है तो अन्त:स्पन्दन दर वर्षण दर के लगभग बराबर हो जाता है। इस प्रकार वास्तविक अन्त:स्पन्दन दर अन्त:स्पन्दन क्षमता के बराबर होता है अथवा कम हो सकता है। एक निश्चित समय में जिस निश्चित दर से जल मृदा में प्रवेश करता है उसे ही अन्त:स्पन्दन दर (Rate of Infiltration) कहते हैं।

8.4 अन्त:स्पन्दन की विशेषताएं एवं महत्व (Characteristics and Importance of Infiltration)

अन्त:स्पन्दन की विशेषताएं एवं व्यावहारिक महत्व का ऑकलन इस प्रकार प्रस्तुत किया जा सकता है–

1. अन्तःस्फन्दन की क्रिया जलीय चक्र को विविध प्रकार से प्रभावित करती है।
2. अन्तःस्पन्दन की क्षमता द्वारा धरातलीय जल अपवाह की मात्रा सीधे प्रभावित एवं नियन्त्रित होती है। उदाहरण के लिए– वर्षण जल के अत्यधिक अन्तः स्पन्दित होने की स्थिति में जल अपवाह की मात्रा कम होती है जबकि कम अन्तःस्पन्दन होने पर धरातलीय जल अपवाह अधिक हो जाता है।
3. मृदा आर्द्रता और भौमजल संचयन अन्तःस्यन्दन से घटता बढ़ता है। दोनों में परस्पर धनात्मक सहसम्बन्ध है।
4. अन्तःस्पन्दन की दर वानस्पतिक वाष्पोत्सर्जन एवं सीधे धरातलीय जल द्वारा होने वाले वाष्पीकरण की मात्रा को प्रभावित करता है।
5. भौम जल की उपस्थिति अन्तःस्पन्दन क्रिया द्वारा ही सम्भाव्य है।
6. अन्तःस्पन्दन बाढ़ समस्या एवं मृदा अपरदन को कम करता है।
7. विशेषकर शुष्क मौसम में अन्तःस्पन्दन द्वारा संचयित उपधरातलीय जल से नदी में जल प्रवाह सम्भावित होता है।
8. सभी प्रकार की वनस्पतियाँ अन्तःस्पन्दित जल का प्रयोग करती है।
9. अन्तःस्पन्दन भौम जल का भविष्य निर्धारित करता है तथा उसकी मात्रा में वृद्धि करता है।

8.5 अन्तःस्पन्दन को प्रभावित करने वाले कारक (Factors Affecting Infiltration)

अन्तःस्पन्दन क्षेत्रीय दशाओं एवं मौसमी परिवर्तनों पर निर्भर करता है। कुछ ऐसे भी कारक हैं जो अन्तःस्पन्दन के प्रत्येक पहलू को प्रभावित करते हैं। प्रभावकारी कारकों का उल्लेख इस प्रकार किया जा सकता है–

1. वर्षा की विशेषता (Rainfall Characteristics) : वर्षा की अवधि एवं वर्षा की गहनता अन्तःस्पन्दन को प्रभावित करती है। वर्षा एवं अन्तःस्पन्दन के सम्बन्धों को इस प्रकार व्यक्त कर सकते हैं–

दशाएं		अन्तःस्पन्दन की प्रकृति
• वर्षण प्रारम्भ पर	→	अधिक अन्तःस्पन्दन
• वर्षण मध्यावधि में	→	घटता हुआ अन्तःस्पन्दन
• ठोस मृदा आवरण	→	कम अन्तःस्पन्दन
• वर्षा गहनता के अन्तःस्पन्दन की क्षमता से कम होने पर	→	सक्रिय अन्तःस्पन्दन

- वर्षा गहनता के अन्त:स्पन्दन से अधिक होने पर → अधिकतम जल का धरातलीय प्रवाह

2. मृदा सतह की दशायें (Soil Surface Conditions) : मृदा सतह की स्थिति के आधार पर अन्त:स्पन्दन निम्न रूपों में प्रभावित होता है–

दशाएं	**अन्त:स्पन्दन की प्रकृति**
• धरातल पर वनस्पति या फसलों का अभाव	→ निम्न अन्त:स्पन्दन दर
• कृषि करण	→ घटती बढ़ती दर
• सीढ़ीदार एवं कन्टूर कृषि	→ अत्यधिक अन्त:स्पन्दन
• शुष्क मृदा स्वरूप	→ अधिक अन्त:स्पन्दन
• धरातलीय जल भण्डार की गहराई	→ अधिक अन्त:स्पन्दन
• तीव्र धूप जनित दरार	→ अधिक अन्त:स्पन्दन
• तीव्र ढाल	→ अधिक अन्त:स्पन्दन
• सपाट मृदा सतह	→ कम अन्त:स्पन्दन

3. धरातलीय आच्छादन दशाएं (Surface Cover Conditions) : धरातलीय सतह पर वनस्पतियों एवं अन्य तत्वों द्वारा संरक्षण अन्त:स्पन्दन को प्रभावित करता है जिसका विवरण निम्नवत् है–

दशाएं	**अन्त:स्पन्दन की प्रकृति**
• वनस्पति युक्त सतह	→ तीव्र अन्त:स्पन्दन
• नंगी भूमि	→ निम्न अन्त:स्पन्दन
• घास वाले क्षेत्रों की अपेक्षा जंगली क्षेत्रों में	→ अधिक अन्त:स्पन्दन
• कूड़ा करकट संरक्षित सतह	→ अधिक अन्त:स्पन्दन
• कृषिगत क्षेत्र	→ मध्यम अन्त:स्पन्दन
• नगरीय क्षेत्र	→ सबसे कम अन्त:स्पन्दन
• बर्फ जमाव के पूर्व संतृप्त मृदा सतह	→ अन्त:स्पन्दन शून्य
• सड़क एवं रास्ते	→ अति निम्न अन्त:स्पन्दन

4. मृदा विशेषताएं (Soil Characteristics) : मृदा गठन, संरचना, तहें और मृदा में विद्यमान जीवांश अन्त:स्पन्दन को प्रभावित करते हैं। रन्ध्र युक्त एवं पारगम्य मृदा में अन्त:स्पन्दन अधिक होता है जबकि कठोर, रन्ध्र विहीन एवं अपारगम्य मृदा स्वरूप निम्न अन्त:स्पन्दन के कारक हैं।

5. मृदा पिण्ड की दशा (Condition of the Soil Mass) : जब मृदा में जल की मात्रा अधिक होती है तो अन्त:स्पन्दन कम होता है। मृदा में जल की उपस्थिति से मृदा संपृक्तावस्था को प्राप्त होती है। अत: संपृक्त मृदा (Saturated soil) में अन्त:स्पन्दन सीमित हो जाता है।

6. अन्तःस्पन्दित जल की विशेषताएं (Characteristics of the Infiltrating Water) : प्रवाहित जल में महीन मृत्तिका एवं सिल्ट कण की उपस्थिति से रन्ध्रों के बन्द हो जाने पर अन्तःस्पन्दन कम हो जाता है। जब अन्तःस्पन्दित जल नमक या क्षारीय तत्वों से प्रभावित होता है तो उसकी लसलसाहट प्रभावित होती है और अन्तःस्पन्दन कम हो जाता है।

7. मौसमी दशाएं (Weather Conditions) : मौसमी दशाएं अन्तःस्पन्दन को इस प्रकार प्रभावित करती है–

दशाएं	अन्तःस्पन्दन की प्रकृति
• गर्म मौसम	→ अन्तःस्पन्दन तीव्र दर से
• सर्द मौसम	→ निम्न अन्तःस्पन्दन
• अत्यधिक तापमान एवं कम लसलसाहट पर	→ तीव्र अन्तःस्पन्दन
• जाड़े में कम ताप एवं अधिक लसलसाहट (Viscosity)	→ कम अन्तःस्पन्दन

8. मानव एवं जानवरों द्वारा मृदा का ठोस होना (Compaction of Soil by People and Cattles) : मानव एवं जानवरों द्वारा मृदा पर पड़ने वाले प्रभावों द्वारा अन्तःस्पन्दन की दर निम्न रूपों में मिलती है–

दशाएं	अन्तःस्पन्दन की प्रकृति
• अधिक मानव एवं पशु अधिभारित ठोस भूमि	→ न्यून अन्तःस्पन्दन दर

9. अन्य कारक (Other Factors) : मृदा में रन्ध्रों के सहारे संचित वायु अन्तःस्पन्दन को प्रभावित करती है। वायु की स्थिति में अन्तःस्पन्दन कम होता है।

8.6 अन्तःस्पन्दन का मापन (Measurement of Infiltration)

अन्तःस्पन्दन को नापने के लिए दो विधियों का प्रयोग किया जाता है–

1. हाइड्रोग्राफ विश्लेषण विधि (Hydrograph Analysis Method): यह विधि इनफिल्ट्रोमीटर विधि से अच्छी है। इस विधि द्वारा जल अपवाह की सहायता से अन्तःस्पन्दन वक्र खींचा जाता है और पुनः अन्तःस्पन्दन की गणना की जाती है।

2. इनफिल्ट्रोमीटर विधि (Infiltrometers Method) : यह एक यंत्र होता है। इसका उपयोग बड़े जलीय मात्रा के अन्दर स्थित छोटे क्षेत्रों के लिए किया जाता है। यह दो प्रकार का होता है–

(अ) रेनफाल सिमुलेटर टाइप (Rainfall Simulator Type)

(ब) फ्लडिंग टाइप (Flooding Type)

प्रथम प्रकार के यंत्र में जल इस प्रकार से प्रयुक्त होता है कि उसकी दर प्राकृतिक वर्षा की दर से समान हो। दूसरे प्रकार की विधि में जल घिरे क्षेत्र के ऊपर पतले चादर से प्रवाहित किया जाता है। रेनफाल सिमुलेटर में प्रयुक्त जल की बूंदों को वर्षा की बूंदों के आकार में ही रखा जाता है जबकि फ्लडिंग प्रकार में जल के उद्गम एवं जल की गहराई पर विशेष ध्यान दिया जाता है। ये यंत्र उन्हीं स्थानों पर प्रयुक्त किये जाते हैं जहाँ पर मिट्टी की बनावट में कम से कम परेशानी आती है।

8.7 अन्तःस्पन्दन सूचकांक (Infiltration Indices)

अन्तःस्पन्दन सूचकांक की गणना दो रूपों में की जाती है–

1. फाई सूचकांक (ϕ Index) : फाई सूचकांक को वर्षा के उस दर के रूप में प्रदर्शित करते हैं जिसके ऊपर वर्षा आयतन अपवाह आयतन के बराबर हो।

$$\text{फाई सूचकांक } (\phi \text{ Index}) = \frac{\text{बेसिन रिचार्ज}}{\text{वर्षा अवधि}}$$

2. डब्ल्यू सूचकांक (W-Index) : यह फाई सूचकांक का परिष्कृत रूप है। इसकी गणना करते समय कुल ह्रास में से अन्तरावरोधन एवं गर्त संचयन ह्रास को निकाल देते हैं। इस प्रकार डब्ल्यू सूचकांक उस अवधि की अन्तःस्पन्दन दर है जबकि वर्षा दर अन्तःस्पन्दन क्षमता दर से अधिक होता है। डब्ल्यू सूचकांक की गणना इस प्रकार करते हैं–

$$\text{डब्ल्यू सूचकांक (W-Index)} = \frac{F}{t}$$

जहाँ F = कुल अन्तःस्पन्दन

t = समयावधि जब अन्तःस्पन्दन क्षमता दर वर्षा दर से अधिक हो।

इसे निम्न सूत्र से भी आँकलित करते हैं–

$$\text{डब्ल्यू सूचकांक} = \frac{P.Q.S}{t}$$

जहाँ P = कुल वर्षण मात्रा

Q = अपवाह मात्रा

S = गर्त संचयन एवं वर्षावरोध मात्रा

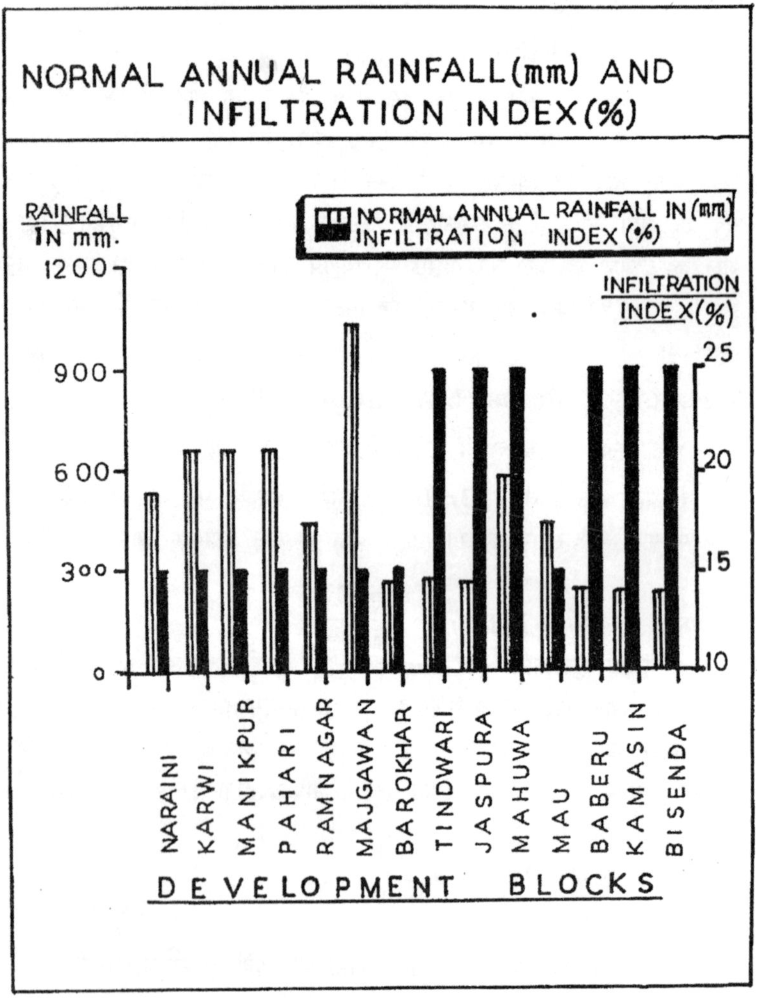

चित्र 8.1.

तालिका संख्या 8.1
वर्षण एवं अन्तःस्पन्दन सूचकांक

क्र.सं.	विकास खण्ड के नाम	औसत वार्षिक वर्षा (मिमी में)	वर्षण पुनर्पूरण मानसून वर्षण के % के रूप में	अन्तःस्पन्दन दर (%) में
1.	नरैनी	997.70	16.98	15
2.	कर्बी	1017.70	11.96	15
3.	मानिकपुर	1017.70	12.92	15
4.	पहाड़ी	1017.70	11.23	15
5.	रामनगर	947.10	38.99	15
6.	मझगवां	1145.0	11.85	15
7.	बरोखर	887.10	34.25	15
8.	टिन्दवाड़ी	887.10	33.91	25
9.	जसपुरा	887.10	20.65	25
10.	महुआ	997.70	32.10	25
11.	मऊ	947.10	16.50	15
12.	बबेरू	881.20	11.41	25
13.	कमासिन	881.20	36.69	25
14.	बिसेन्डा	881.20	30.78	25
	औसत	956.60	22.87	19.29

(Prasad, G. Ph.D. Thesis, 1986)

नोटः जो विकास खण्ड पठारी भागों में स्थित है वहाँ अन्तःस्पन्दन की दर कम है। मझगवां विकास खण्ड सतना म.प्र. में स्थित है शेष 13 विकास खण्ड बांदा जनपद उ.प्र. में स्थित हैं।

सम्भावित प्रश्न

1. अन्तःस्पन्दन को परिभाषित कीजिए तथा उसकी प्रक्रियाओं का उल्लेख कीजिए।
2. अन्तःस्पन्दन को प्रभावित करने वाले कारकों की व्याख्या कीजिए।
3. अन्तःस्पन्दन के व्यावहारिक उपयोग का मूल्यांकन कीजिए।
4. अन्तःस्पन्दन के मापन तकनीक को समझाइए।
5. अन्तःस्पन्दन सूचकांक का वर्णन कीजिए।

अध्याय
9

अपवाह

(RUN OFF)

9.1 अपवाह का अर्थ एवं परिभाषा (Meaning and Definition of Run off)

वर्षा एवं किसी अन्य प्रवाह द्वारा प्रदत्त जल प्रवाह जो धरातलीय नदियों में प्रवाहित होता है, अपवाह के नाम से जाना जाता है। किसी भी सरिता (चाहे वह अत्यन्त छोटी हो अथवा गंगा, यमुना, आमेजन, कांगो एवं नील जैसी बड़ी हो) में गुरुत्व द्वारा प्रवाहित जल ही अपवाह कहलायेगा, इसे मुख्य रूप में सरिता अपवाह (River Run off) की संज्ञा दी जायेगी। इस प्रकार जल का ढाल के अनुरूप प्रवाह ही अपवाह है। जल की मात्रा, निरन्तर जल की आवृत्ति एवं जलाधिग्रहण क्षेत्र के आधार पर अपवाह को एक नाम दिया जाता है।

जैकी स्मिथ (Jackie Smith, 1984) ने Dictionary of Geography में स्पष्ट किया है कि "पेड़-पौधे द्वारा वाष्पीकरण एवं वाष्पोत्सर्जन से मुक्त (बचा हुआ) वर्षण जल का अंश अथवा हिम से पिघलित जल जो नदियों के रूप में प्रवाहित होता है, अपवाह कहलाता है।"

> "Run off means the portion of rain water or meltwater from snow that drains into river as opposed to evaporating or being lost through transpiration by plants."

सिंह, एम.बी. के अनुसार "अपवाह को वर्षण के एक अंग के रूप में परिभाषित किया जा सकता है जो नदियों अथवा समुद्र की ओर अपना प्रवाह मार्ग सुनिश्चित करता है। धरातलीय एवं उपधरातलीय प्रवाह को भी इसमें सम्मिलित किया जाता है। कुछ विशेष स्थितियों में भौम जल प्रवाह को अपवाह का एक अंग माना जाता है किन्तु सामान्यत: वह नगण्य होता है। (Run off can be defined as the portion of precipitation that makes its way towards rivers or oceans. The surface and sub-surface flows are included in it. Some times ground water flow also forms the part of run off but generally it is negligible.

वर्षण जल धरातलीय सम्पर्क में आने से पूर्व पादप समुद्राय द्वारा अवरुद्ध कर लिया जाता है साथ ही साथ वाष्पोत्सर्जन क्रिया द्वारा जलवाष्प के रूप में वायुमण्डल

को प्राप्त हो जाता है। जो जल धरातलीय सतह पर यत्र-तत्र संचित रह जाता है उसे धरातलीय स्तंभन (Surface Retention) की संज्ञा दी जाती है। धरातल पर विद्यमान यह जल या तो वाष्पीकृत होकर वायुमण्डल में स्थानान्तरित हो जाता है अथवा अन्तःस्पन्दन क्रिया से अधिभौमजल का रूप धारण कर लेता है। अन्तःस्पन्दन दर से वर्षण दर के अधिक होने की दशा में धरातल पर जलाधिक्य होने से अधिशेष जल सरिताओं के रूप में प्रवाहित होने लगता है। इस प्रकार के जल अपवाह को सरिता अपवाह (Stream Flow or Stream run-off) कहते है। वर्षा काल में जल धरातलीय सतह पर प्रत्यक्ष अपवाह (Direct run off) या धरातलीय अपवाह (Surface run off) के रूप में देखा जा सकता है। Jackie Smith के अनुसार "Direct run-off enters the rivers during storms having passed over the surface as surface run off or through the soil as through flow (in flow)."

अपवाह एक प्रक्रिया है। जल का एक स्थान से दूसरे स्थान की ओर प्रवाह या दोलन ही अपवाह है। स्थिर जल राशि अपवाह नहीं कही जा सकती है। यद्यपि जल राशि की स्थिरता में भी ऊपरी जल तल डोलायमान होता है। धरातल पर जो जल किसी गड्ढे में एकत्रित होता है उसे गड्ढा या गर्त भण्डारण (Depression Storage) कहते हैं। जो जल सीधे आकाश से सरिताओं में गिरता है उसे सरिता वर्षा (Stream Rain) कहते हैं। धरातलीय सतह से अन्तर्निवेशन के पश्चात् जल अधःजल में मृदा संस्तरों के बीच एकत्रित होता है जिसका कुछ भाग उपधरातलीय प्रवाह के रूप में नदी में समाहित होकर प्रवाहित होता है इसे उप धरातलीय प्रवाह (Sub-Surface Flow) कहते हैं। धरातलीय सतह के नीचे जल भौम जल प्रवाह (Ground Water Flow) के रूप में भी देखा जा सकता है। अपवाह का मापन घन मीटर प्रति सेकेन्ड (cumecs) या घन फीट प्रति सेकेन्ड (cusecs) में किया जाता है। Jackie Smith के अनुसार "Delayed run off passes through the soil and regolith by slower routes and base flow (low flow) is maintained by slow drainage into rivers from the normal water table."

9.2 अपवाह के घटक (Components of Run off)

अपवाह के प्रमुख घटक या स्रोत सरिता वर्षा, धरातलीय प्रवाह, अन्तःप्रवाह एवं भूमिगत जल प्रवाह को माना जाता है (चित्र संख्या 9.1)।

1. सरिता वर्षा (Stream Precipitation) : सीधे आकाश से सरिता जल अधिग्रहण क्षेत्र में हुई वर्षा को सरिता वर्षा कहते हैं। सरिता जलधिग्रहण क्षेत्र सीमित होता है इसलिए प्रत्यक्ष वर्षण जल की मात्रा भी कम होती है। एक

अनुमान के अनुसार सभी प्रकार की सरिताओं के प्रवाह का सम्पूर्ण योग भी 5 प्रतिशत वर्षा से अधिक नहीं होता है।

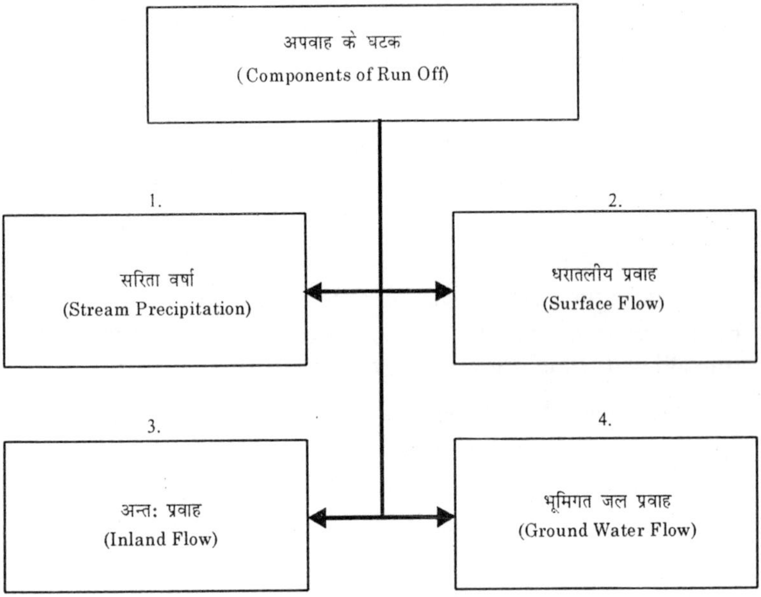

चित्र 9.1. अपवाह के घटक

2. धरातलीय प्रवाह (Surface Flow) : जो जल धरातलीय सतह के नीचे अन्त:स्पन्दित नहीं होता और लघु सरिताओं से लेकर बड़ी नदियों के रूप में प्रवाहित होता है, उसे धरातलीय प्रवाह कहते हैं। लिंसले एवं सहयोगी विद्वानों का मत है कि छोटी सरिता शाखाओं की संख्या इतनी अधिक नहीं मिलती है कि भूमि के ऊपर जल प्रवाह 200 फीट से अधिक हो जाय।

3. अन्त:प्रवाह (Inland Flow) : जब वर्षा का जल धरातलीय सतह से नीचे जाकर अप्रवेश्य शैल संस्तर के ऊपर क्षैतिज रूप में प्रवाहित होकर सरिताओं में चला जाता है तो ऐसे प्रवाह को अन्त:प्रवाह कहते हैं। यह असंपृक्त (Unsaturated) या पर्च्ड संपृक्त (Pearched Saturated) कोटि का हो सकता है। इस प्रकार के अन्त:प्रवाह को उपधरातलीय स्टार्म प्रवाह (Sub-surface Storm Flow), स्टार्म सीपेज (Storm Seepage) अथवा द्वितीयक आधार प्रवाह (Secondary Base Flow) भी कहते हैं। अन्त:प्रवाह धरातलीय अपवाह की अपेक्षा तीव्र पाया जाता है। प्रवाह की तीव्रता मिट्टी के गुणों के आधार पर निर्भर करता है। अन्त:प्रवाह अप्रवेश्य शैल संस्तर के ऊपर स्थित प्रवेश्य एवं पारगम्य

शैल संस्तरों (Porous and Permeable Rock layers) के बीच अधिक सक्रिय होता है। विद्वानों का मत है कि अन्तःप्रवाह निगमन (Discharge) सीधे सरिता में न होकर जल विभाजक (Water Divides) एवं सरिता क्षेत्र के बीच धरातलीय भाग से होकर सरिता में पूरित होता है।

4. भूमिगत जल प्रवाह (Groundwater Flow) : वर्षा का जल धरातलीय सतह के नीचे स्थित संपृक्त मेखला (Saturated Zone) में संचित होकर पारगम्यता (Permeability) के आधार पर भूमिगत नदियों के रूप में एक निश्चित दिशा में दोलित होता है। इस प्रवाह को भौमजल प्रवाह कहते हैं। यह प्रवाह धीमी गति से होता है। जलवायु की विशेषताओं के आधार पर भूमिगत जल प्रवाह का उतार-चढ़ाव (1) पूर्व मानसून अवधि (Pre-Monsoon Period) (2) मानसून अवधि (Monsoon Period) एवं (3) पश्च मानसून अवधि (Post-Monsoon Period) में देखा जा सकता है। चित्र संख्या 9.2 में चित्रकूट एवं उसके समीपवर्ती भागों में विभिन्न भौमजल की संरचनाओं एवं कर्वी, राजापुर, भौरे, मऊ, रवूरण्ड, एवं पहाड़ी क्षेत्रों में हाइड्रोग्राफ स्टेशनों पर भौमजल तल के उतार-चढ़ाव का उल्लेख किया गया है। इस उतार-चढ़ाव से भौमजल के प्रवाह का आंकलन किया जा सकता है (प्रसाद, जी., 1986)।

5. बर्फ पिघलाव (Snow Melt) : बर्फ पिघलाव को भी अपवाह के घटक के रूप में स्वीकार किया जाता है। उच्च अक्षांशों एवं पर्वतीय शिखरों पर जमे हिमनद द्वारा सरिताओं को अधिकांश जल की प्राप्ति होती है। जहाँ बर्फ पिघलाव लम्बी अवधि तक मिलता है वहाँ सरिता प्रवाह में इनका योगदान धरातलीय जल प्रवाह की तरह होता है। हिमनद पोषित सरित प्रवाह में कुछ समय के लिए शीर्ष अपवाह (Peak Run off) देखा जाता है।

9.3 अपवाह चक्र (Run off Cycle)

लिन्सले, कोहलर तथा पौल्हस जैसे विद्वानों ने अपवाह को एक चक्रीय गति के रूप (चित्र संख्या 9.3) में प्रदर्शित किया है।

1. अपवाह चक्र की प्रथमावस्था (First Stage of Run off Cycle): यह वर्षारम्भ के पूर्व की शुष्क अवस्था है। इस स्थिति में निम्न भौमजल स्तर, भौमजल स्तर में लगातार गिरावट एवं सरिता प्रवाह का मुख्य स्त्रोत भौमजल प्रवाह ही होता है।

2. अपवाह चक्र की द्वितीयावस्था (Second Stage of Run off Cycle): यह वर्षारम्भ की प्रथमावस्था है। इस अवधि में वर्षा का सरित प्रवाह, वनस्पतियों द्वारा वर्षा जल अवरोध, अन्तर्निवेशन द्वारा वर्षा जल का मृदा में अवशोषण

तथा असंपृक्त मण्डल में भौम जल वृद्धि की प्रक्रियाओं को सम्मिलित किया जा सकता है।

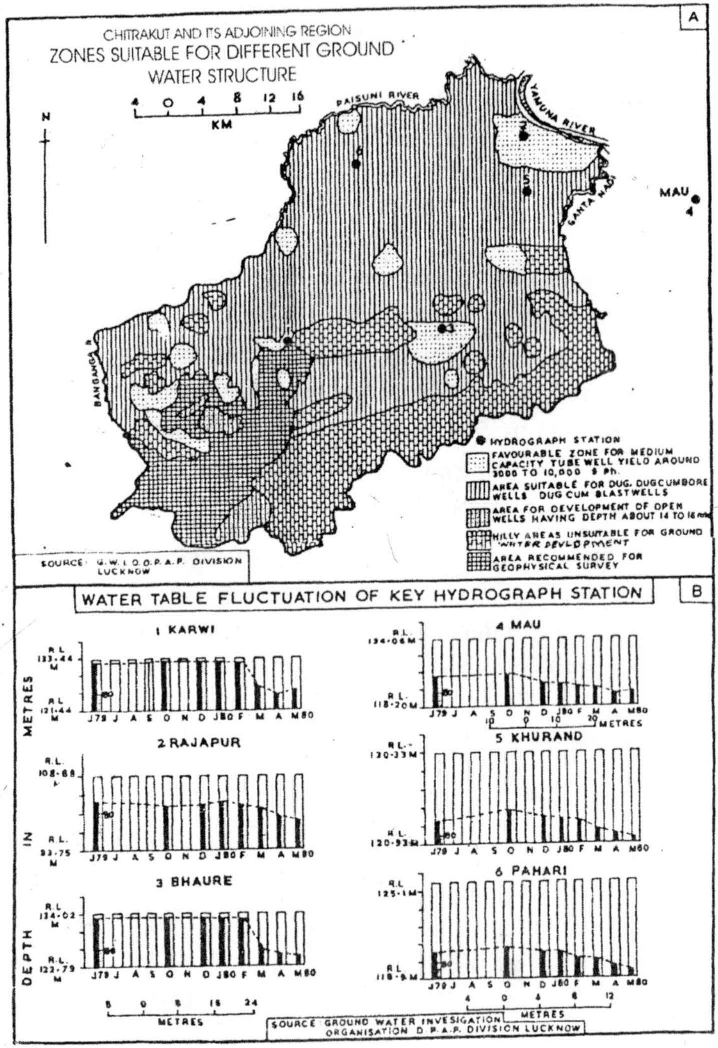

चित्र 9.2.

3. अपवाह चक्र की तृतीयावस्था (Third Stage of Run-off Cycle): इस अवधि में वर्षण जारी रहता है तथा वर्षा अवरोध एवं धरातलीय

स्तंभन भी पूर्ण हो जाते हैं। धरातलीय भाग के सभी गर्तों के भर जाने से धरातलीय प्रवाह सरिता प्रवाह के रूप में विकसित हो सकता है। इस अवस्था में अन्तः स्पन्दित जल के असंपृक्त मेखला में पहुँचने से उपधरातलीय प्रवाह भी सरिता प्रवाह में सहायक बनता है। इस अवस्था में वाष्पीकरण-वाष्पोत्सर्जन कम होता है।

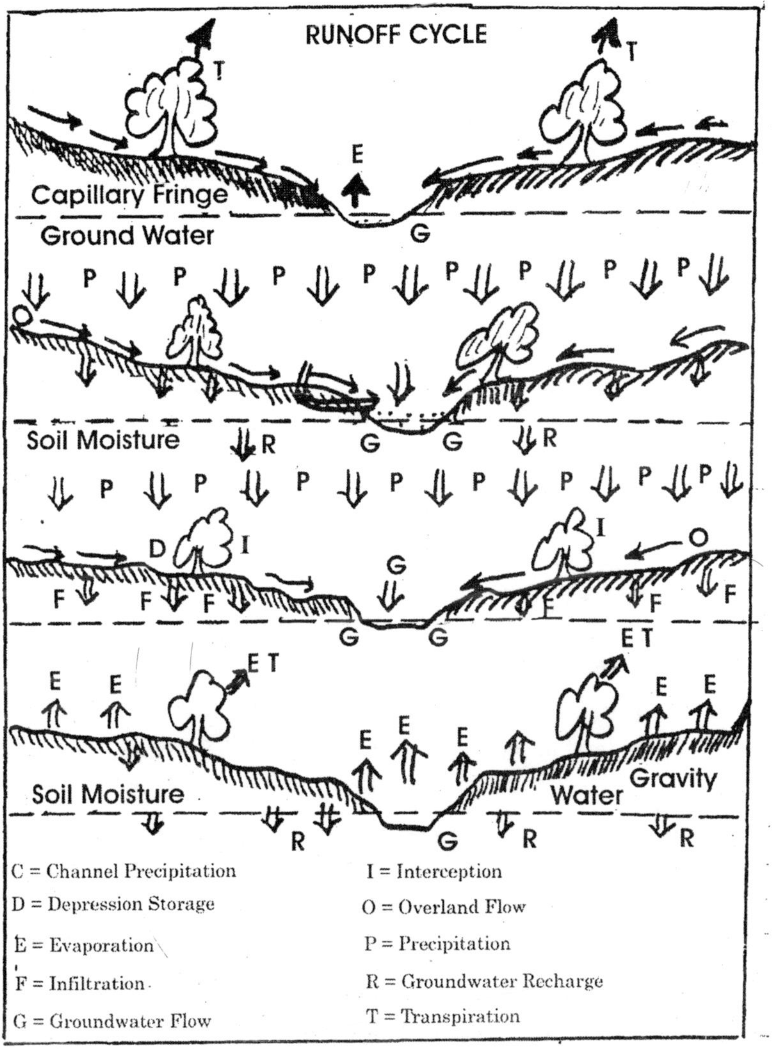

Fig. 9.3. Run off Cycle.

4. अपवाह चक्र की चतुर्थ अवस्था (Fourth Stage of Run off Cycle): इस अवधि में भी वर्षण जारी माना जाता है। भौम जल तल में आकस्मिक चढ़ाव (Rise) होता है। यह स्थिति अपवाह दर एवं उच्चतम आवेशन दर के बराबर होने की दशा तक जारी रहती है। भारी वर्षण होने से अतिरिक्त जल की मात्रा से अपवाह की गति तीव्र हो सकती है।

5. अपवाह चक्र की पंचम अवस्था (Fifth Stage of Run off Cycle) : इस अवधि में वर्षा प्राय: समाप्त हो जाती है। अन्त:स्पन्दन जारी रहता है तथा वाष्पीकरण-वाष्पोत्सर्जन तीव्र हो जाता है। असम्पृक्त मेखला का जल सरिता एवं भौम जल तल तक पहुँचता है। जल तल में चढ़ाव (Rise) एवं उतार (Fall) की क्रमिक स्थितियां उत्पन्न होती है। इस स्थिति में जल स्रोत (Spring) की दशाएं उत्पन्न होती हैं।

9.4 अपवाह को प्रभावित करने वाले कारक (Factors Affecting Run off)

निम्नलिखित कारक अपवाह को प्रभावित करते हैं (चित्र 9.4)

1. अवक्षेपण के विभिन्न रूप (Different forms of Precipitation) जैसे वर्षा, हिमपात, सहिमवृष्टि एवं ओला का सीधा प्रभाव अपवाह के ऊपर पड़ता है।
2. वर्षा की गहनता एवं अवधि (Rain-fall intensity and Duration) द्वारा धरातलीय प्रवाह, अन्त:प्रवाह, भौमजल प्रवाह, तथा सरिता में पहुँचने वाले जल का वेग निर्धारित होता है।
3. वर्षा का वितरण (Distribution of Rainfall) एवं दिशा भी अपवाह की सुनिश्चित करती है।
4. मृदा नमी की कमी (Soil Moisture Deficiency) के कारण अपवाह प्रभावित होता है। असंपृक्त मृदा की स्थिति में अपवाह कम एवं संपृक्त मृदा/शैल की स्थिति में अपवाह की मात्रा अधिक होती है।
5. जलवायु की अन्य दशाएं (Other Climatic Conditions) उदाहरणार्थ तापमान, वायु, आर्द्रता इत्यादि बेसिन जल ह्रास के कारक बनते हैं जिससे अपवाह की मात्रा में कमी आती है।
6. तूफान की दिशा (Direction of Prevailing Storm) यदि नदी प्रवाह दिशा में है तो अपवाह की गति में वृद्धि होती है। दिशा विपरीत होने पर अपवाह की गति कम हो जाती है।
7. जलाधिग्रहण क्षेत्र कारक (Water Catchment Area Factor)

अपवाह को प्रभावित करता है। बेसिन का गोलाकार, लम्बा एवं पतला क्षेत्र अपवाह की गति को तीव्र एवं अधिक करता है। बड़ी बेसिन में अपवाह धीरे-धीरे बढ़ता है।

8. मानवीय कारक (Human Factors) जैसे बाँध, कृषि तकनीक, वन विनाश एवं वनारोपण, भूमि उपयोग एवं नगरीकरण अपवाह को प्रभावित करते हैं।

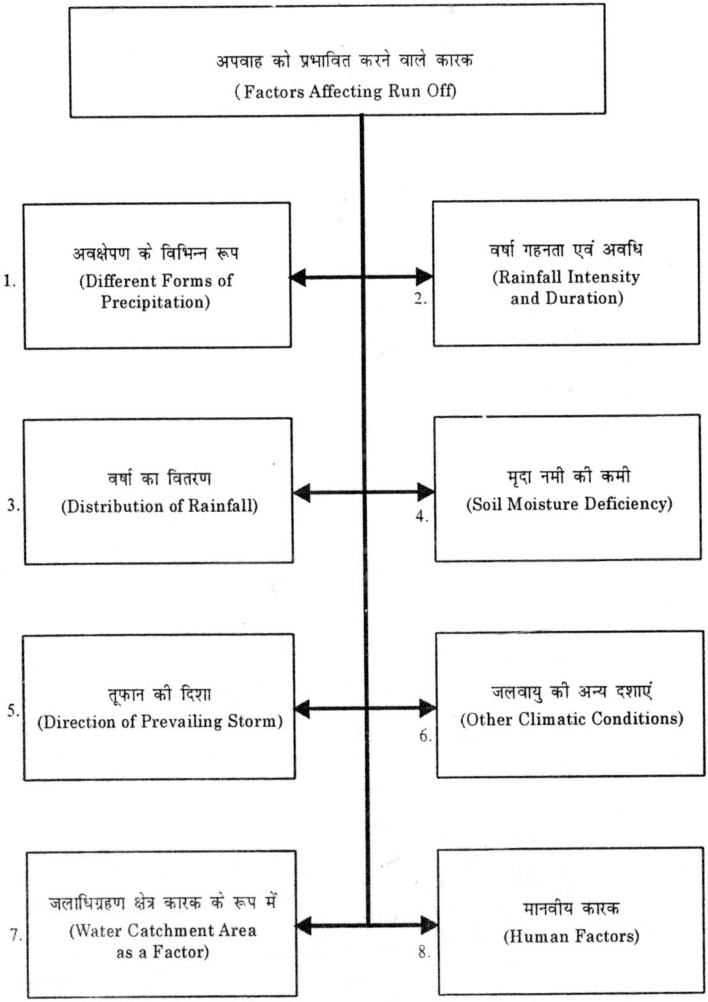

चित्र 9.4

9.5 अपवाह बदलाव (Variation of Run off)

अपवाह में बदलाव का मुख्य कारण उसको प्रभावित करने वाले प्रमुख कारक हैं। अपवाह के बदलाव मुख्यतया दो रूपों में होते हैं–

1. क्षेत्रीय बदलाव (Areal Variation) : जब एक स्थान से दूसरे स्थान एवं एक क्षेत्र से दूसरे क्षेत्र में अपवाह में परिवर्तन मिलता है तो उसे क्षेत्रीय बदलाव कहते हैं। जहाँ वर्षा की मात्रा कम तथा वाष्पीकरण द्वारा जल ह्रास की मात्रा अधिक मिलती है वहाँ अपवाह कम मिलता है। इसी प्रकार जो प्रदेश अधिक वर्षा एवं तापमान वाले होते है उन भागों का अपवाह कम वर्षा एवं कम तापमान वाले क्षेत्रों से भिन्न मिलता है।

2. मौसमी बदलाव (Seasonal Variation) : मौसम एवं जलवायुविक तत्वों के आधार पर अपवाह में होने वाले बदलाव को मौसमी बदलाव कहते हैं। नदियाँ अपनी अपवाह प्रवृति में साल भर में जो भी बदलाव लाती हैं उसे नदी प्रवृति (River Regime) कहा जाता है। अलग-अलग जलवायु प्रदेशों में नदियों की अपनी-अपनी अलग अपवाह प्रवृति मिलती है।

9.6 अपवाह अनुमान (Estimation of Run off)

अपवाह का अनुमान अधोलिखित विधियों के माध्यम से किया जाता है–

1. अनुभविक सूत्र एवं तालिका विधि से (Empirical Formulae and Tables Method) सर एलेक्जेण्डर बिनी (Sir Alexander Binnie) ने मध्यप्रदेश की दो नदियों के आधार पर अपवाह एवं वर्षा के सम्बन्धों को इस प्रकार प्रस्तुत किया है (तालिका 9.I)

तालिका 9.I

सर एलेक्जेण्डर बिनी के आधार पर अपवाह एवं वर्षा का अन्तर्सम्बन्ध

वार्षिक वर्षा मिलीमीटर में	अपवाह प्रतिशत
500	15
600	21
700	25
800	29
900	34
1000	38
1100	40

वर्षा की मात्रा एवं अपवाह गुणांक के आधार पर भी अपवाह का अनुमान इस प्रकार किया जाता है–

$$R = KP$$

जहाँ R = अपवाह (सेमी. में)

K = अपवाह गुणांक

एवं P = वर्षा की मात्रा सेमी. में

इस विधि का प्रयोग छोटे क्षेत्रों के लिए किया जाता है। अपवाह गुणांक की मात्रा में क्षेत्रवार परिवर्तन देखने को मिलता है। अपवाह गुणांक का सामान्य स्वरूप तालिका 9.II में वर्णित है।

तालिका 9.II
अपवाह गुणांक की प्रवृति

क्षेत्र की प्रकृति	अपवाह गुणांक
1. नगरीय क्षेत्र	0.3 – 0.5
2. वन प्रदेश	0.05 – 0.2
3. वाणिज्यिक एवं औद्योगिक क्षेत्र	0.9
4. खेत, पार्क एवं चारागाह	0.05 – 0.3
5. कंकड युक्त क्षेत्र	0.85

2. क्षति अनुमान विधि (Estimating Losses Method)

दो प्रकार की हैं–

(*i*) अमेरिका में प्रचलित विधि : अमेरिका में अपवाह ज्ञात करने के लिए निम्नलिखित सूत्र प्रयोग में लाया जाता है–

$$RA = PA - X(45\,TA + 800)$$

जहाँ

RA = वार्षिक अपवाह की मात्रा

PA = वार्षिक वर्षा की मात्रा

TA = औसत वार्षिक तापमान डिग्री से. ग्रेड में

और X = अधिग्रहण क्षेत्र का स्थिरांक

(*ii*) ए.एन. खोसला विधि : तापमान एवं वर्षा को आधार मानकर खोसला ने अपवाह अनुमान का निम्नलिखित सूत्र प्रस्तुत किया है–

$$Rm = Pm - Lm$$

जहाँ Rm = मासिक अपवाह मिलीमीटर में

Pm = वार्षिक वर्षा मिलीमीटर में

एवं Lm = मासिक क्षति मिलीमीटर में

Lm = 5 Tm

Tm = > 4.5°C

लेकिन जब Tm 4.5°C से कम हो तो क्षति निम्न रूप में आंकलित किया जाता है–

Tm	4.5°	–1°	–7°	–12°	–18° सेंटीग्रेड
Lm	21	18	15	12.5	10 सेन्टीमीटर

3. अन्तःस्पन्दन विधि (Infiltration Method)

इस विधि में अपवाह का आंकलन निम्न प्रकार से करते हैं–

अपवाह = सम्पूर्ण वर्षा की मात्रा – अन्तः स्पन्दन की मात्रा
(R) (P) (I)

4. रेशनल विधि (Rational Method)

रेशनल विधि अपवाह अनुमान की सर्व प्रचलित एवं उपयुक्त विधि मानी जाती है। इसका सूत्र इस प्रकार है–

Q = (C.I.A) 36.3

जहाँ Q = बाढ़ प्रवाह क्यूमेक्स (Cumecs) में

I = वर्षा की मात्रा से.मी. प्रति घण्टा में

A = नदी बेसिन का क्षेत्रफल हेक्टेयर में

और C = स्थिरांक जो नदी बेसिन के अनुसार बदलता रहता है।

5. इकाई हाइड्रोग्राफ विधि (Unit Hydrograph Method)

इकाई हाइड्रोग्राफ विधि में निम्न सूत्र का प्रयोग किया जाता है–

प्रत्यक्ष अपवाह कोटि अंश (DRO) = कुल अपवाह

कोटि अंश (TRO) = बेस प्रवाह कोटि अंश (BFO) (1)

सिद्ध वर्षण इकाई (Pnet) = $\frac{\text{EDROxt}}{\text{A}}$ .....(2)

जहाँ DRO = प्रत्यक्ष अपवाह कोटि अंशों का योग

t = इकाई हाइड्रोग्राफ की समयावधि

A = अपवाह बेसिन का क्षेत्रफल

इकाई हाइड्रोग्राफ कोटि अंश (490) = $\frac{\text{DRO}}{\text{Pnet}}$ .....(3)

सम्भावित प्रश्न

1. अपवाह को परिभाषित करते हुए अपवाह के घटकों का उल्लेख कीजिए।
2. अपवाह चक्र की सचित्र व्याख्या कीजिए।
3. अपवाह को प्रभावित करने वाले कारकों को रेखांकित कीजिए।
4. अपवाह बदलाव की प्रकृति को स्पष्ट कीजिए।
5. अपवाह अनुमान की तकनीक पर टिप्पणी लिखिए।

अध्याय **10**

प्रवाह बेसिन आकारमिति

(DRAINAGE BASIN MORPHOMETRY)

10.1 प्रवाह बेसिन : एक भ्वाकृतिक इकाई (Drainage Basin; A Geomorphic Unit)

किसी मुख्य नदी एवं उसकी सहायक नदी के सम्पूर्ण जल अधिग्रहण क्षेत्र (Water Catchment Area) जो सहायक सरिताओं सहित मुख्य नदी को जल प्रदान करता है, को प्रवाह बेसिन कहते हैं। प्रवाह बेसिन की आकारिकी के ज्यामितीय मापन एवं विश्लेषण को जलीय आकारमिति (Fluvial Morphometry) भी कहा जाता है। किसी भी प्रवाह बेसिन की बाह्य सीमा को प्रवाह बेसिन परिमिति (Perimeter of Drainage Basin) की संज्ञा दी जाती है। प्रवाह बेसिन के आकारमितिक अध्ययन में फेनमन (Fenneman, N.M. 1914) ऊलरिज (Wooldridge, S.W. 1932); सैवीजियर (Savigear, R.A. G, 1965), हार्टन (Harton, R.E, 1945) एवं स्ट्रालर (Strahler, A.N. 1964) का नाम विशेष रूप से उल्लेखनीय है।

किसी भी प्रवाह बेसिन की मुख्य सरिता एवं उसकी सहायक नदियों के सामूहिक क्रम को प्रवाह जाल (Drainage Network) कहते हैं (चित्र 10.1)। इसमें सभी प्रकार की नदियों को सम्मिलित किया जाता है।

10.2 प्रवाह बेसिन के अध्ययन के पहलू (Aspects of the Study of Drainage Basin)

प्रवाह बेसिन के अध्ययन के तीन मुख्य पहलू हैं–

1. रेखीय पहलू (Linear Aspect) : इस पहलू के अंतर्गत सरिता खण्डों की संख्या उनकी लम्बाई तथा श्रेणियों (Orders) का अध्ययन किया जाता है। लियोपोल्ड, ऊलमैन एवं मिलर (Leopold, L.B, Wolman M.G. and Miller, J.P. 1969) के अनुसार "प्रवाह बेसिन की सहायक सरिताओं के पदानुक्रम में किसी सरिता की स्थिति के मान को सरिता श्रेणी कहा जाता है।"

अ. सरिता श्रेणीकरण (Stream Ordering)

किसी भी प्रवाह जाल में सरिताओं को विभिन्न श्रेणियों में विभक्त करने की क्रिया को सरिता का श्रेणीकरण (Stream Ordering or Stream

Segmentation) कहा जाता है। चित्र संख्या 10.2 E में सरिता श्रेणीकरण की विभिन्न विधियों का उल्लेख किया गया है। सरिता श्रेणीयन में मुख्यतया तीन विधियों को अधिक महत्व दिया जाता है–

1. हार्टन विधि (Horton's Method, 1945) : हार्टन के अनुसार जब दो समान श्रेणी की सरिताएं आपस में मिलती है तो अगली उच्च श्रेणी का निर्माण होता है।

2. स्ट्रालर की सरिता खण्ड विधि (Strahler's Stream Segment Method, 1964) : स्ट्रालर के अनुसार बिना सहायक नदी की सरितायें प्रथम श्रेणी की होती है। जब प्रथम श्रेणी (1) की दो सरिताएं आपस में मिलती है तो संगम स्थल के नीचे द्वितीय श्रेणी का अविर्भाव होता है। श्रेणीकरण का यह क्रम आगे भी जारी रहता है (चित्र संख्या 10.2 E)।

3. श्रीव् विधि (Shreve's Stream Link Magnitude Method, 1966) : श्रीव ने श्रेणी के स्थान पर परिमाण (Magnitude) शब्द का प्रयोग किया। श्रीव के अनुसार जहाँ पर प्रथम परिमाण वाली दो कड़िया मिलती हैं वहाँ पर द्वितीय परिमाण दो हो जाता है। द्वितीय परिमाण में प्रथम परिमाण की कड़ी मिलने पर तृतीय परिमाण बनता है। इसी प्रकार जब 3 परिमाण की दो कड़ियाॅ आपस में मिलती है तो संगम के नीचे 6 परिमाण निर्मित होता है (चित्र संख्या 10.2 E)।

भ्वाकृतिक शोध कार्यों में स्ट्रालर द्वारा प्रस्तुत सरिता श्रेणीकरण विधि का प्रयोग अधिक किया जाता है। चित्र संख्या 10.3 एवं 10.4 में चित्रकूट पठारी भाग की 20 प्रवाह बेसिन का श्रेणीकरण स्ट्रालर विधि से किया गया है (प्रसाद, जी. 1986)।

ब. द्विशाखन अनुपात (Bifurcation Ratio = Rb)

किसी भी श्रेणी के सरिता खण्डों की संख्या तथा अगली श्रेणी के सरिता खण्डों की संख्या के अनुपात को द्विशाखन अनुपात कहते हैं। द्विशाखन अनुपात (Rb) की गणना निम्न सूत्र से की जाती है–

$$\text{द्विशाखन अनुपात (Rb)} = \frac{Nu}{Nu+1}$$

जहाँ u = श्रेणी (order)

एवं Nu = किसी निश्चित श्रेणी के सरिता खण्ड की संख्या

जब द्विशाखन अनुपात 3 से 5 के बीच में होता है तो आदर्श सरिता क्रम की स्थिति का निर्माण होता है। हार्टन के सरिता संख्या के सिद्धान्त (Law of Stream

Numbers) के अनुसार "किसी भी प्रवाह बेसिन में क्रमिक निम्न श्रेणियों की सरिताओं की संख्या में गुणात्मक क्रम (Geometrical Series) होता है। उच्चतम श्रेणी की सरिता संख्या 01 से प्रारम्भ होकर स्थिर द्विशाखन अनुपात (Constant Bifurcation Ratio) के अनुसार बढ़ती जाती है।"

चित्र संख्या 10.5 में पचमढ़ी पठार मध्य प्रदेश की कुल 12 प्रवाह बेसिन की औसत Rb एवं सरिता श्रेणी और द्विशाखन अनुपात के बीच सम्बन्धों को स्पष्ट किया गया है (के.एल. गुप्ता, 1996)। इसी प्रकार चित्र संख्या 10.6 में चित्रकूट पठारी भाग की 20 प्रवाह बेसिन के लिए बेसिन क्षेत्र एवं द्विशाखन अनुपात के बीच अन्तर्सम्बन्धों का रैखिक प्रदर्शन किया गया है। द्विशाखन अनुपात बढ़ती सरिता श्रेणी के अनुसार घटता है। लघु क्षेत्रीय इकाई में द्विशाखन अनुपात भी निम्न होता है। द्विशाखन अनुपात पर भू संरचना का भी प्रभाव पड़ता है। औसत द्विशाखन अनुपात मैदानी क्षेत्रों में अधिक एवं पर्वतीय क्षेत्रों में अपेक्षाकृत कम होता है। संरचनात्मक प्रभाव के कारण एक प्रदेश से दूसरे प्रदेश में औसत द्विशाखन अनुपात परिवर्तनशील होता है (चित्र संख्या 10.7)। तालिका संख्या 10-I में चित्रकूट पठारी भाग की 20 प्रवाह बेसिन के द्विशाखन अनुपात का ऑकलन किया गया है।

तालिका 10-I
द्विशाखन अनुपात (Rb)

क्र.सं.	प्रवाह बेसिन	$\frac{Nu1}{Nu2}$	$\frac{Nu2}{Nu3}$	$\frac{Nu3}{Nu4}$	$\frac{Nu4}{Nu5}$	Rb
1.	समरानी	5.67	6.00	—	—	5.84
2.	परोई	5.57	3.50	2.00	—	3.69
3.	पिपरावल	4.57	3.50	2.00	—	3.36
4.	बरवा	3.73	5.00	4.50	2.00	3.81
5.	घिनहल	4.41	3.86	7.00	—	5.09
6.	झूरी	5.43	3.50	4.00	—	4.31
7.	बगदारा	4.18	4.25	4.00	—	4.12
8.	काली बाराह	4.38	3.43	3.50	2.00	3.33
9.	मारो	4.24	5.67	3.00	—	4.30
10.	सुकरा	3.29	4.67	3.00	—	3.65
11.	कुलागारा	4.56	4.50	2.00	—	3.69
12.	पिन्डराह	4.20	10.00	—	—	7.10
13.	बरार	3.50	3.60	2.50	2.00	2.90
14.	केवाई	4.26	4.25	2.67	3.00	3.55

15.	गन्ता	4.45	3.67	3.00	—	3.71
16.	झुराई	4.75	4.00	—	—	4.38
17.	गौहिया	6.00	3.00	—	—	4.50
18.	कछुआ	9.00	2.00	—	—	5.50
19.	धोरा	4.40	5.00	—	—	4.70
20.	डिंगची	2.99	2.75	4.00	—	3.25

स. लम्बाई अनुपात (Length Ratio = RL)

प्रवाह बेसिन में बढ़ती श्रेणी के साथ औसत लम्बाई बढ़ती जाती है। प्रत्येक दो क्रमिक श्रेणियों के समस्त सरिता खण्डों की लम्बाई के अनुपात को लम्बाई अनुपात कहते है। लम्बाई धागे से अथवा ओपिसोमीटर से ज्ञात की जाती है। सरिता लम्बाई आँकलन सम्बन्धी गुर इस प्रकार है–

$$\text{औसत सरिता लम्बाई } (\bar{L}u) = \frac{\Sigma Lu}{Nu}$$

जहाँ ΣLu = किसी श्रेणी के समस्त सरिता खण्डों की लम्बाई का योग एवं

Nu = उसी श्रेणी के समस्त सरिता खण्डों की संख्या

$$\text{लम्बाई अनुपात (RL)} = \frac{\bar{L}u}{\bar{L}u-1}$$

हार्टन के सरिता लम्बाई सिद्धान्त (Law of Stream Length) के अनुसार– "क्रमिक श्रेणियों के सरिता खण्डों की संचयी औसत लम्बाई में गुणात्मक क्रम होता है जो स्थिर लम्बाई अनुपात (Constant Length Ratio) के अनुसार प्रथम श्रेणी से प्रारम्भ होकर उच्च श्रेणी की ओर बढ़ती जाती है।"

हार्टन का यह नियम धनात्मक धातांक फलन मॉडल (Positive Exponential Function Model) कहलाता है जिसका निम्न समीकरण है–

$$Lu = \bar{L}_1 RL^{(u-1)}$$

जहाँ $\bar{L}_1$ = प्रथम श्रेणी की सरिता खण्डों की औसत लम्बाई।

चित्र संख्या 10.8 में पंचमढ़ी पठार मध्य प्रदेश की 12 प्रवाह बेसिन की सरिता श्रेणी एवं संचयी औसत सरिता लम्बाई के बीच अन्तर्सम्बन्धों को दिखाया गया है (के.एल. गुप्ता, 1996) जिसमें बढ़ती सरिता श्रेणी के साथ संचयी औसत सरिता लम्बाई का मान बढ़ता है। चित्र संख्या 10.9 में चित्रकूट पठारी भाग की

20 प्रवाह बेसिन की संचयी औसत सरिता लम्बाई एवं औसत सरिता क्षेत्रफल के बीच धनात्मक घातांक फलन के प्रतीपगमन (Regression) की सीधी रेखा का चित्रण किया गया है (प्रसाद, जी. 1986)।

द. वक्रता सूचकांक (Sinuosity Index)

सरिताएं सीधी नहीं होती। इनका जलमार्ग वक्राकार होता है। नदी के जलमार्ग की लम्बाई (Channel Length, CL) तथा उसकी घाटी की लम्बाई (Valley Length, VL) के अनुपात को वक्रता सूचकांक कहते हैं।

वक्रता सूचकांक सम्बन्धी परिकलन मॉडल मुलर (1968) ने इस प्रकार प्रस्तुत किया है–

(*i*) जलमार्ग सूचकांक

$$(\text{Channel Index} = \text{CI}) = \frac{\text{CL}}{\text{Air}}$$

(*ii*) घाटी सूचकांक

$$(\text{Valley Index} = \text{VI}) = \frac{\text{VL}}{\text{Air}}$$

(*iii*) जलीय वक्रता सूचकांक (Hydraulic Sinuosity)
Index = HSI) = % Equivalent of

$$\frac{\text{CI} - \text{VI}}{\text{CI} - \text{I}}$$

(*iv*) स्थलाकृतिक वक्रता सूचकांक (Topographical Sinuosity Index = TSI) = % equivalent of

$$\frac{\text{VI} - \text{I}}{\text{CI} - \text{I}}$$

(*v*) प्रमाणिक वक्रता सूचकांक (Standard Sinuosity Index

$$= \text{SSI}) = \frac{\text{CL}}{\text{VL}}$$

जहाँ CI = जलमार्ग सूचकांक

CL = जलमांर्ग की लम्बाई

AL = सरिता के उद्‌गम स्रोत एवं मुहाने के बीच की वायु दूरी

VI = घाटी सूचकांक

VL = घाटी की लम्बाई

HSI = जलीय वक्रता सूचकांक
(जलीय नियंत्रण के कारण)

TSI = स्थलाकृतिक वक्रता सूचकांक
(स्थलाकृतिक नियंत्रण के कारण)

एवं SSI = प्रामाणिक वक्रता सूचकांक

जब अनुपात 01 से 1.3 के बीच में होता है तो नदी वक्र कही जाती है और जब अनुपात 1.3 से अधिक होता है तो नदी विसर्पित (Meandering) कही जाती है। चित्र संख्या 10.2 B, C एवं F में नदी वक्रता सम्बन्धी मॉडल प्रस्तुत किये गये हैं। तालिका संख्या 10-II में चित्रकूट पठारी भाग की 25 नदियों का वक्रता सूचकांक प्रस्तुत किया गया है जिससे स्पष्ट है कि 25 नदियों में कोई भी नदी विसर्पित नहीं है क्योंकि SSI का मान 1.02 से 1.11 के बीच मिलता है। 1.5 से कम होने पर नदी वक्र मानी जाती है। 25 प्रवाह बेसिन में TSI का मान 66.67 (डिंगची बेसिन) से 95.06 (धोरा बेसिन) तथा HSI का मान 4.94 (धोरा बेसिन) से 33.33 (डिंगची बेसिन) के बीच मिलता है जिससे स्पष्ट है कि नदियों की प्रवृति एवं आकारिकी पर स्थलाकृतिक नियंत्रण अधिक है।

तालिका 10.II

वक्रता सूचकांक (जी. प्रसाद, 1986)

क्र.सं.	प्रवाह बेसिन	CI	VI	HSI (%)	TSI (%)	SSI
1.	समरानी	1.63	1.56	11.67	88.33	1.04
2.	परोई	1.42	1.36	15.17	84.83	1.05
3.	पिपरावल	1.32	1.28	12.07	87.93	1.03
4.	बरवा	1.43	1.36	16.26	83.74	1.05
5.	घिनहल	2.07	2.02	5.88	94.12	1.03
6.	झूरी	1.31	1.27	12.13	87.87	1.03
7.	बगदारा	1.68	1.62	9.22	90.78	1.04
8.	कालीबाराह	1.23	1.18	21.65	78.35	1.04
9.	मारो	1.67	1.60	9.91	90.09	1.04
10.	सुकरा	1.49	1.35	29.55	70.45	1.11
11.	कुलागारा	1.29	1.23	19.79	80.21	1.05
12.	पिन्डराह	1.34	1.28	16.47	83.53	1.04
13.	बरार	1.61	1.50	18.30	81.70	1.08
14.	केवाई	1.40	1.33	19.06	80.94	1.06
15.	गन्ता	1.21	1.19	8.92	91.08	1.02

16.	झुरई	1.35	1.32	8.57	91.43	1.02
17.	गौहिया	1.36	1.33	8.33	91.67	1.02
18.	कछुआ	1.58	1.33	8.33	91.67	1.02
19.	धोरा	1.81	1.77	4.94	95.06	1.02
20.	डिंगची	1.15	1.10	33.33	66.67	1.05
21.	जयवन्ती	1.30	1.24	21.07	78.93	1.05
22.	गन्ता (मेन)	1.66	1.59	11.01	88.99	1.05
23.	ओहन	1.67	1.63	6.84	93.16	1.03
24.	गेडुआ	1.38	1.35	7.81	92.19	1.02
25.	पयस्विनी	2.14	2.03	9.89	90.11	1.05

य. प्रवाह बेसिन की आकार ज्यामिति (Geometry of Drainage Basin Shape)

सामान्य रूप में बेसिन का आदर्श आकार नाशपाती जैसा होता है किन्तु पर्यावरणीय प्रभाव के कारण बेसिन आकार में विषमता का होना स्वाभाविक है। प्रवाह बेसिन के चक्रिलता सूचकांक (Circularity Index) तथा दैर्ध्य वृद्धि सूचकांक (Elongation Ratio) का परिकलन इस प्रकार किया जाता है–

(*i*) Horton's Form Factor (F) = $\frac{A}{L^2}$

जहाँ F = Form Factor जो बेसिन के दैर्ध्य वृद्धि सूचकांक को स्पष्ट करता है।

A = प्रवाह बेसिन का क्षेत्रफल

एवं L = बेसिन लम्बाई

नोट : F का मान 0 से 1 के बीच होता है। मान कम होने पर बेसिन लम्बाई में और मान अधिक होने पर बेसिन गोलाई में रहती है।

(*ii*) Stodarts (1965) Elliplicity Index (E)

$$E = \frac{L}{2b} = \frac{\pi L^2}{4A}$$

E (अण्डवृत्ताकृति सूचकांक) का मान 01 से 1 के बीच रहता है।

(*iii*) Miller's (1953) Circularity Index (C)

$$C = \frac{\text{बेसिन का क्षेत्रफल}}{\text{ऐसे वृत्त का क्षेत्रफल जिसकी परिधि बेसिन की परिधि के बराबर हो}}$$

या $C = \frac{4\pi A}{P^2}$

जहाँ C = बेसिन की परिधि। C (चक्रिलता सूचकांक) का मान 0 (सीधी रेखा) से 1 (पूर्णवृत्त) के बीच रहता है। C का मान जितना अधिक होगा, बेसिन का आकार उतना ही अधिक गोल होगा।

(*iv*) Schumm's (1956) Elongatio Ratio (R) =

Diameter of circle with samc area as basin

$$R = \frac{\text{(वृत्त का व्यास जिसका क्षेत्रफल बेसिन के क्षेत्रफल के बराबर हो)}}{\text{Basin Length (बेसिन की लम्बाई)}}$$

$$= 2\sqrt{\frac{A/\pi}{L}}$$

(*v*) Chorley, Malm and Progrzelskis (195) Zeminis cate Method (K)

$$K = \frac{L_2}{4A}$$

उपर्युक्त सूत्रों का प्रयोग कर चित्रकूट पठारी भाग की 20 नदियों (प्रवाह बेसिन) के लिए चक्रिलता सूचकांक (C), अण्डवृत्ताकृति सूचकांक (E) Form Factor (F) और Lamnis cate (K) का ऑकलन किया गया है (तालिका 10-III)। निम्न, मध्यम एवं उच्च चक्रिलता सूचकांक द्वारा प्रवाह बेसिन की क्रमशः यौवनावस्था, प्रौढ़ावस्था एवं बृद्धावस्था (जीर्णावस्था) का अनुमान लगता है। चित्र संख्या 10.3 एवं 10.4 तथा तालिका संख्या 10.III से स्पष्ट है कि अधिकांश नदियां अन्तिम यौवनावस्था से प्रारम्भिक पौढ़ावस्था को इंगित करती है। अधिकांश प्रवाह बेसिन का आकार लम्बा है और उन पर स्थलाकृतिक प्रभाव ज्यादा है।

तालिका संख्या 10.III

प्रवाह बेसिन आकार सूचकांक

क्र.सं.	प्रवाह बेसिन	C (चक्रिलता सूचकांक)	R दैर्ध्यवृद्धि अनुपात	F	K
1.	समरानी	0.43	0.50	0.20	1.26
2.	परोई	0.24	0.35	0.97	2.59
3.	पिपरावल	0.39	0.43	0.24	1.06
4.	बरवा	0.44	0.80	0.50	0.50
5.	घिनहल	0.29	0.75	0.45	0.56
6.	झूरी	0.32	0.49	0.19	1.34

7.	बगदारा	0.33	0.66	0.35	0.72
8.	काली बाराह	0.45	0.63	0.32	0.79
9.	मारो	0.46	0.72	0.41	0.61
10.	सुकरा	0.53	0.67	0.36	0.70
11	कुलागारा	0.36	0.54	0.23	1.07
12.	पिण्डराह	0.47	0.58	0.26	0.96
13.	बरार	0.42	0.54	0.23	1.08
14.	केवाई	0.35	0.58	0.26	0.96
15.	गन्ता	0.46	0.65	0.34	0.74
16.	झुरई	0.20	0.36	0.10	2.10
17.	गौहिया	0.62	0.62	0.31	0.82
18.	कछुआ	0.39	0.54	0.23	1.10
19.	धोरा	0.54	0.68	0.36	0.69
20.	डिंगची	0.70	0.88	0.61	0.41

C = The higher the value, the more circular shape
(उच्च मान अधिक गोल आकार)

R = The lower the value, the more elongated shape
(निम्न मान अधिक लम्बा आकार)

F = The lower the value, the more elongated shape
(निम्न मान अधिक लम्बा आकार)

K = The higher the value, the more elongated shape
(उच्च मान अधिक लम्बा आकार)

प्रवाह बेसिन के रेखीय पहलू के अंतर्गत Meander Properties, confluence Angles सरिता संगम कोण आदि का भी ऑकलन किया जाता है।

2. प्रवाह बेसिन का क्षेत्रीय पहलू (Areal Aspects of Drainage Basin)

प्रवाह बेसिन का क्षेत्रफल प्लेनीमीटर की सहायता से ज्ञात किया जाता है। क्षेत्रीय पहलू के अंतर्गत निम्न ऑकलन महत्वपूर्ण है–

अ. बेसिन क्षेत्रफल अनुपात (Area Ratio or Ra)

दो क्रमिक श्रेणी की बेसिन के क्षेत्रफल के अनुपात को बेसिन क्षेत्रफल अनुपात कहते है। बेसिन क्षेत्रफल अनुपात (Ra) का ऑकलन इस प्रकार किया जाता है–

बेसिन क्षेत्रफल अनुपात (Ra) = $\frac{\bar{A}_u}{\bar{A}_{u-1}}$

जहाँ A_u = किसी श्रेणी की बेसिन का क्षेत्रफल बेसिन क्षेत्रफल के नियम के अनुसार "क्रमिक श्रेणियों की बेसिन के औसत क्षेत्रफल में गुणात्मक क्रम होता है जो कि प्रथम श्रेणी की बेसिन के औसत क्षेत्रफल से प्रारम्भ होकर स्थिर क्षेत्रफल अनुपात के अनुसार बढ़ता है।"

उपरोक्त कथन (नियम) को निम्न रूप में प्रस्तुत कर सकते है–

$$\bar{A}_u = \bar{A}_1 Ra^{(u-1)}$$

जहाँ $\bar{A}_1$ = प्रथम श्रेणी की बेसिन का औसत क्षेत्रफल

ब. प्रवाह घनत्व (Drainage Density, Dd)

प्रवाह घनत्व सरिताओं की संख्या तथा बेसिन के क्षेत्रफल के बीच सम्बन्धों का अध्ययन है। इसका मापन निम्न सूत्र से करते हैं–

$$\text{प्रवाह घनत्व (Dd)} = \frac{\text{सभी सरिताओं की लम्बाई का योग}}{\text{प्रवाह बेसिन का क्षेत्रफल}}$$

$$= Dd = \frac{\Sigma LK}{AK}$$

पचमढ़ी पहाड़ी क्षेत्र को 1 किमी. × 1 किमी के ग्रिड में विभक्त कर उसे क्रमशः अति निम्न (Below 1.0), निम्न (1 – 2), सामान्य (2 – 4), सामान्यतः उच्च (4 – 6) एवं उच्च (Above 6) प्रवाह घनत्व वर्ग में बाँटकर आभा विधि (Choropleth Method) से चित्र संख्या 10.10 द्वारा दिखाया गया है।

स. प्रवाह घनत्व अनुपात (Drainage Density Ratio (β)

किसी भी श्रेणी की सरिता का प्रवाह घनत्व तथा अगली श्रेणी की सरिता के प्रवाह घनत्व के अनुपात को प्रवाह घनत्व अनुपात कहते है (Drainage density ratio is the ratio of drainage density of streams of a given order to the density of streams of the next higher order. The drainage density of streams of different orders in a given drainage basin tend closely to approximate an inverse geometric series in which the first term is unity and the ratio is the drainage density (Prasad, 1986)।

प्रसाद, जी. (1986) ने प्रवाह घनत्व अनुपात मापन हेतु निम्न फॉर्मूला प्रस्तुत किया है–

$$\beta = \frac{\alpha^1}{\alpha^{i+1}} \quad ...(1)$$

जहाँ β = प्रवाह घनत्व अनुपात

α = औसत प्रवाह घनत्व

जबकि i = प्रवाह बेसिन श्रेणी (orders)

α^{i+1} = सरिता की अगली श्रेणी का प्रवाह घनत्व

$$\mu = \frac{\sum_{i=1}^{n} Bj}{n} \qquad \ldots(2)$$

जहाँ μ = बेसिन का औसत प्रवाह घनत्व अनुपात

जबकि n = प्रवाह घनत्व अनुपात की संख्या। चित्रकूट पठारी भाग की कुल 20 प्रवाह बेसिन के सन्दर्भ में प्रवाह घनत्व अनुदान (चित्र संख्या 10-11A) एवं औसत प्रवाह घनत्व (चित्र संख्या 10-11B) का मापन कर उसे प्रदर्शित किया गया है। गणना के आधार पर निम्न संकल्पनाएं प्रस्तुत की जा सकती है–

(*i*) प्रवाह घनत्व अनुपात बढ़ती सरिता श्रेणी क्रम से क्रमशः घटता है।

(*ii*) शैल संरचना एवं प्रवाह घनत्व में आकस्मिक परिवर्तन से प्रवाह घनत्व अनुपात में भी परिवर्तन आ जाता है।

(*iii*) लघु प्रवाह बेसिन (तृतीय एवं चतुर्थ श्रेणी की) में प्रवाह घनत्व अनुपात में काफी उतार चढ़ाव मिला है। यह स्थिति तब आती है जब ये सरिताएं आंशिक पठारी भाग एवं आंशिक मैदानी भाग पर प्रवाहित होती है।

(*iv*) जो सरिताएं मुख्यतया मैदानी भाग में विकसित होती हैं वहां सामान्य से सामान्यतया उच्च प्रवाह घनत्व अनुपात मिलता है।

(*v*) शैल संरचना जनित विषमता वाले क्षेत्रों में औसत प्रवाह घनत्व अनुपात कम होता है।

(*vi*) यदि बेसिन का ऊपरी भाग पहाड़ी एवं निचला भाग मैदानी क्षेत्र में होता है तो सामान्य से उच्च औसत प्रवाह घनत्व अनुपात मिलता है।

द. सरिता आवृत्ति (Stream Frequency-SF)

एक निश्चित क्षेत्र इकाई में सरिताओं की कुल संख्या को सरिता आवृत्ति कहते हैं। सरिता आवृत्ति प्रवाह घनत्व एवं प्रवाह गठन को धनात्मक रूप से प्रभावित करता है अर्थात सरिताओं की संख्या बढ़ने से प्रवाह घनत्व एवं प्रवाह गठन का मान भी बढ़ता है।

पचमढ़ी पठारी भाग को 1 किमी × 1 किमी. के ग्रिड वर्ग में विभक्त कर उसे क्रमशः अतिनिम्न (Below 2), निम्न (2 – 5), सामान्य (5 – 10), सामान्यतः

उच्चं (10 – 15) एवं उच्च (15 से अधिक) सरिता आवृत्ति वर्ग से प्रदर्शित किया गया है (चित्र संख्या 10.12)।

य. प्रवाह गठन (Drainage Texture, Dt)

किसी निश्चित इकाई क्षेत्र में सरिताओं के बीच की दूरी को प्रवाह गठन कहते हैं। हार्टन (1945) ने प्रति इकाई क्षेत्र में सरिताओं की संख्या के आधार पर प्रवाह गठन का परिकलन किया है। स्मिथ (1950) ने प्रवाह गठन के स्थान पर गठन अनुपात (Texture Ratio) का प्रयोग किया है।

$$\text{स्मिथ के अनुसार गठन अनुपात} = \frac{N}{P}$$

जहाँ N = बेसिन के सबसे सूक्ष्मदन्ती समोच्च रेखा के सूक्ष्म दन्तों की संख्या

और P = बेसिन की परिधि

सिंह, सविन्द्र (1977, 1978) ने प्रवाह गठन मापन का निम्न सूत्र प्रस्तुत किया है–

$$\text{प्रवाह गठन (T)} = \frac{l}{(t + p)/2}$$

जहाँ l = ग्रिड की एक भुजा की लम्बाई (1 किमी.)

ρ = एक वर्ग किमी. ग्रिड में 1 किमी. की लम्बाई में सरिताओं की कटान संस्था

$$t = \frac{(t_1 + t_2)/2}{\sqrt{2}}$$

जहाँ t_1 और t_2 = ग्रिड के दो विकर्णों के सहारे सरिताओं के कटान की संख्या

$$P = \frac{P_1 + P_2 + P_3 + P_4}{4}$$

जहाँ P_1 .... P_4 ग्रिड के चारों भुजाओं के सहारे सरिताओं के कटान बिन्दुओं की संख्या।

प्रसाद जी. ने चूना पत्थर शैल क्षेत्र में सरिताओं की स्थिति को ध्यान में रखते हुए प्रवाह गठन का सूत्र इस प्रकार प्रस्तुत किया है–

$$Dt = As = \frac{1}{(X+Y)/2} = \frac{2}{X+Y} \quad ...(i)$$

जहाँ Dt (As) = प्रवाह गठन या 1 वर्ग किमी. क्षेत्र में सरिताओं के एक कटान की औसत दूरी

$$X = \frac{C_1 + C_2 + C_3 + C_4}{4}$$

ग्रिड की चारों ($C_1 - C_4$) भुजाओं पर औसत सरिता कटान संख्या

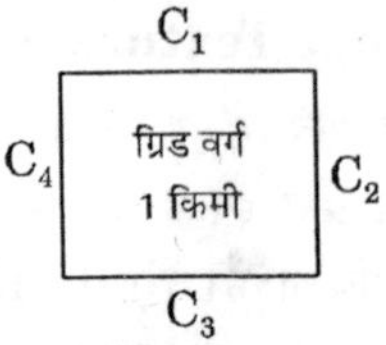

जबकि $$Y = \frac{N}{\sqrt{2\pi}} = \frac{\text{कटान संख्या}}{\text{परिधि की लम्बाई}}$$

N = 1 वर्ग किमी क्षेत्रफल वाले वृत्त के अंतर्गत खीचे गये 1/2 वर्ग किमी क्षेत्रफल वाले वृत्त की परिधि पर सरिता कटानों की संख्या

$$Dt = As = \frac{3}{(X + Y + Z)} \qquad ...(ii)$$

जहाँ X एवं Y सूत्र (*i*) के अनुसार

$$Z = \frac{\bar{N}}{\sqrt{\pi}}$$

जहाँ $\bar{N} = 01$ किमी.^{2} क्षेत्रफल वाले ग्रिड के अंतर्गत 1/4 वर्ग किमी. क्षेत्रफल प्रदर्शित करने वाले दूसरे वृत्त की परिधि के सहारे सरिता कटानों की संख्या।

उपर्युक्त सूत्र के आधार पर प्रवाह गठन का ऑकलन कर पचमढ़ी पठारी भाग पर अलग-अलग Dt वर्गों का रैखिक प्रदर्शन किया गया है (चित्र संख्या 10.13)।

3. प्रवाह बेसिन का उच्चावच पहलू (Relief Aspect of Drainage Basin)

प्रवाह बेसिन के उच्चावच पहलू के अंतर्गत प्रवाह बेसिन के अंतर्गत सरिता मार्ग ढाल, घाटी पार्श्व ढाल, घर्षण की मात्रा एवं ढाल का अध्ययन किया जाता है।

उच्चावच प्रदर्शन के लिए सरिता के जलमार्ग की अनुदैर्ध्य परिच्छेदिका (Longitudinal Profile) जो उद्गम से लेकर मुहाने तक के लिए निर्मित की जाती है, विशेष महत्वपूर्ण होती है। इसी प्रकार प्रवाह बेसिन के आरपार परिच्छेदिका (Transverse Profile or valley cross section) का भी निर्माण किया जाता है। चित्र संख्या 10.14 में चित्रकूट पठारी भाग की 20 प्रवाह बेसिन की आरपार परिच्छेदिका से घाटी पार्श्व ढाल का विश्लेषण हो जाता है। प्रवाह बेसिन में निरपेक्ष ऊँचाई (Absolute height) का निर्धारण प्रत्येक इकाई क्षेत्र में उच्चतम

ऊँचाई बिन्दुओं के आधार पर किया जाता है। सापेक्ष उच्चावच (Relative Relief) का ऑकलन एक निश्चित इकाई क्षेत्र या ग्रिड वर्ग में उच्चतम ऊँचाई बिन्दुओं से निम्नतम ऊँचाई बिन्दुओं को घटाने से प्राप्त किया जाता है। जिसे निम्न सूत्र से प्रदर्शित कर सकते हैं–

$$R_R = HP - LP$$

जहाँ R_R = Relative Relief (सापेक्ष उच्चावच)

HP = Highest Point (उच्चतम बिन्दु)

एवं LP = Lowest Point (निम्नतम बिन्दु)

घर्षण सूचकांक (Dissection Index) द्वारा किसी क्षेत्र ऊँचाई ह्रास एवं अपरदन की स्थिति का आभास मिलता है। घर्षण सूचकांक का ऑकलन निम्न सूत्र से करते हैं–

$$DI = \frac{R_R}{A_R}$$

जहाँ DI = Dissection Index (घर्षण सूचकांक)

R_R = Relative Relief (सापेक्ष उच्चावच)

एवं A_R = Absolute Relief (निरपेक्ष उच्चावच)

घर्षण सूचकांक 01 से कम होता है। चित्र संख्या 10.15 में 0.1 से कम अत्यन्त कम, 0.1 – 0.2 कम (निम्न) 0.2 से 0.3 सामान्य, 0.3 – 04 सामान्यतया उच्च 0.4 से 0.5 उच्च एवं 0.5 से अधिक द्वारा अति उच्च घर्षण सूचकांक क्षेत्र को पचमढ़ी क्षेत्र में प्रदर्शित किया गया है।

किसी इकाई क्षेत्र में औसत ढाल का मापन वेन्टवर्थ के निम्न सूत्र के आधार पर किया जाता है–

$$AS = \text{Tan}\,\theta = \frac{VI\,.\,CC}{0.6366\,k}$$

जहाँ AS = Average Slope (औसत ढाल)

VI = Vertical Interval (लम्बवत ऊँचाई)

CC = Contour Crossing in one km Grid length (एक किमी. ग्रिड लम्बाई में समोच्च रेखाओं की औसत कटान संख्या)

k = 1000 (मीट्रिक प्रणाली में)

5280 (ब्रिटिश प्रणाली में)

हार्टन के नियम के अनुसार 'क्रमिक उच्च श्रेणी के सरिता खण्डों के औसत ढाल में विपरीत गुणात्मक कम होता है जो कि स्थिर ढाल अनुपात के अनुसार घटता जाता है।'

हार्टन के नियम के अनुसार ढाल अनुपात का मापन इस प्रकार से करते हैं–

$$\text{ढाल अनुपात (RS)} = \frac{\bar{S}_u}{S_{u-1}}$$

सामान्यत: ढाल अनुपात 0.3 से 0.6 के बीच होता है। यह 1 से कम होना चाहिए। हार्टन एक स्थिर ढाल अनुपात के पक्षधर है।

$$\bar{S}_u = \bar{S}_1 RS^{(u-1)}$$

उच्चावच पहलू के अंतर्गत जलमार्ग ढाल एवं घाटी पार्श्व ढाल का भी ऑकलन किया जाता है।

स्ट्रालर ने औसत ढाल वक्र के ऑकलन के लिए एक सूत्र का प्रतिपादन किया है।

$$\text{Tan}\,\theta = \frac{CI}{AW}$$

जहाँ CI = Contour Interval (समोच्च रेखा अन्तराल)

$$AW = \frac{A}{\frac{L_1 + L_2}{2}}$$

AW = औसत चौड़ाई

A = क्षेत्रफल

L_1 एवं L_2 = दो क्रमिक समोच्च रेखाओं की लम्बाई

स्ट्रालर के सूत्र के आधार पर चित्रकूट पठारी भाग की 20 प्रवाह बेसिन क्षेत्र के सन्दर्भ में औसत ढाल वक्र एवं ढाल ऊँचाई वक्र का निर्माण किया गया है (चित्र संख्या 10.16)।

10.3 नदी प्रवृति (River Regime)

राबर्ट पी. विकिन्सले (1969) ने कोपेन के जलवायु विभाजन को आधार मानकर नदी प्रवृति के चार प्रमुख एवं 14 उपप्रमुख विभाजन प्रस्तुत किये हैं। इन प्रदेशों को इन्होंने जलीय प्रदेश (Hydrological Region) के नाम से सम्बोधित किया है (चित्र संख्या 10.17)।

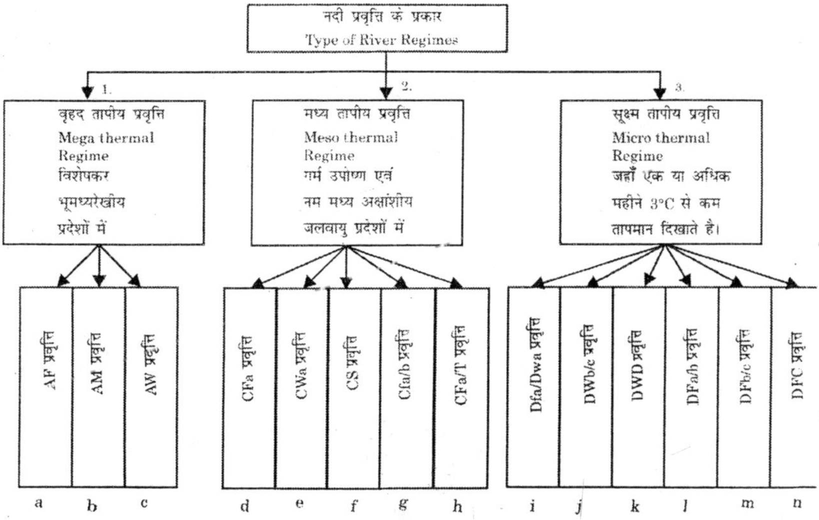

चित्र 10.17. नदी प्रवृति के प्रकार

सम्भावित प्रश्न

1. प्रवाह बेसिन के अध्ययन के विभिन्न पहुलुओं का संक्षिप्त उल्लेख कीजिए।
2. स्ट्रालर की सरिता शाखन विधि का मूल्यांकन कीजिए।
3. द्विशाखन अनुपात की विशेषताओं को समझाइए।
4. प्रवाह बेसिन के आकार मूल्यांकन की विधियाँ लिखिए।
5. सरिता आवृति, प्रवाह घनत्व एवं प्रवाह गठन के अन्तर्सम्बन्धों पर प्रकाश डालिए।
6. प्रवाह बेसिन के उच्चावच पहलू पर निबन्ध लिखिए।
7. ढाल मापन सम्बन्धी वेन्ट वर्थ विधि की व्याख्या कीजिए।

अध्याय 10
सम्बन्धी मानचित्र संख्या 10.1 से 10.16 तक

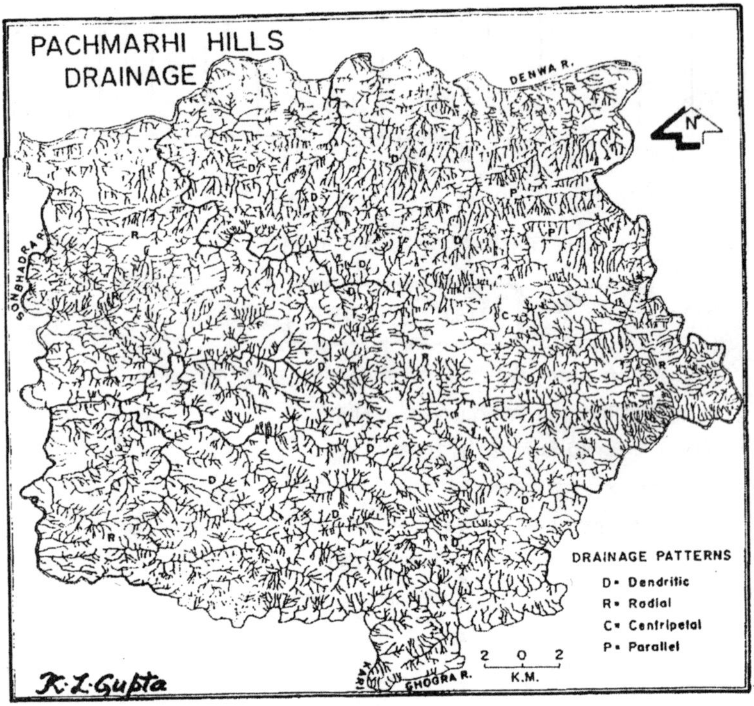

Fig. 10.1.

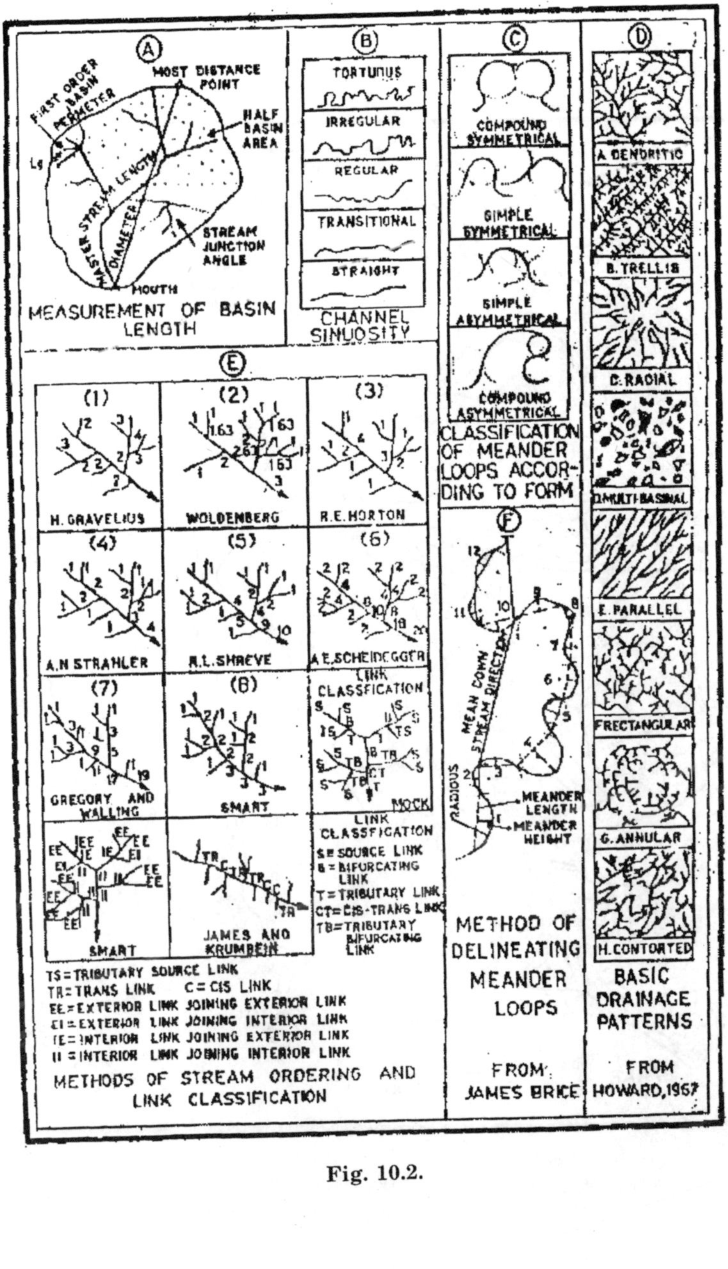
A
FIRST ORDER BASIN PERIMETER
MOST DISTANCE POINT
HALF BASIN AREA
Lg
MASTER STREAM LENGTH
DIAMETER
STREAM JUNCTION ANGLE
MOUTH
MEASUREMENT OF BASIN LENGTH
B
TORTUOUS
IRREGULAR
REGULAR
TRANSITIONAL
STRAIGHT
CHANNEL SINUOSITY
C
COMPOUND SYMMETRICAL
SIMPLE SYMMETRICAL
SIMPLE ASYMMETRICAL
COMPOUND ASYMMETRICAL
CLASSIFICATION OF MEANDER LOOPS ACCORDING TO FORM
D
A. DENDRITIC
B. TRELLIS
C. RADIAL
D. MULTI-BASINAL
E. PARALLEL
F. RECTANGULAR
G. ANNULAR
H. CONTORTED
BASIC DRAINAGE PATTERNS
FROM HOWARD, 1967
E
(1)
H. GRAVELIUS
(2)
WOLDENBERG
(3)
R.E. HORTON
(4)
A.N STRAHLER
(5)
R.L. SHREVE
(6)
A.E. SCHEIDEGGER
(7)
GREGORY AND WALLING
(8)
SMART
LINK CLASSIFICATION
MOCK
SMART
JAMES AND KRUMBEIN
LINK CLASSIFICATION
S = SOURCE LINK
B = BIFURCATING LINK
T = TRIBUTARY LINK
CT = CIS-TRANS LINK
TB = TRIBUTARY BIFURCATING LINK
TS = TRIBUTARY SOURCE LINK
TR = TRANS LINK C = CIS LINK
EE = EXTERIOR LINK JOINING EXTERIOR LINK
EI = EXTERIOR LINK JOINING INTERIOR LINK
IE = INTERIOR LINK JOINING EXTERIOR LINK
II = INTERIOR LINK JOINING INTERIOR LINK
METHODS OF STREAM ORDERING AND LINK CLASSIFICATION
F
MEAN DOWN STREAM DIRECTION
RADIOUS
MEANDER LENGTH
MEANDER HEIGHT
METHOD OF DELINEATING MEANDER LOOPS
FROM JAMES BRICE

Fig. 10.2.

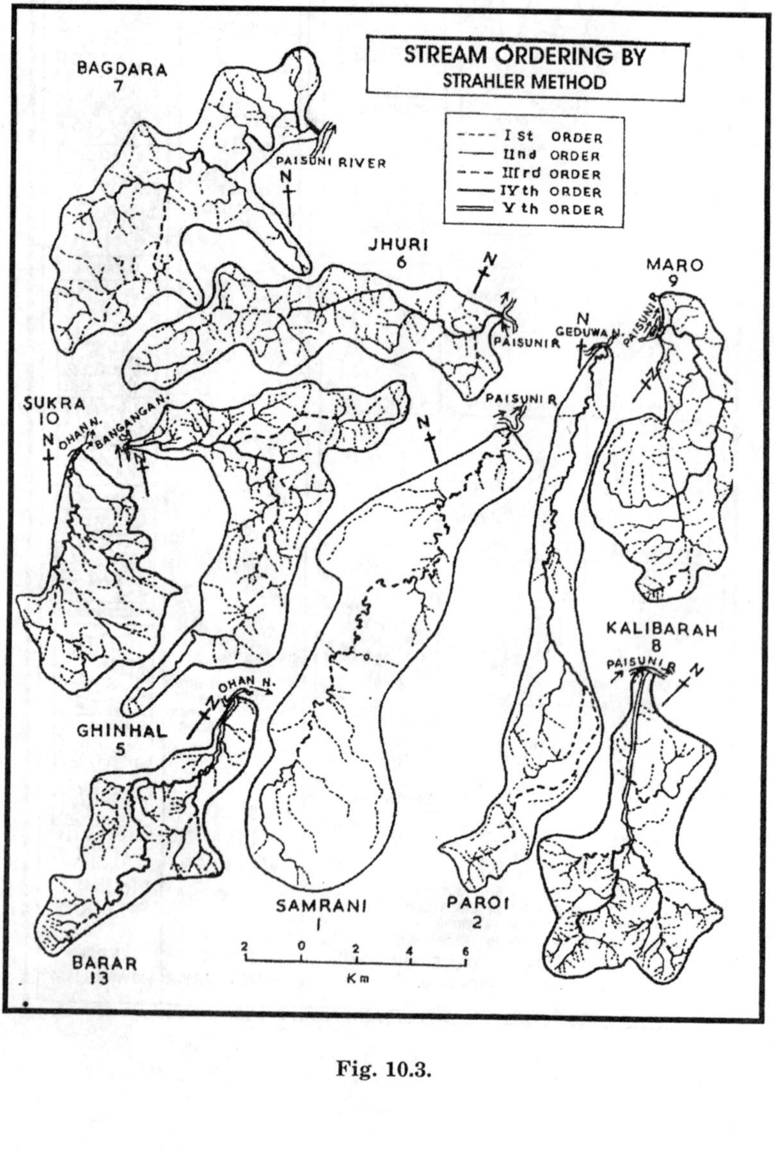
STREAM ORDERING BY
STRAHLER METHOD
I st ORDER
IInd ORDER
IIIrd ORDER
IVth ORDER
Vth ORDER
BAGDARA
7
PAISUNI RIVER
JHURI
6
PAISUNI R
MARO
9
GEDUWA N.
SUKRA
10
OHAN N.
BANGANGAN.
PAISUNI R
KALIBARAH
8
GHINHAL
5
OHAN N.
SAMRANI
1
PAROI
2
BARAR
13
2 0 2 4 6
Km

Fig. 10.3.

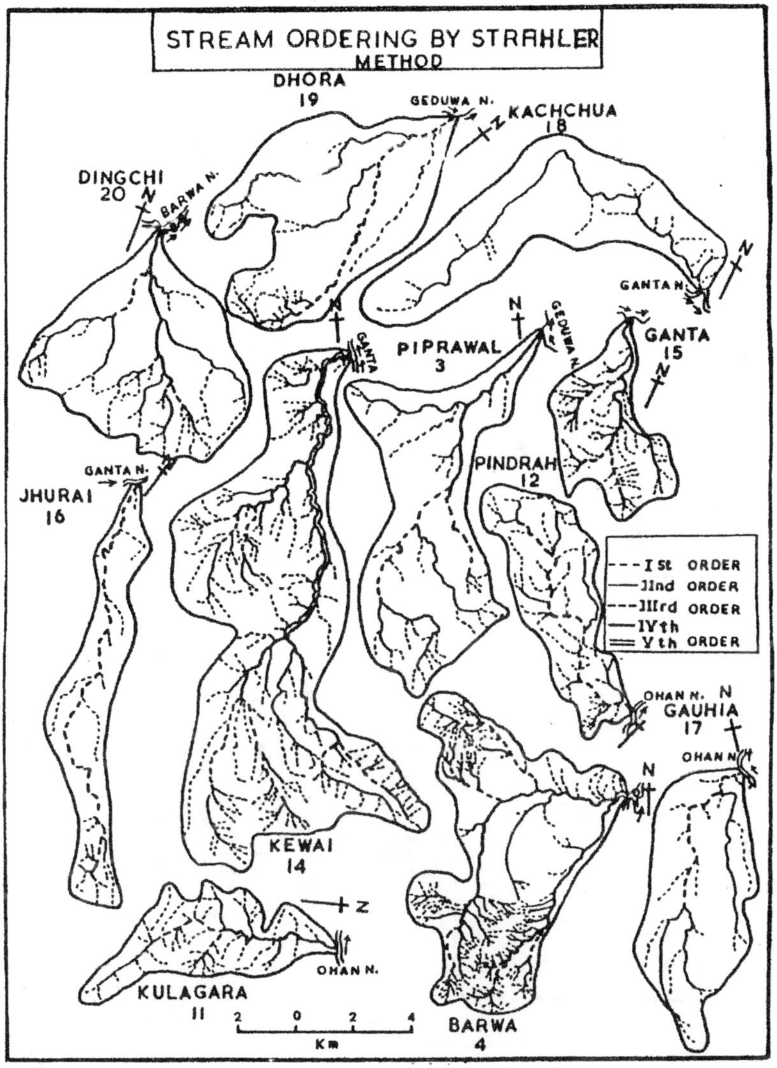
STREAM ORDERING BY STRAHLER METHOD
DHORA 19
GEDUWA N.
KACHCHUA 18
DINGCHI 20
BARWA N.
GANTA N.
GANTA
PIPRAWAL 3
GEDUWA N.
GANTA 15
PINDRAH 12
GANTA N.
JHURAI 16
I St ORDER
IInd ORDER
IIIrd ORDER
IVth
Vth ORDER
OHAN N.
GAUHIA 17
OHAN N.
KEWAI 14
OHAN N.
KULAGARA 11
2 0 2 4
Km
BARWA 4

Fig. 10.4.

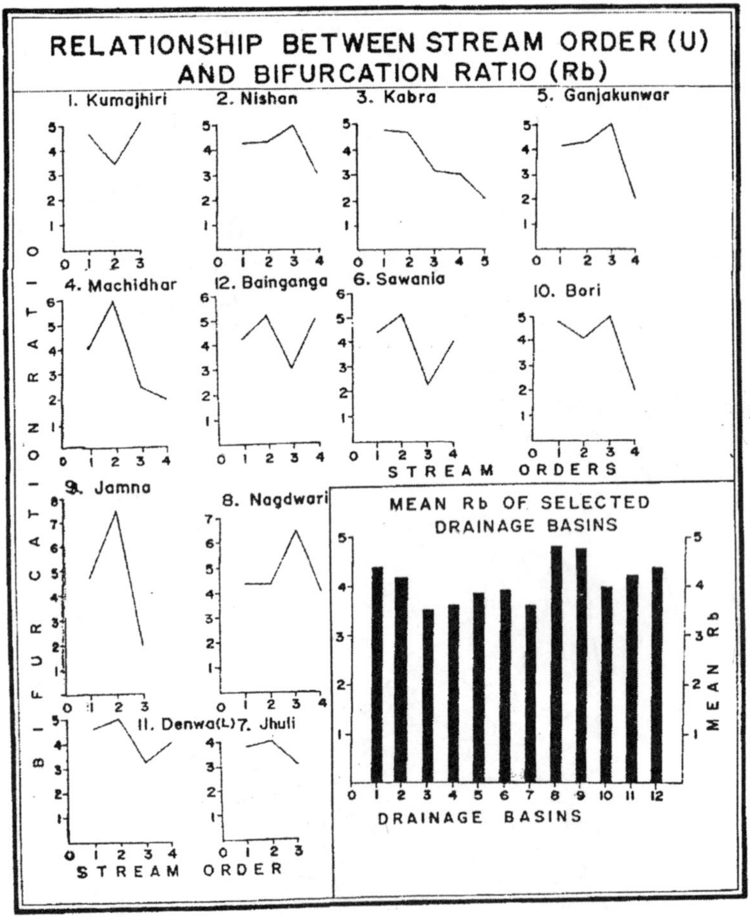
RELATIONSHIP BETWEEN STREAM ORDER (U) AND BIFURCATION RATIO (Rb)
1. Kumajhiri
2. Nishan
3. Kabra
5. Ganjakunwar
4. Machidhar
12. Bainganga
6. Sawania
10. Bori
9. Jamna
8. Nagdwari
11. Denwa(L)
7. Jhuli
BIFURCATION RATIO
STREAM ORDERS
STREAM ORDER
MEAN Rb OF SELECTED DRAINAGE BASINS
MEAN Rb
DRAINAGE BASINS

Fig. 10.5.

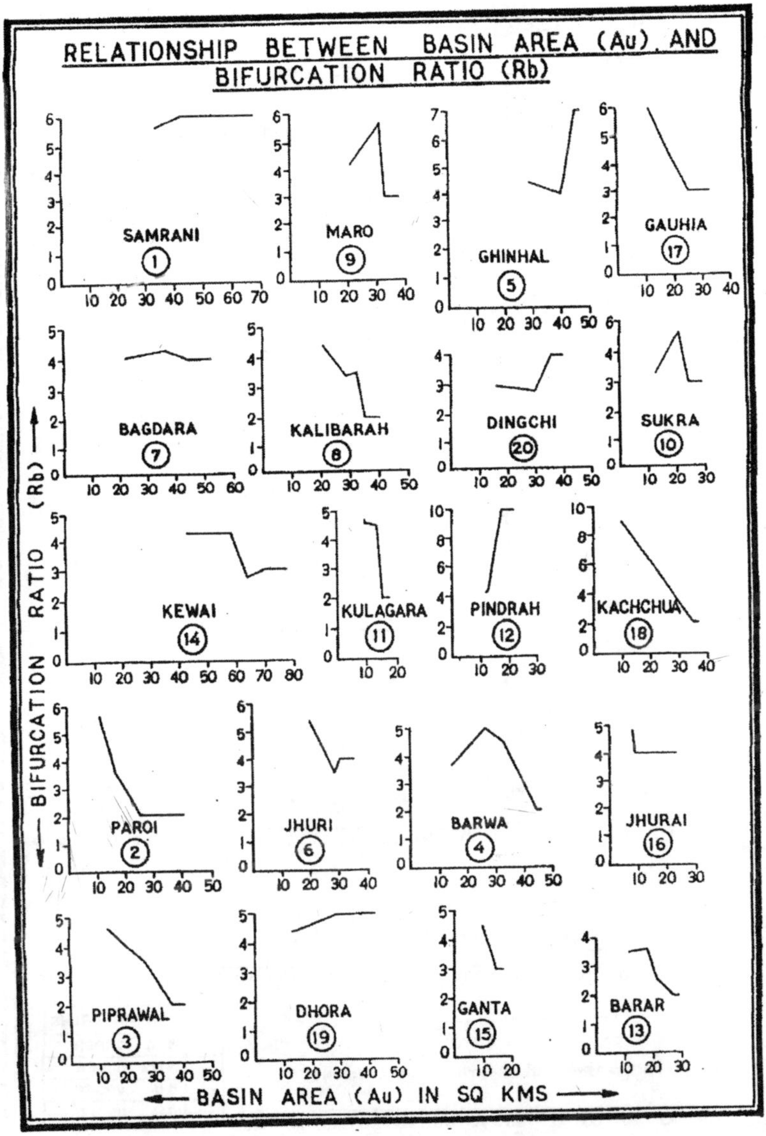
RELATIONSHIP BETWEEN BASIN AREA (Au) AND BIFURCATION RATIO (Rb)
SAMRANI
1
MARO
9
GHINHAL
5
GAUHIA
17
BAGDARA
7
KALIBARAH
8
DINGCHI
20
SUKRA
10
KEWAI
14
KULAGARA
11
PINDRAH
12
KACHCHUA
18
PAROI
2
JHURI
6
BARWA
4
JHURAI
16
PIPRAWAL
3
DHORA
19
GANTA
15
BARAR
13
BIFURCATION RATIO (Rb)
BASIN AREA (Au) IN SQ KMS

Fig. 10.6.

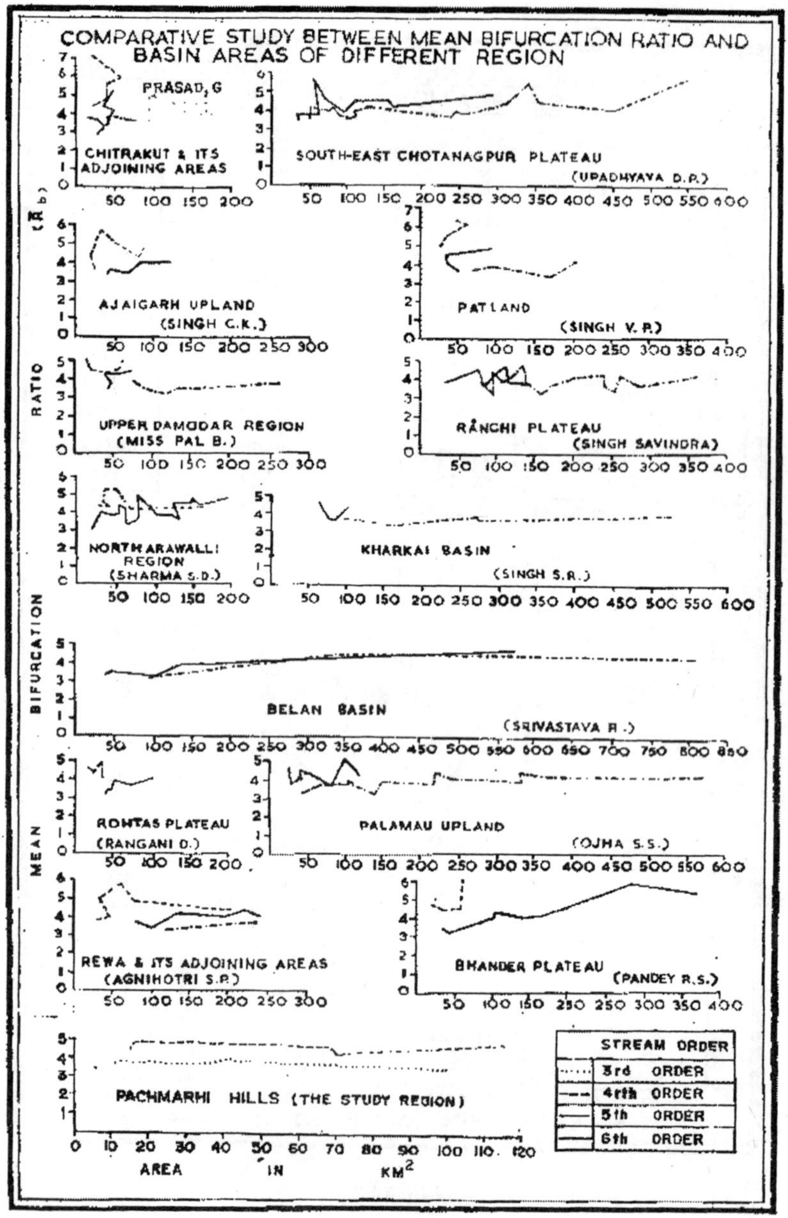
COMPARATIVE STUDY BETWEEN MEAN BIFURCATION RATIO AND BASIN AREAS OF DIFFERENT REGION
MEAN BIFURCATION RATIO ($\bar{R}_b$)
PRASAD, G
CHITRAKUT & ITS ADJOINING AREAS
SOUTH-EAST CHOTANAGPUR PLATEAU
(UPADHYAYA D.P.)
AJAIGARH UPLAND
(SINGH C.K.)
PATLAND
(SINGH V.P.)
UPPER DAMODAR REGION
(MISS PAL B.)
RANCHI PLATEAU
(SINGH SAVINDRA)
NORTH ARAWALLI REGION
(SHARMA S.D.)
KHARKAI BASIN
(SINGH S.R.)
BELAN BASIN
(SRIVASTAVA R.)
ROHTAS PLATEAU
(RANGANI D.)
PALAMAU UPLAND
(OJHA S.S.)
REWA & ITS ADJOINING AREAS
(AGNIHOTRI S.P.)
BHANDER PLATEAU
(PANDEY R.S.)
PACHMARHI HILLS (THE STUDY REGION)
AREA IN KM²
STREAM ORDER
3rd ORDER
4th ORDER
5th ORDER
6th ORDER

Fig. 10.7.

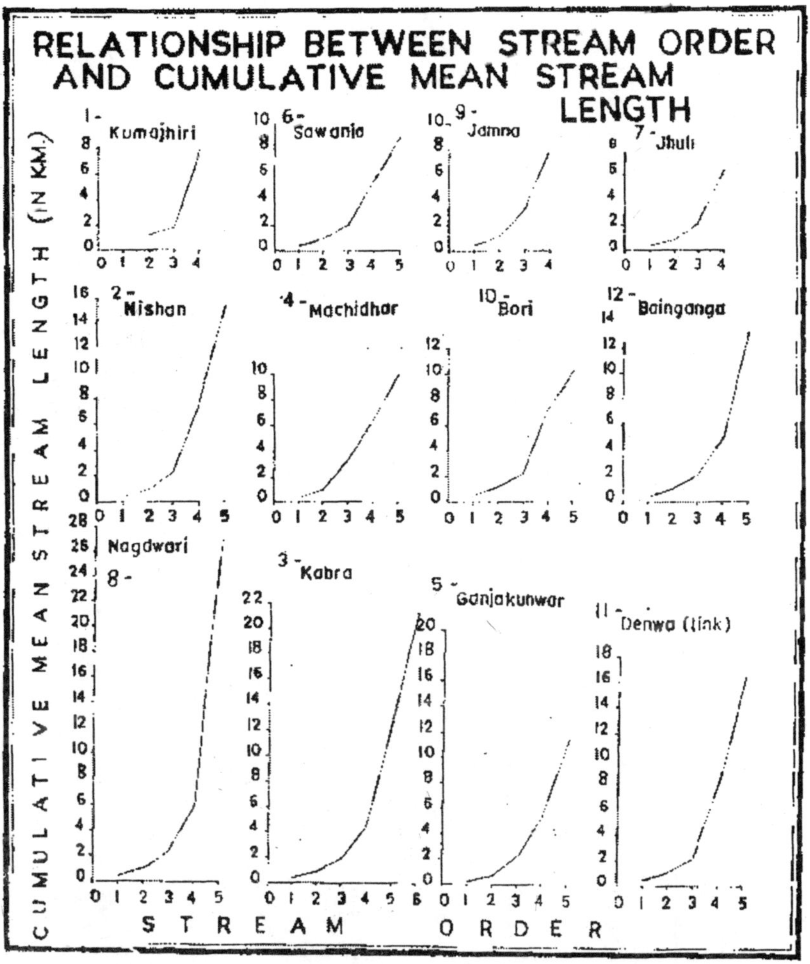
RELATIONSHIP BETWEEN STREAM ORDER AND CUMULATIVE MEAN STREAM LENGTH
CUMULATIVE MEAN STREAM LENGTH (IN KM.)
STREAM ORDER
1 - Kumajhiri
6 - Sawania
9 - Jamna
7 - Jhuli
2 - Nishan
4 - Machidhar
10 - Bori
12 - Bainganga
8 - Nagdwari
3 - Kabra
5 - Ganjakunwar
11 - Denwa (link)

Fig. 10.8.

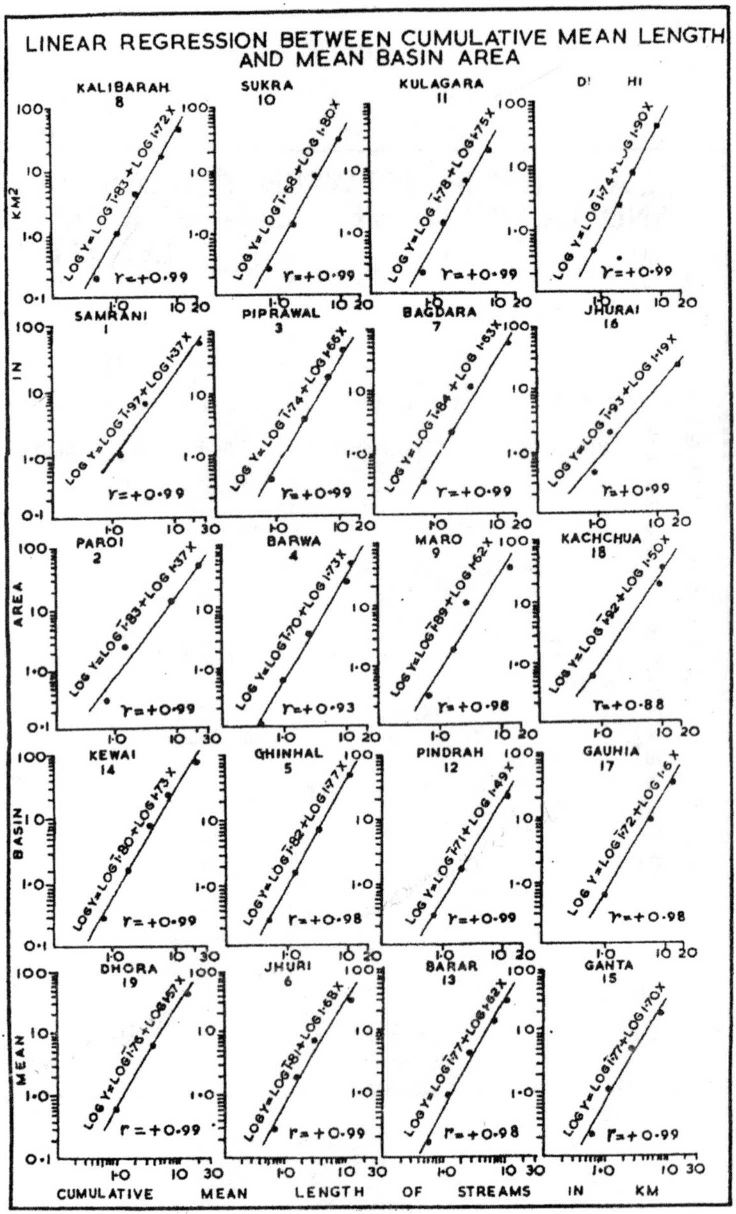
LINEAR REGRESSION BETWEEN CUMULATIVE MEAN LENGTH AND MEAN BASIN AREA
KALIBARAH 8
SUKRA 10
KULAGARA 11
SAMRANI 1
PIPRAWAL 3
BAGDARA 7
JHURAI 16
PAROI 2
BARWA 4
MARO 9
KACHCHUA 18
KEWAI 14
GHINHAL 5
PINDRAH 12
GAUHIA 17
DHORA 19
JHURI 6
BARAR 13
GANTA 15
MEAN BASIN AREA IN KM2
CUMULATIVE MEAN LENGTH OF STREAMS IN KM

Fig. 10.9.

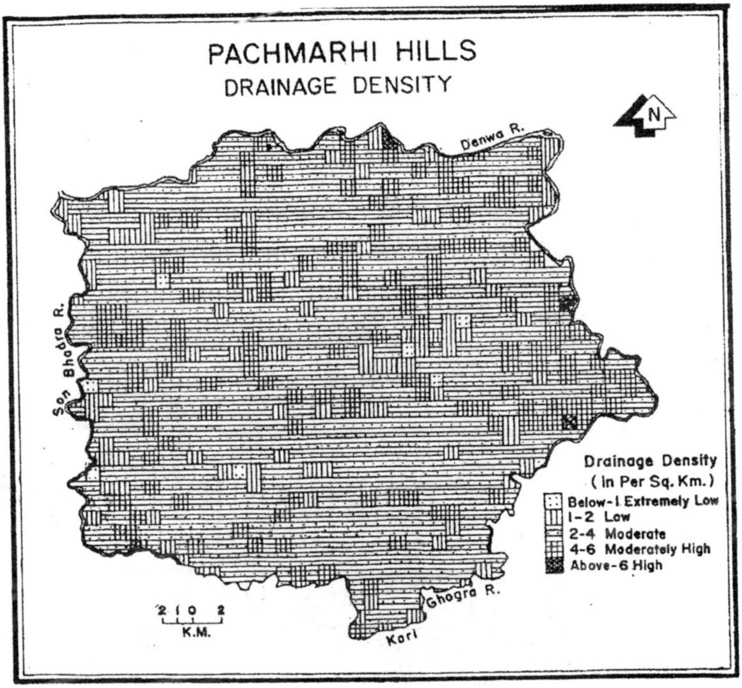
PACHMARHI HILLS
DRAINAGE DENSITY
N
Denwa R.
Son Bhadra R.
Ghogra R.
Kori
2 1 0 2
K.M.
Drainage Density
(In Per Sq. Km.)
Below-1 Extremely Low
1-2 Low
2-4 Moderate
4-6 Moderately High
Above-6 High

Fig. 10.10.

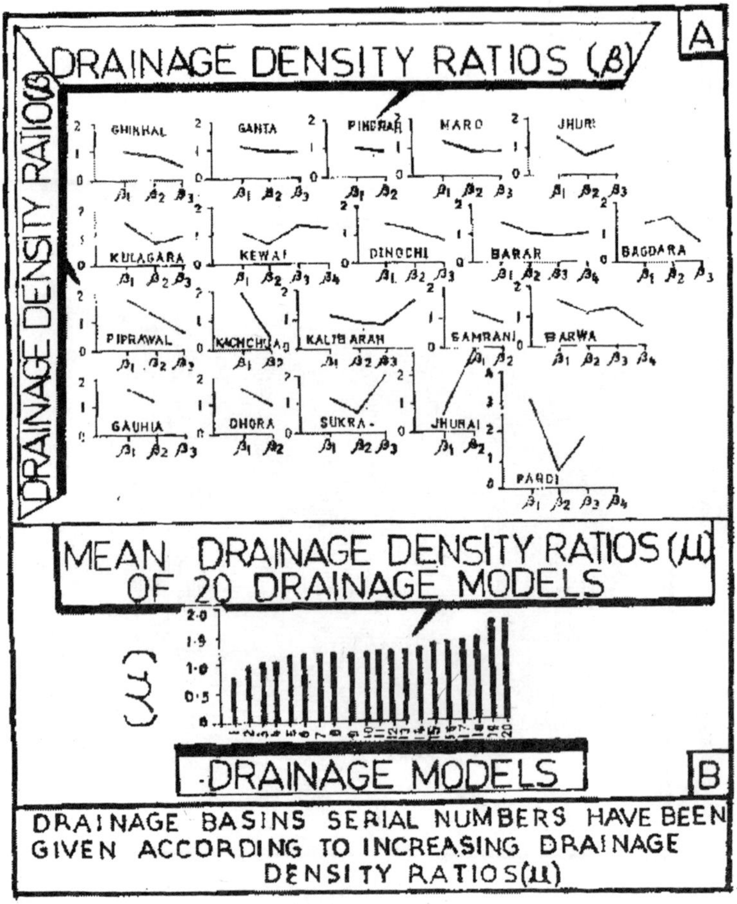
A
DRAINAGE DENSITY RATIOS (β)
DRAINAGE DENSITY RATIOS (β)
GHINHAL
GANTA
MARO
KULAGARA
KEWAI
DINGCHI
BARAR
BAGDARA
PIPRAWAL
KALTIBARAH
SAMBANI
BARWA
GAUHIA
DHORA
SUKRA
JHURAI
PARDI
MEAN DRAINAGE DENSITY RATIOS (μ) OF 20 DRAINAGE MODELS
(μ)
DRAINAGE MODELS
B
DRAINAGE BASINS SERIAL NUMBERS HAVE BEEN GIVEN ACCORDING TO INCREASING DRAINAGE DENSITY RATIOS(μ)

Fig. 10.11.

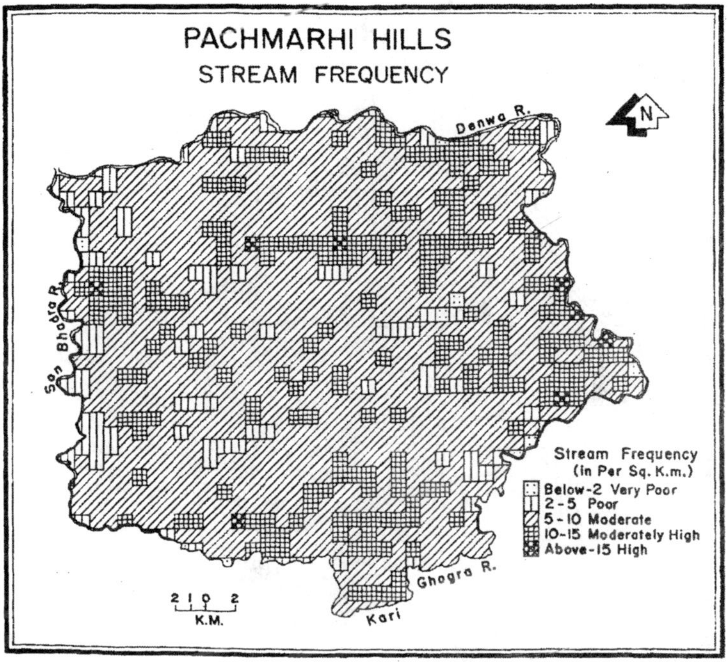
PACHMARHI HILLS
STREAM FREQUENCY
Denwa R.
N
Son Bhadra R.
Ghogra R.
Kari
Stream Frequency
(in Per Sq. K.m.)
Below-2 Very Poor
2-5 Poor
5-10 Moderate
10-15 Moderately High
Above-15 High
2 1 0 2
K.M.

Fig. 10.12.

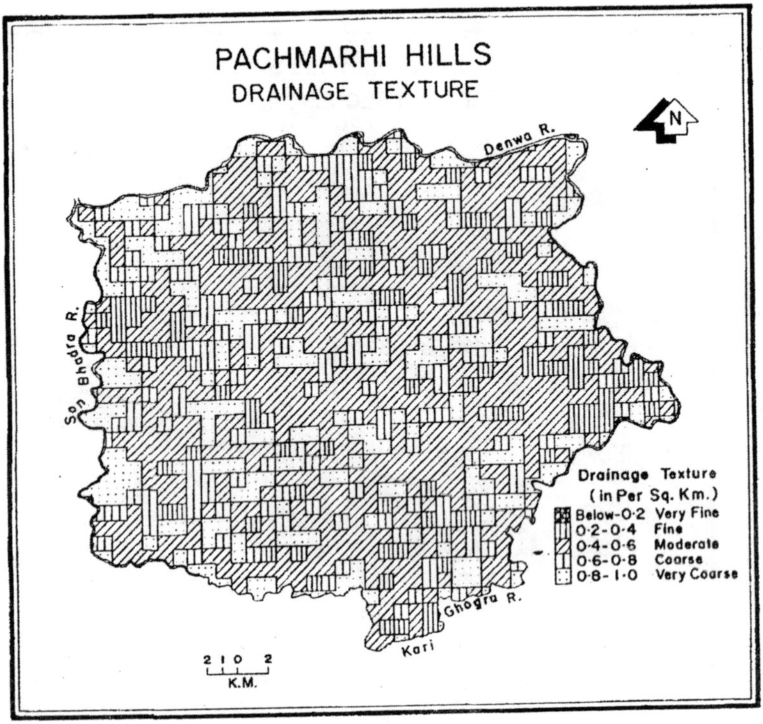
PACHMARHI HILLS
DRAINAGE TEXTURE
N
Denwa R.
Son Bhadra R.
Drainage Texture
(in Per Sq. Km.)
Below-0·2 Very Fine
0·2-0·4 Fine
0·4-0·6 Moderate
0·6-0·8 Coarse
0·8-1·0 Very Coarse
Ghogra R.
Kari
2 1 0 2
K.M.

Fig. 10.13.

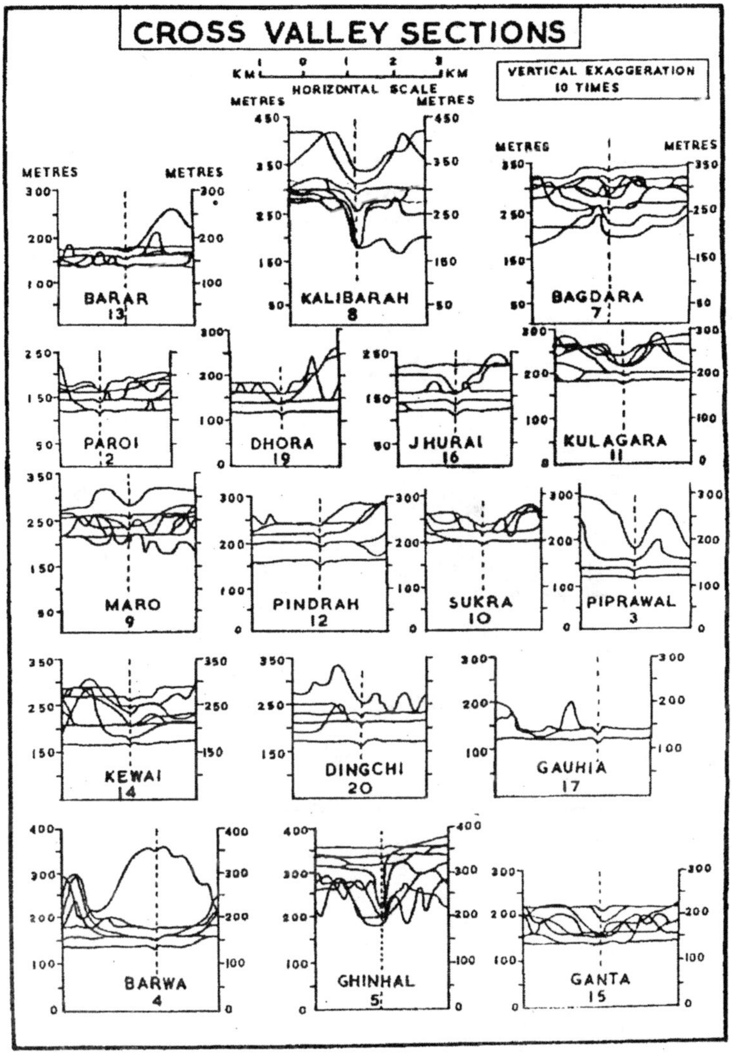
CROSS VALLEY SECTIONS
KM 1 0 1 2 3 KM
HORIZONTAL SCALE
VERTICAL EXAGGERATION 10 TIMES
METRES
BARAR 13
KALIBARAH 8
BAGDARA 7
PAROI 2
DHORA 19
JHURAI 16
KULAGARA 11
MARO 9
PINDRAH 12
SUKRA 10
PIPRAWAL 3
KEWAI 14
DINGCHI 20
GAUHIA 17
BARWA 4
GHINHAL 5
GANTA 15

Fig. 10.14.

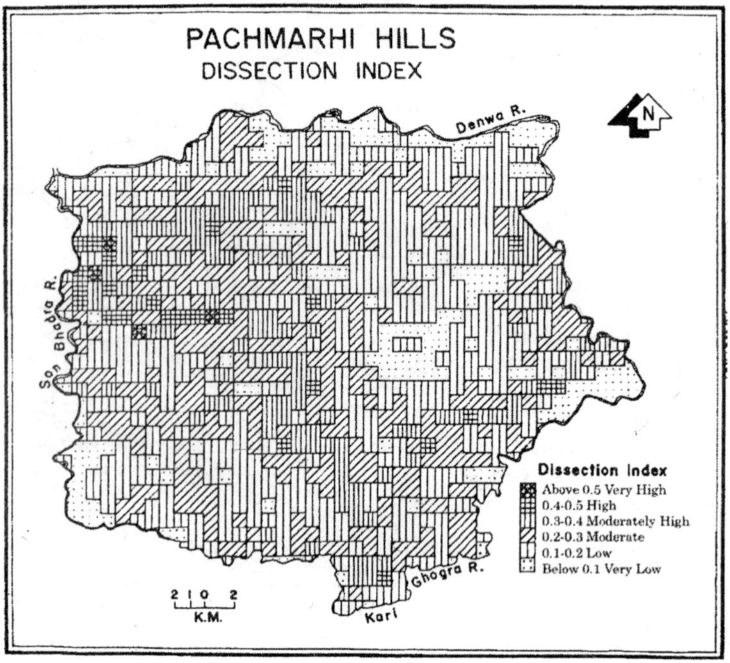
PACHMARHI HILLS
DISSECTION INDEX
Denwa R.
N
Son Bhadra R.
Ghogra R.
Kari
2 1 0 2
K.M.
Dissection Index
Above 0.5 Very High
0.4-0.5 High
0.3-0.4 Moderately High
0.2-0.3 Moderate
0.1-0.2 Low
Below 0.1 Very Low

Fig. 10.15.

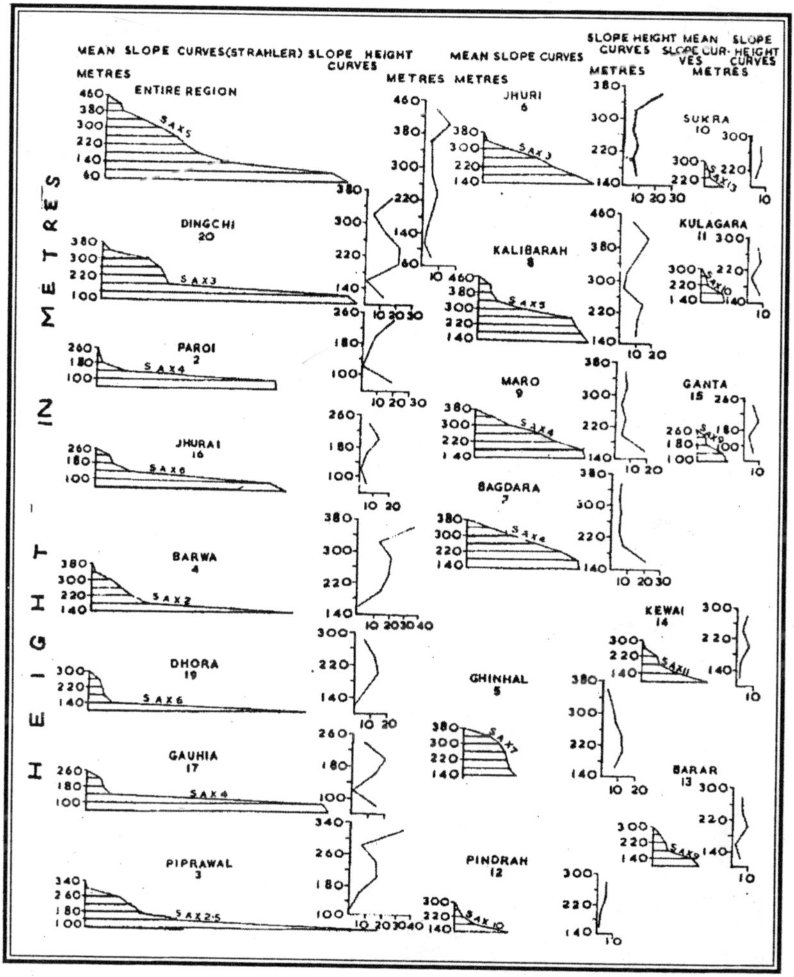
MEAN SLOPE CURVES(STRAHLER) SLOPE HEIGHT CURVES
MEAN SLOPE CURVES
SLOPE HEIGHT CURVES
MEAN SLOPE CURVES
SLOPE HEIGHT CURVES
METRES
HEIGHT IN METRES
ENTIRE REGION
DINGCHI 20
PAROI 2
JHURAI 16
BARWA 4
DHORA 19
GAUHIA 17
PIPRAWAL 3
JHURI 6
KALIBARAH 8
MARO 9
BAGDARA 7
GHINHAL 5
PINDRAH 12
SUKRA 10
KULAGARA 11
GANTA 15
KEWAI 14
BARAR 13

Fig. 10.16.

अध्याय
11

जल की गुणवत्ता
(QUALITY OF WATER)

जल पर्यावरण का जीवन प्रदायी तत्व है। पारितंत्र के अस्तित्व में जल आधार भूत कारक है। पंचतत्वों में जल सर्वोपरि है। समस्त जैव सम्प्रदाय अपने पोषण तत्वों एवं भोजन की प्राप्ति जल के माध्यम से ही करते हैं। मानव जीवन का स्वस्थ स्वरूप भी जल की ही देन है। शुद्ध जल ही मानव बसाव का केन्द्रक होता है। पृथ्वी एवं मानव जीवन का लगभग दो तिहाई भाग जल से ही निर्मित हुआ है। शरीर में पोषक तत्वों का प्रवेश, रक्त संचार, पाचन क्रिया और शरीर की त्याज्य सामग्री का विकास जल पर ही अवलम्बित है। अतः समस्त जीवों के लिए जल की उपलब्धता अनिवार्य है।

जल के नैसर्गिक गुण पर ही संसार टिका है। जल की गुणवत्ता में किसी भी प्रकार से उत्पन्न कमी जीवन को मृत्यु की तरफ उत्प्रेरित करती है। गुणवत्ता का अपना एक मानक होता है। प्राकृतिक अथवा मानवीय कोई भी कारक जल के जीवन पोषक गुण में वृद्धि या ह्रास कर सकते हैं। जल को उसकी गुणवत्ता के आधार पर चार वर्गों में रख सकते हैं (चित्र 11.1)।

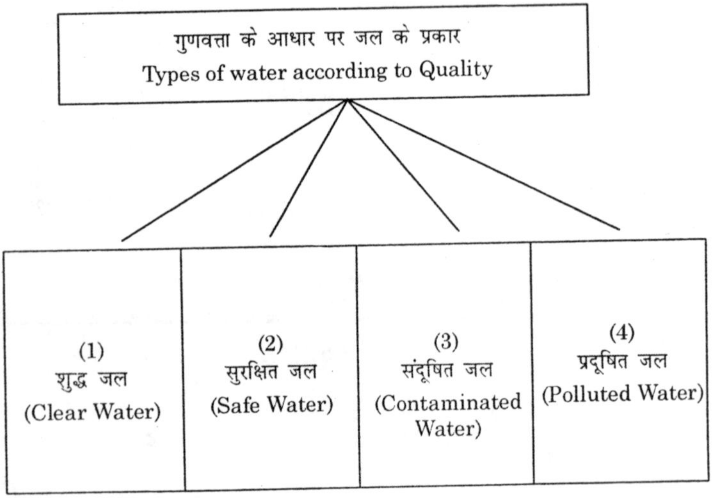

चित्र 11.1. गुणवत्ता के आधार पर जल के प्रकार

1. शुद्ध जल (Clean Water) : जिस जल में किसी भी प्रकार का अवांछनीय पदार्थ न मिला हो और जो स्वास्थ्य के लिए हानिकारक न हो उसे शुद्ध जल या प्राकृतिक जल (Natural Water) कहते हैं।

2. सुरक्षित जल (Safe Water) : सुरक्षित जल वह जल है जिसमें किसी भी प्रकार की अवांछनीय सामग्री के मिलने की सम्भावना नहीं रहती है और साथ ही साथ उसे शुद्ध बनाये रखने के लिए उपचार भी किया जाता है। नगरपालिका द्वारा प्रदत्त जल इसी प्रकार का जल होता है।

3. संदूषित जल (Contaminated Water) : जब जल में भौतिक या कृत्रिम कारणों से गुणवत्ता नाशक सूक्ष्म कीटाणुओं की उपस्थिति हो जाती है तो उसे संदूषित जल कहा जाता है। कुआँ, तालाब एवं नदियों में इस प्रकार के संदूषित जल मिलते हैं।

4. प्रदूषित जल (Polluted Water) : जब जल में कल-कारखानों एवं नगरों के अवशिष्ट पदार्थ मिल जाते हैं तो जल की गुणवत्ता विनष्ट हो जाती है। इस प्रकार का जल कठोर, गन्दा, दुर्गन्धयुक्त एवं स्वाद रहित होता है। इस प्रकार के जल से जानलेवा बीमारियां पैदा होती है।

11.1 जल की गुणवत्ता सम्बन्धी विशेषताएं (Characteristics related to Water Quality)

जल की गुणवत्ता लवणता, रासायनिक एवं भौतिक तत्वों के सम्मिश्रण एवं कीटाणु उपलब्धता के आधार पर जल की निम्नलिखित विशेषताएं पायी जाती हैं–

1. रासायनिक विशेषताएं (Chemical Characteristics) : जल के रासायनिक गुणों के निर्धारण के सन्दर्भ में विद्युतीय कन्डक्टिविटी (Electrical Conductirity), बाई कार्बोनेट (Bicarbonate), बोरोन (Boron), कैल्सियम (Ca), मैगनीशियम (Mg), सोडियम (Na), क्लोराइड (Cl), सल्फेट (SO_4), लीड (Pb), फ्लोराइड (F), आर्सेनिक (As), कापर (Cu), लोहा (Fe) तथा सम्पूर्ण ठोस पदार्थ (Total Solids) का विश्लेषण किया जाता है। इन रासायनिक विशेषताओं का विश्लेषण वजन के अनुसार सान्द्रता (Concentration) बताकर की जाती है। वजन को Parts per million ppm में दिखाते हैं। घुले ठोस पदार्थ को विद्युतीय कन्डक्टिविटी ज्ञात कर प्रस्तुत करते हैं। इसे माइक्रोहोम्स प्रति सेमी. (Micro-mhos/cm) में दिखाते हैं। घुले एवं लटके पदार्थों की गणना फिल्टर करके ज्ञात की जाती है। PH मान पोटेन्सियोमीटर से प्राप्त करते हैं। जल की कठोरता ज्ञात करने के लिए जल को उबालते है और उसमें चूना मिलते है।

2. भौतिक विशेषताएं (Physical Characteristics) : जल में भौतिक गुण किस प्रकार है इसका अनुमान उसमें विद्यमान तापमान (°C) की मात्रा, रंग गॅदलापन (Turbidity), स्वाद (Tastes), गन्ध (Odors), विषैले पदार्थ (Toxic Substances) तथा लवणता या खारेपन (Salinity) के आधार पर किया जाता है। जल का गॅदलापन मृतिका, सिल्ट, जैवीय पदार्थ तथा अति सूक्ष्म जीवों के सम्मिश्रण से होता है। जल का स्वाद एवं गन्ध उसमें विद्यमान वैक्टीरिया, घुलित गैसों एवं खनिज पदार्थों की मात्रा के आधार पर सुनिश्चित होता है। रंग ppm में ज्ञात किया जाता है जो खनिज तत्वों एवं जैविकीय पदार्थों के संयोग से उत्पन्न होता है। गॅदलेपन का मापन टर्बीडिटी मीटर (Turbidity Meter) एवं रंग नेसलर ट्यूब (Nesslar, Tube) के द्वारा करते हैं। जल के स्वाद एवं गन्ध को कम करने के लिए उसे पतला करते हैं।

3. बैक्टीरियाई विशेषताएं (Bacterial Characteristics) : सीवेज के गन्दे पानी में बैक्टीरिया मिलता है जो भौमजल को दूषित कर देता है। इस सन्दर्भ में जल की सुरक्षा हेतु बैक्टीरिया विश्लेषण करते हैं। इसे अधिकांश सम्भावित संख्या (Most Probable Number) के अनुसार प्रदर्शित करते हैं।

जल की उपर्युक्त विशेषताओं के आधार पर उसकी गुणवत्ता का मापन किया जाता है। एक निश्चित सीमा के बाद इनकी मात्रा में वृद्धि से जल प्रदूषित हो जाता है। उत्तर प्रदेश प्रदूषण नियंत्रण बोर्ड ने अन्तर्देशीय धरातलीय जल में मिलने वाली प्रवाह अवनालिकाओं के जल के मानक इस प्रकार निर्धारित किये है (तालिका 11-I)।

तालिका 11-I

अन्तर्देशीय धरातलीय जल में मिलने वाली प्रवाह अवनालिकाओं के जल के मानक (Standards of Discharging Effluents in Inland Surface Water)

क्र.सं.	विशेषताएं	सहन शक्ति की सीमा (Tolerance Limit)
1.	कुल लटकते ठोस मि.ग्रा./लीटर	100
2.	ठोस कणों का आकार	850 माइक्रॉन
3.	pH	5.5 – 9.0
4.	तापमान	40°C से अधिक नहीं
5.	रंग एवं गन्ध	अनुपस्थित होना चाहिए
6.	बी.ओ.डी.	(20°C तापमान पर)
	पाँच दिन, मि.ग्रा./लीटर	30
7.	तेल तथा ग्रीस मि.ग्रा./लीटर	10

8.	फेनोलिक यौगिक मि.ग्रा./लीटर	01
9.	साइनाइड (मि.ग्रा./लीटर)	02
10.	कीटनाशक	अनुपस्थित
11.	क्लोरीन (मि.ग्रा./लीटर)	01
12.	फ्लोराइड (मि.ग्रा./लीटर)	02
13.	आर्सेनिक (संख्या) मि.ग्रा./लीटर	0.2
14.	कैडमियम (Col) मि.ग्रा./लीटर	02
15.	क्रोमियम (Cr) मि.ग्रा./लीटर	0.1
16.	ताँबा (Cu) मि.ग्रा./लीटर	3
17.	सीसा (Pb) मि.ग्रा./लीटर	0.1
18.	पारा, मि.ग्रा./लीटर	0.01
19.	निकिल (Ni) मि.ग्रा./लीटर	3.0
20.	सेलेनियम (Sc) मि.ग्रा./लीटर	0.05
21.	सी.ओ.डी. मि.ग्रा./लीटर	250
22.	रेडियोधर्मी पदार्थ (*i*) अल्फा विकिरण (माइक्रो ग्रा./लीटर) – 10 –7 (*ii*) बीटा विकिरण (माइक्रो ग्रा./लीटर) – 10 – 6	

विश्व स्वास्थ्य संगठन (WHO) ने जल के उपद्रव्यों की सीमा निर्धारित कर जल की शुद्धता को परखने का एक औसत मानक प्रस्तुत किया है। विश्व स्वास्थ्य संगठन के आधार पर शुद्ध जल में निहित अपद्रव्यों की मात्रा निम्नवत् होनी चाहिए (तालिका 11-II)।

तालिका 11-II

शुद्ध जल में निहित अपद्रव्यों की मात्रा

क्र.सं.	अपद्रव्य	उच्चतम सीमा मि.ग्रा./लीटर में
1.	कैल्सियम	75.00
2.	मैगनेशियम	30.00
3.	सल्फेट	200.00
4.	क्लोराइड	200.00
5.	जस्ता	5.00
6.	लोहा	0.1
7.	मैगनीज़	0.5
8.	ताँबा	0.5

11.2 जल गुण आधार (Water Quality Criteria)

जल का सर्वाधिक उपयोग पीने के लिए होता है। सिंचाई तथा औद्योगिक कार्यों में भी इसका उपयोग किया जाता है। विभिन्न उत्तम उपयोगों के लिए जल की गुणवत्ता के मानक तालिका संख्या 11-III में प्रस्तुत किये गये हैं। भौमजल सर्वाधिक उपयुक्त माना जाता है किन्तु उसमें विद्यमान भौतिक, रासायनिक एवं जैविक तत्व भी उसे कई प्रकारों में विभक्त कर देते हैं।

तालिका 11-III

विभिन्न उत्तम उपयोगों के लिए जल की गुणवत्ता के मानक

जल की गुणवत्ता का वर्गीकरण करने वाले मानक	उत्तम उपयोग प्रभावित	गुणवत्ता मानक	प्रस्तावित गुणवत्ता
A.	पेय जल स्रोत (बिना उपचार किन्तु संक्रमण विहीन करने के बाद	1. कोलीफार्म MPN	50/100 मि.ली. से कम
		2. प्रकाशावरोध	10 इकाई से कम
		3. रंग	10 इकाई से कम
		4. बी.ओ.डी.	2 कि.ग्रा./लीटर से कम
		5. सी.ओ.डी.	6 मि.ग्रा./ली. से अधिक
		6. कीट नाशकों सहित जहरीले पदार्थ	अनुपस्थित
		7. तैरता पदार्थ	अनुपस्थित
		8. स्वाद एवं गन्ध	न मालूम पड़ने योग्य
B.	स्नान, तैराकी एवं मनोरंजन (नौका विहार आदि)	1. कोलीफार्म MPN	500/100 मि.ली. से कम
		2. प्रकाशावरोध	5 इकाई से कम
		3. रंग	10 इकाई से कम
		4. बी.ओडी.	3 मि.ग्रा./ली. से कम
		5. डी.ओ.	5 मि.ग्रा./ली. से अधिक
		6. कीटनाशकों सहित जहरीले पदार्थ	अनुपस्थित
		7. तैरता पदार्थ	न मालूम पड़ने योग्य
		8. स्वाद एवं गन्ध	न मालूम पड़ने योग्य
C.	पेयजल स्रोत उपचार के बाद	1. कोलीफार्म बैक्टीरिया	5000/100 मि.ली. से कम

		2. रंग	25 इकाई से कम
		3. बी.ओ.डी.	3 मि.ग्रा./ली. से कम
		4. डी.ओ.	4 मि.ग्रा./ली. से अधिक
		5. कीट नाशकों सहित जहरीले पदार्थ	अनुपस्थित
D.	वन्य जीव एवं मत्स्य का प्रसार	1. कोलीफार्म	5000/100 मि.ली. से कम
		2. बी.ओ.डी.	5 मि.ग्रा./ली. से कम
		3. डी.ओ.	4 कि.ग्रा./ली. से अधिक
		4. जहरीले पदार्थ	अनुपस्थित
E.	सिंचाई, औद्योगिक कार्य शीतन एवं नियन्त्रित अपशिष्ट विस्तारण	1. TDS	1000 मि.ग्रा./ली. से कम
		2. कैल्सियम + मैगनीशियम	100 मि.ग्रा./ली. से कम
		3. सोडियम	0.5 मि.ग्रा./ली. से कम
		4. क्लोराइड	250 मि.ग्रा./ली. से कम
		5. बोरोन	2 मि.ग्रा./ली. से कम

अमेरिकन पब्लिक हेल्थ एसोशियेशन न्यूयार्क (1955 P. 552) ने पीने योग्य जल का एक मानक प्रस्तुत किया है (तालिका 11-IV) जिसमें जल में निहित रासायनिक तत्वों की उच्चतम अनुमोदित सीमा दी गयी है। यदि किसी जल में इन पदार्थों की मात्रा निर्धारित सीमा से ऊपर पायी जाती है तो जल स्वास्थ्य के लिए अहितकर होता है।

तालिका 11-IV

पीने के पानी का मानक (Standards for Drinking Water)

रासायनिक विशेषता	अनुमोदित उच्चतम सीमा (ppm)
लीड (Pb)	0.1
फ्लोराइड (F)	1.5
आर्सेनिक (As)	0.05
कापर (Cu)	3.0
लोहा + मैगनीज (Fe + Mn)	0.3
मैगनीशियम (Mg)	125.00
जिंक (Zn)	15.0
क्लोराइड (Cl)	250.00
सल्फेट (SO_4)	250.00
फेनोल	0.001
सम्पूर्ण आवश्यक घुले ठोस पदार्थ	500.00
सम्पूर्ण अनुमोदित ठोस पदार्थ	1000.00

तालिका 11-V में घरेलू कार्यों हेतु भौतिक एवं रासायनिक तत्वों के मानक दिये गये हैं।

तालिका 11-V

घरेलू कार्यों हेतु जल की गुणवत्ता मानक

तत्व	भारत (1962)		WHO अन्तर्राष्ट्रीय (1971)		WHO यूरोपियन (1961)	
	अनुमोदित	अधिक	अनुमोदित	अधिक	अनुमोदित	अधिक
गॅदलापन (फार्मेजीन)	5	25	5	50	5	—
रंग (हेजेन)	5	25	5	25	5	—
pH	7.0 – 8.5	6.5 – 8.5	7.0 – 8.5	6.5 – 9.2	7.0 – 8.5	6.5 – 9.2
सम्पूर्ण ठोस (ppm)	500	1500	500	1500	—	—
सम्पूर्ण हार्डनेस	300	600	100	500	100	250
क्लोराइड (ppm)	200	1000	200	600	350	—
सल्फेट (ppm)	250	400	200	400	250	—
नाइट्रेट (ppm)	20	30	11.3	22.6	50	—
फ्लोराइड (ppm)	1.0	2.0	0.6 – 0.9	0.8 – 12	1.5	—
कैल्सियम (ppm)	75	200	75	200	—	—
मैगनीशियम (ppm)	50	150	30	150	125	—
लोहा (ppm)	0.3	1.0	0.1	1.0	0.05	0.3
कापर (ppm)	1.0	3.0	0.05	1.5	3.00	—
जिंक (ppm)	5.0	15.0	5.0	15.00	5.0	—

तालिका संख्या 11-VI में इलेक्ट्रिकल कन्डक्टिविटी के आधार पर सिंचाई योग्य जल की गुणवत्ता को दर्शाया गया है–

तालिका 11-VI

इलेक्ट्रिकल कन्डक्टिविटी (Micro-mhos/cm) 25°C तापमान पर	TDS (ppm)	pH Value	सिंचाई हेतु उपयुक्तता	SAR
< 250	< 400	6.5 – 8.0	बहुत उपयुक्त	< 10
250 – 750	400 – 800	8.0 – 8.5	ठीक	10 – 18
750 – 2000	800 – 1000	8.5 – 9.2	अनुमोदित	18 – 26
2000 – 2250	1000 – 1200	>9.2	संदिग्ध	>26
>2250	>1200	—	अनुपयुक्त	—

पशुओं के उपयोग हेतु भी जल गुण सुनिश्चित होता है। तालिका संख्या 11-VII में पशुओं हेतु उपयोगी जल की उच्चतम सीमा का निर्धारण प्रस्तुत किया गया है–

तालिका 11-VII

पशु उपयोग हेतु जल का रासायनिक गुण

तत्व	उच्चतम सीमा (Upper Limit in ppm)
आर्सेनिक (As)	0.05
कैडमीयम (Cd)	0.01
क्रोमियम (Cr)	0.05
फ्लोराइड (F)	2.40
लीड (Pb)	0.05
सेलेनियम (Se)	0.01
सम्पूर्ण घुले ठोस पदार्थ (TDS)	10,000.00
मैग्नीशियम सल्फेट (Mg So_4)	2050
सोडियम क्लोराइड (NaCL)	2000
सल्फेट (So_4)	1000

स्रोतः विश्व स्वास्थ्य संगठन 1961 एवं 1971।

तालिका संख्या 11-VIII में जन-जल आपूर्ति एवं मत्स्य जीवन के लिए अन्तर्देशीय धरातलीय जल की सहन शक्ति सीमा का विश्लेषण किया गया है–

तालिका 11-VIII

जन जल आपूर्ति एवं मत्स्य जीवन के लिए अन्तर्देशीय धरातलीय जल की सहन शक्ति सीमा

	विशेषताएं	अन्तर्देशीय जलापूर्ति एवं स्नान के लिए सहन शक्ति सीमा	मत्स्य जीवन के लिए अन्तर्देशीय जल की सहन शक्ति सीमा
1.	क्लोरोफार्म वैक्टीरिया	5000 MPN से कम	5000 MPN से कम
2.	pH	6 – 9	6 – 9
3.	फ्लोराइडड्स (मि.ग्रा./ली.)	1.5	—
4.	क्लोराइड	600	—

	(मि.ग्रा./ली.)		
5.	डी.ओ.	0	40
	(मि.ग्रा./ली.)		
6.	B.O.D.	3.0	—
	(5 दिन एवं 20°C)		
7.	तेल एवं ग्रीस	0.1	—
	(5 दिन एवं 20°C)		
8.	फेनोलिक कम्पाउण्ड	0.001	—
	(5 दिन एवं 20°C)		
9.	साइनाइड (5 दिन एवं 20°C)	0.01	—
10.	आमोनिया युक्तनाइट्रोजन	—	1.2
	(5 दिन एवं 20°C)		
11.	सेलेसियम (5 दिन एवं 20°C)	0.05	—
12.	सीसा (5 दिन एवं 20°C)	0.10	—
13.	तापमान (5 दिन एवं 20°C)	40°C	40°C
14.	कीटनाशक (5 दिन एवं 20°C)	शून्य	शून्य
15.	भारी धातुएँ (5 दिन एवं 20°C)	शून्य	शून्य

11.3 जल आवश्यकता (Water Requirement)

वैसे तो जल जड़ चेतन सभी के लिए अनिवार्य एवं आवश्यक है लेकिन सृष्टि के सर्वश्रेष्ठ प्राणी मानव के लिए इसकी परम आवश्यकता है। जल की आवश्यकता को निम्न रूपों में प्रस्तुत कर सकते हैं (चित्र 11.2)।

1. घरेलू आवश्यकता (Domestic Requirement)

ग्रामीण क्षेत्रों में पीने के लिए जल की आवश्यकता 40 लीटर प्रतिदिन प्रति व्यक्ति निर्धारित की गयी है जबकि कुल जल की आवश्यकता 70 लीटर प्रतिदिन प्रति व्यक्ति मानी गयी है। जो वर्तमान समय में 125 लीटर से अधिक हो गयी है। नगरीय क्षेत्रों में प्रति व्यक्ति प्रतिदिन जल की आवश्यकता 135 लीटर है। भारत में औसत रूप में 19 हजार करोड़ घन मीटर पानी उपयोग के लिए प्राप्त होता है जिसका 86% भाग नदियों, झीलों, सरोवरों एवं पोखरों का है। Indian Standards Institutions of Information के अनुसार घरेलू उद्देश्यों के लिए जल के उपयोग (तालिका 11-IX) को दर्शाया गया है–

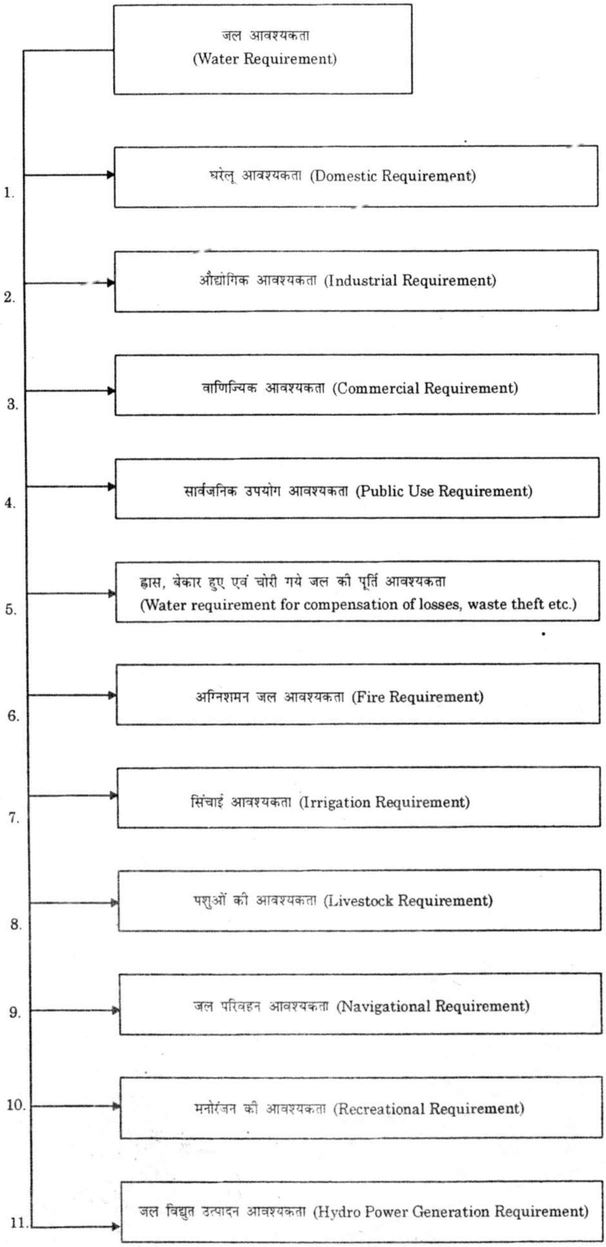

चित्र 11.2 जल की आवश्यकता

तालिका 11-IX

घरेलू उद्देश्यों के लिए जल का उपयोग

	उद्देश्य	**जल उपयोग प्रतिदिन/लीटर/प्रति व्यक्ति**
1.	पीने में	2.3 लीटर
2.	खाना बनाने में	4.5 लीटर
3.	धार्मिक कार्य/शुद्धि के लिए	18.5 लीटर
4.	रसोई घर में बर्तनों की सफाई के लिए	13.6 लीटर
5.	कपड़ों की धुलाई के लिए	13.6 लीटर
6.	शौचालय के लिए	27.3 लीटर
7.	स्नान के लिए	27.3 लीटर
	योग	107.1 लीटर

हुसेन, एच.के. (1975, Quantity of Water, Water Supply and Sanitory Engineering, P.79) के अनुसार भारत के प्रमुख शहरों में प्रति व्यक्ति/प्रति दिन जल का उपयोग इस प्रकार है (तालिका 11-X)।

तालिका 11-X

प्रमुख भारतीय शहरों में जल उपयोग

प्रमुख शहर	**जल उपयोग/लीटर/प्रति व्यक्ति/प्रतिदिन**
आगरा	115
इलाहाबाद	125
बंगलौर	190
भोपाल	100
बम्बई	320
कलकत्ता	190
दिल्ली	160
ग्वालियर	90
हैदराबाद	205
कानपुर	205
लखनऊ	90
मद्रास	160
मथुरा	120
पटना	115
पूना	275
वाराणसी	115

2. औद्योगिक आवश्यकता (Industrial Requirement)

उद्योगों की प्रकृति के आधार पर जल उपयोग सुनिश्चित होता है। सामान्य रूप में उद्योगों में 45 लीटर प्रतिदिन जल की आवश्यकता होती है। बड़े औद्योगिक नगरों में यह मात्रा 450 लीटर प्रतिदिन ऑकी गयी है। तालिका 11-XI में औद्योगिक जल आवश्यकता को प्रदर्शित किया गया है–

तालिका 11-XI

औद्योगिक जल आवश्यकता (1984)

उद्योगों के प्रकार	प्रतिदिन जल आवश्यकता 1000 ली. में
1. चीनी	1390
2. कागज	2800
3. रसायन (एसिड, बेसिन अन्य)	800
4. रेलवे काम्प्लेक्स	14000
5. उर्वरक	5825
6. फर्मास्यूटिकल	280
7. ग्लास	1400
8. लोहा एवं इस्पात	300
9. कोल्ड स्टोरेज	1000
10. रबर एवं प्लास्टिक	100
11. कृषि उपकरण	50

3. वाणिज्यिक आवश्यकता (Commercial Requirement)

नगरों के वाणिज्यिक क्षेत्रों के लिए 20 लीटर प्रति व्यक्ति प्रतिदिन जल की आवश्यकता औसतन होती है। तालिका 11-XII में वाणिज्यिक जल आवश्यकता को प्रदर्शित किया गया है–

तालिका 11-XII

वाणिज्यिक जल आवश्यकता

उपयोग क्षेत्र	औसत आवश्यकता प्रतिदिन प्रति व्यक्ति लीटर में
1. स्नानघर से युक्त भवन	45
2. स्नानघर विहीन भवन	30
3. अस्पताल (प्रति विस्तर)	
(*i*) 100 से कम विस्तर	340
(*ii*) 100 से अधिक विस्तर	450
4. नर्सिंग होम एवं मेडिकल क्वार्टर्स	135
5. छात्रावास	135

6.	होटल (प्रति विस्तर)	180
7.	रेस्टोरेन्ट (प्रति सीट)	70
8.	ऑफिस	45
9.	सिनेमा हाल, आडिटोरियम (प्रति सीट)	15
10.	स्कूल	
	(*i*) दैनिक	45
	(*ii*) आवासीय	135

4. सार्वजनिक उपयोग आवश्यकता (Public Use Requirement)

सार्वजनिक जल मुख्य रूप से पार्कों, बगीचों, सड़कों पर छिड़काव, फौव्वारों आदि के रूप में प्रयुक्त होता है। सार्वजनिक उपयोग आवश्यकता हेतु 10 लीटर जल प्रतिदिन प्रति व्यक्ति निर्धारित किया गया है।

5. ह्रास, बेकार हुए एवं चोरी गये जल की पूर्ति हेतु आवश्यकता (Water Requirement for Conservation of Losses, Waste, Theft etc.)

इस सन्दर्भ में प्रतिदिन प्रति व्यक्ति 55 लीटर जल की आवश्यकता महसूस की गयी है। एक अनुमान के आधार पर सम्पूर्ण खपत का 15% जल ह्रास हो जाता है। अधिकांश क्षति रिसाव के कारण होती है।

6. अग्निशमन जल आवश्यकता (Fire Requirement)

आकस्मिक रूप से अग्नि प्रकोप से बचने के लिए अतिरिक्त जल का संचय किया जाता है। औसतन एक लीटर जल प्रतिदिन प्रति व्यक्ति के हिसाब से अग्नि शमन हेतु जल की आवश्यकता होती है।

7. सम्पूर्ण म्यूनिसिपल जल आवश्यकता (Total Municipal Water requirement)

सम्पूर्ण म्यूनिसिपल जल की आवश्यकता 270 लीटर प्रति व्यक्ति प्रतिदिन है। सम्पूर्ण म्यूनिसिपल जल की आवश्यकता तालिका 11-XII में वर्णित है–

तालिका 11-XII

सम्पूर्ण म्यूनिसिपल जल आवश्यकता

विवरण	उपयोग लीटर प्रतिदिन प्रति व्यक्ति
1. घरेलू आवश्यकता	135
2. औद्योगिक आवश्यकता	50
3. वाणिज्यिक आवश्यकता	20
4. सार्वजनिक उपयोग आवश्यकता	10
5. ह्रास, बेकार जलपूर्ति आवश्यकता	55
योग	270

8. सिंचाई आवश्यकता (Irrigation Requirement)

सिंचाई हेतु जल की आवश्यकता ग्रामीण क्षेत्रों में होती है। भारत की विभिन्न फसलों के लिए जल की आवश्यकता इस प्रकार है (तालिका 11-XIII)।

तालिका 11-XIII
भारतीय फसलों हेतु जल आवश्यकता

फसल	औसत जल गहराई आवश्यकता (सेमी.)
गेहूँ	41.0
चना	30.0
जौ	35.00
आलू	70.0
तिलहन	24.0
गन्ना	90.0
धान	116.0
दालें	25.0
बाजरा	30.0
ज्वार	30.0
मक्का	45.0
मूँगफली	45.0
कपास	35.0
तम्बाकू	60.0

9. पशुओं की आवश्यकता (Livestock Requirement)

ग्रामीण एवं नगरीय क्षेत्रों में पशुपालन की विभिन्न विधाओं में जल की आवश्यकता होती है। विभिन्न पशुओं को जल की आवश्यकता भिन्न-भिन्न है (तालिका 11-XIV)।

तालिका 11-XIV
पशुओं को जल की आवश्यकता

पशु	जल आवश्यकता लीटर प्रतिदिन प्रति पशु
गाय	70
बैल	75
भैंस	100
भैंसा	90

भेड़	12
बकरी	12
सुअर	16
घोड़ा, खच्चर, गधा	65
ऊँट	60
मुर्गी	0.8
अन्य जानवर	15.0

10. जल परिवहन आवश्यकता (Navigational Requirement)

जल परिवहन हेतु 4 मीटर गहरा जल सर्वोत्तम होता है। सामान्यत: जहाजों मोटर बोट, स्ट्रीमर इत्यादि के संचालन हेतु 3 मीटर गहरा जल आवश्यक है।

11. मनोरंजन जल आवश्यकता (Recreational Requirement)

जल मनोरंजन के स्थल बनते जा रहे है। झीलों, फौब्बारों, जलाशयों इत्यादि हेतु प्रर्याप्त जल की आवश्यकता देखी गयी है।

12. जल विद्युत उत्पादन में जल की आवश्यकता (Hydro Power Generation Requirement)

जल विद्युत एक महत्वपूर्ण संसाधन है जो देश के विकास के लिए आवश्यक है। इसमें अतिरिक्त जल का उपयोग विद्युत शक्ति बनाने में किया जाता है। बहुउद्देश्यीय योजनाओं में जल विद्युत उत्पादन भी सम्मिलित होता है। विशेषकर टरबाइन संचालित करने हेतु अधिक जल की आवश्यकता होती है।

11.4. धरातलीय जल गुण आधार (Surface Water Quality Criteria)

धरातलीय जल विशेषकर नदियों में संचित एवं प्रवाहित होता है। भारत की विभिन्न नदियों में जल भण्डारण क्षमता इस प्रकार है (तालिका 11-XV)।

तालिका 11-XV

महत्वपूर्ण नदियों की जल भण्डारण क्षमता

नदी बेसिन	भण्डारण मिलियन घन मीटर	भण्डारण में बेसिन जल निष्पादन प्रतिशत
सिंधु	14,419	34
गंगा	33,476	7
ब्रह्मपुत्र	142	नगण्य
साबरमती	1017	33
माही	4286	56

नर्मदा	2550	6
ताप्ती	8148	45
सुवर्णरेखा	283	4
ब्राह्मणी	3953	22
महानदी	7926	12
गोदावरी	14858	15
कृष्णा	29,860	44
पेनार	– 1978	61
कावेरी	5478	26
Source	Chaudhari,	1982

विश्व स्वास्थ्य संगठन (WHO, 1971) के अनुसार नदियों से पेयजल आपूर्ति हेतु प्रस्तावित सरिता जल का मानक इस प्रकार है (तालिका 11-XVI)।

तालिका 11-XVI
पेय जल आपूर्ति हेतु प्रस्तावित सरिता मानक
(Proposed stream standards for Potable water supply)

गुणवत्ता मापन Quality Parameter	**सरिता मानक स्तर** (Suggested Level of Stream Standard)
Faecal Coliform Density	Effluent Quality of Similar to the natural State of Surface Water
pH	6.5 – 8.5
D.O	> 2 mg/L
Arsenic	< 0.05 mg/L
Lead	< 0.05 mg/L
Chromium (hexavalent)	< 0.05 mg/L
Cyanide	< 0.02 mg/L
Phenolic substances	< 0.002 mg/L
Chlorides	< 1000 mg/L
Total dissolved solids	< 4000 mg/L

सिंचाई हेतु प्रस्तावित सरिता मानक (Proposed Stream Standards for Irrigation) तालिका II-XVII में प्रस्तुत किया गया है–

तालिका 11-XVII
Proposed Stream Standards for Irrigation

Quality Parameter	Suggested Level Stream Standard
1. Total dissolved solids (TDS)	< 400 mg/L (Poor drainage) < 1000 mg/L (Good drainage) < 2000 mg/L (Salt resistant) crop, good drainage, proper water management and low SAR (E C loss than 225 millisiemens per m at 25°C)
2. Sodium adsorption ratio (SAR)	< 10 (Poor drainage) < 18 (Good drainage)
3. Boron	< 1.25 mg (Sensitive crops) < 4 mg/L (Tolerent crops)
4. Dissolved Oxygen	> 2 mg/L
5. Faecal Coliform Density	> 100/100 ml

मत्स्यन हेतु प्रस्तावित सरिता मानक (तालिका 11-XVIII) का उल्लेख इस प्रकार प्रस्तुत किया जा सकता है–

तालिका 11-XVIII
Proposed Stream Standards for Fishing

Quality Parameter	Suggested Level Stream Standard
CO_2	< 12 mg/L
pH	6.5 – 8.5
NH_3	< 1 mg/L
Heavy Metal	< 1 mg/L
Copper	< 0.02 mg/L
Arsenic	< 1 mg/L
Lead	< 0.1 mg/L
Selenium	< 0.1 mg/L
Cyanides	< 0.012 mg/L
Phenols	< 0.02 mg/L
Dissolved Solids	< 1000 mg/L
Detergents	< 0.2 mg/L
Dissolved Oxygen	> 2 mg/L
Pesticides-DDT	< 0.002 mg/L
Endrin	< 0.004 mg/L
B H C	< 0.21 mg/L
Methyl Parathion	< 0.10 mg/L
Malathion	< 0.16 mg/L

11.5. जल का अलवणीकरण (Desalination of Water)

पीने योग्य जल को ताजा जल (Fresh Water) कहते हैं। धरातल के झीलों सागरों महासागरों आदि में संचित जल का 97% जल खारा होता है। अलवणीकरण का तात्पर्य जल में से लवण की मात्रा को निकालकर उसे ताजा जल में परिवर्तित करने से है। शुद्ध जल आपूर्ति हेतु अन्तर्राष्ट्रीय स्तर पर खोज कार्य चल रहे हैं। अमेरिका ऐसे देशों में अग्रगणी माना जाता है। भारत में नीरी नागपुर, पूना के रसायनिक प्रयोगशाला तथा जोधपुर की केन्द्रीय शुष्क जोन शोध संस्थान में जल को शुद्ध करने के कार्य किये जा रहे हैं। वर्तमान समय में 600 से अधिक अलवणीकरण प्लान्ट कार्य कर रहे हैं जिनसे प्रतिदिन 1 मिलियन लीटर खारा जल शुद्ध किया जाता है। संयुक्त राज्य अमेरिका में 200 वाणिज्यिक प्लान्ट, कुवैत में 50 प्लान्ट तथा भारत में गुजरात के अविन्तिया स्थान पर एक अलवणीकरण प्लान्ट लगा है। इस प्लान्ट से प्रतिदिन 5000 लीटर सागरीय जल शुद्ध किया जाता है। भारत के तटवर्ती गुजरात, आन्ध्र प्रदेश एवं तमिलनाडु एक प्लान्ट लगाने की योजना में हैं।

11.6. अलवणीकरण की विधियाँ (Methods of Desalination)

खारे जल से लवणों को निष्पादित करने के निम्नलिखित तरीके हैं–

1. वाष्पीकरण एवं डिस्टीलेसन द्वारा अलवणीकरण (Desalination by Evaporation and Distillation)
2. इलेक्ट्रोडायलिसिस विधि (Electrodialysis Method)
3. रिवर्स आस्मोसिस विधि (Reverse Osmosis Method)
4. हिमीकरण प्रक्रिया (Freezing Process)
5. सौर्यिक डिस्टीलेसन विधि (Solar Distillation Method)
6. अन्य विधियाँ (Other Methods) जैसे रासायनिक विधि से खारे जल के साथ प्रोपेन गैस (Propane gas) को प्रवेश देकर जल का अलवणीकरण।

सम्भावित प्रश्न

1. गुणवत्ता के आधार पर जल को वर्गीकृत कीजिए।
2. जल की गुणवत्ता मापन सम्बन्धी विशेषताओं का उल्लेख कीजिए।
3. जल की गुणवत्ता के प्रमुख आधारों की व्याख्या कीजिए।
4. विभिन्न प्रयोजनों हेतु जल की आवश्यकता पर टिप्पणी लिखिए।
5. धरातलीय जल के गुण आधार को स्पष्ट कीजिए।
6. जल के अलवणीकरण का क्या अभिप्राय है। अलवणीकरण की विभिन्न विधियों का वर्णन कीजिए।

अध्याय

12

बाढ़ नियंत्रण एवं बाढ़ नियोजन
(FLOOD CONTROL AND FLOOD PLANNING)

12.1 बाढ़ का आशय (Meaning of Flood)

बाढ़ प्राकृतिक प्रकोपों में एक सार्वभौमिक या विश्व व्यापी समस्या है। धरातल के विस्तृत भाग के लगातार कई दिनों तक जलमग्न रहने की अवस्था को बाढ़ की संज्ञा दी जाती है। जल से अप्रभावित क्षेत्रों में आकस्मिक जल प्लावन की स्थिति को बाढ़ कहते हैं। बाढ़ एवं जल प्लावन में थोड़ा सा अन्तर है। जब वर्षण जल अपने प्रवाह मार्ग जैसे नदी, नाला आदि के जलाधिग्रहण क्षेत्र से न बहकर आस-पास के क्षेत्रों में फैल जाता है तो उसे बाढ़ कहते हैं। प्रवाह मार्ग के अभाव में जब वर्षा जल किसी स्थान पर रूक जाता है, तो उसे जल प्लावन (Inundation) कहते है।

बाढ़ एक संचयी वायुमण्डलीय प्रकोप है। स्थलीय भू-भाग का कई दिनों तक जलमग्न रहना बाढ़ कहलाता है। बाढ़ नदी जलधिग्रहण क्षेत्र में जलातिरेक के कारण उत्पन्न होती है। बाढ़ एक प्राकृतिक या मानव जनित घटना है जो अति जल वर्षा के कारण होती है। बाढ़ के कारण आर्थिक एवं पर्यावरणीय क्षति होती है। सम्पूर्ण विश्व का लगभग 3.5 प्रतिशत भू-भाग बाढ़ से प्रभावित है। बाढ़ का सम्बन्ध नदी जल प्रवाह के किनारों से ऊपर नदी जल बहाव से होता है जिससे समीपवर्ती भागों में जलमग्न दशा से भीषण तबाही का दृश्य उपस्थित होता है। स्ट्रालर द्वय के शब्दों में "We can say that flood occurs when the rising stream surface over tops the banks and spreads out upon the flood plain,"

Jackie Smith (1984, A Dictionary of Geography P-92) के अनुसार– 'The sub-mergence of land not usually covered with water or an increase in the depth of water on land already partially submerged such as in areas of wet rice cultivation, through a temporary rise in river, lake or sea levels. It may be caused by increased rainfall, snow melt, a high tide coinciding with a storm surge, the collapse of a dam or by movement of the land. A river floods when it can no longer contain the discharge from its catchment and the bankfall stage is exceeded. This may be seasonal event such as snow melt and part of the river's regime. A certain magnitude of flooding may be expected over a particular time period, a flood can thus be labelled according to the frequency with which it occurs, *e.g.*, a one hundred-year interval flood."

वास्तव में बाढ़ प्रवाह बेसिन में अतिवर्षण जनित दुखदायी घटना है। मानवीय क्रियाकलापों से बाढ़ परिमाण, आकृति एवं विस्तार में वृद्धि हो जाती है। बाढ़ की भयंकरता से प्रकोप की स्थिति उत्पन्न होती है। बाढ़ से धन, जन एवं पशु सम्पदा की हानि होती है। मकान नष्ट होते है तथा फसलें बरबाद हो जाती है। बाढ़ प्रकोप को पराकाष्ठा या चरम अवस्था भी कहा जाता है। विश्व के बाढ़ प्रभावित इलाको में 16.5% जनसंख्या निवास करती है। पर्यावरणीय अपघटन एवं बाढ़ में धनात्मक सम्बन्ध है। गंगा, यमुना, घाघरा, रामगंगा, गोमती, गंडक, कोसी, दामोदर, ब्रह्मपुत्र, कृष्णा, गोदावरी, नर्मदा, ताप्ती आदि (भारत), मिसीसिपी, मिसौरी (संयुक्त राज्य अमेरिका), हांगहों, यांगटिशी, सीक्यांग (चीन) इरावदी (वर्मा) सिन्धु (पाकिस्तान), नाइजर (अफ्रीका) दजला, फरात (ईराक) आदि नदियां विश्व की बाढ़ से प्रभावित नदियाँ है।

12.2 बाढ़ के कारण (Causes of Flood)

स्थानीय स्तर पर बाढ़ के भिन्न-भिन्न कारण होते हैं किन्तु सामान्य रूप में बाढ़ आने के कारणों का उल्लेख इस प्रकार किया जा सकता है–

1. नदियों के जलाधिग्रहण क्षेत्र (Water Catchment Area) में लगातार तीव्र वर्षण एवं हिमपिघलाव से अधिक जलराशि की प्राप्ति।
2. नदी जल धारा के ढाल प्रवणता में अचानक परिवर्तन हो जाने पर।
3. नदियों के उद्गम क्षेत्र में वृहद् स्तर पर वन विनाश के कारण वाही जल के अवाधित तीव्र प्रवाह से।
4. अवसादीकरण (Siltation) की सतत प्रक्रिया के फलस्वरूप नदी तल में उत्पन्न उथलेपन से।
5. प्रतिकूल भौमिकीय संरचना से
6. नदी के विशाल जल ग्राह्य क्षेत्र की तुलना में प्रणाल (Channel) के संकरे होने से।
7. समय-समय पर चक्रवातों, भूकम्पों एवं भू-स्खलनों के प्रभाव से नदी धारा के अवरूद्ध हो जाने से।
8. मरूस्थली एवं अर्द्ध मरूस्थली भागों में अचानक भीषण वर्षा के सम्पादित होने से।

9. नदी के विशाल बेसिन क्षेत्र में नदी मुख के संकरे हो जाने से
10. अत्यधिक पशुचारण द्वारा वानस्पतिक आवरण के विलुप्त हो जाने से।
11. नदी के समानान्तर सड़क निर्माण की प्रक्रिया द्वारा।
12. विस्तृत बाढ़ के मैदानों के निर्मित हो जाने से।
13. नगरीकरण के लगातार बढ़ने से।
14. नदी मार्ग में परिवर्तन से।
15. नदी पर बाँध, पुल एवं जल भण्डारों के निर्माण से।
16. मुख्य नदी के जल तल में अचानक चढ़ाव से सहायक नदी जल तल में अचानक जल के चढ़ाव से।

12.3. बाढ़ एवं पर्यावरण अपघटन (Flood And Environmental Degradation)

बाढ़ जल मग्न क्षेत्र का दूसरा नाम है। जलमग्न की स्थिति आने से उत्पन्न होने वाली फसलें समाप्त हो जाती है जिससे पशुओं का चारा एवं मानव के उपयोगी खाद्यान्न विनष्ट हो जाते हैं। कृषि के विनष्ट हो जाने से राष्ट्रीय आय का नुकसान होता है। बाढ़ से दोहरी क्षति होती है। प्रथम– कृषि फसल नष्ट होती है, द्वितीय– बाढ़ प्रभावित जनसंख्या को सुरक्षा एवं संरक्षण प्रदान करने में आर्थिक सहायता करनी पड़ती है। भारत में कुल आय का एक प्रतिशत बाढ़ राहत कोष पर व्यय करना पड़ता है। इस प्रकार बाढ़ द्वारा आर्थिक एवं सामाजिक रूप से पर्यावरण का अपघटन होता है। नदी किनारे स्थित नगरीय क्षेत्रों पर भी बाढ़ का बुरा असर पड़ता है। लगातार जल संचयन से इमारतों के गिरने की सम्भावनाएं रहती हैं। गंगा नदी की सहायक गोमती नदी के किनारे स्थित जौनपुर शहर में बाढ़ का विकराल दृश्य 1774, 1794, 1830, 1871, 1894, 1903, 1915, 1922, 1936, 1949, 1955, 1960, 1971, एवं 1980 में देखा गया। 1971 की बाढ़ में जल स्तर सागर तल से 77.736 मीटर ऊँचा था। इसमें 80,53,000 रुपये की आर्थिक क्षति होने का अनुमान है। 1980 में बाढ़ का स्तर 77.25 मीटर था किन्तु शहर का 2/3 भाग 2 महीने तक लगातार जलमग्न था। 28 जुलाई 1980 को खतरे का बिन्दु पार किया परन्तु जल का निवर्तन पूर्णरूपेण 25 सितम्बर 1980 को हुआ। इस दीर्घ कालीन बाढ़ से 13 व्यक्ति काल कवलित हुए, 75000 मकान नष्ट हुए तथा 250,00,000 रुपये की सम्पति का नुकसान हुआ (सविन्द्र सिंह, 1991)।

सामान्य रूप में बाढ़ की तबाही से पर्यावरणीय क्षति निम्न रूपों में होती है–

1. फसल सामान्य एवं पशु सम्पदा विनष्ट होती है।
2. ग्रामीण एवं नगरीय क्षेत्रों में मकानों की क्षति होती है।

3. जीवों की मृत्यु होती है।
4. अवशिष्ट पदार्थ, कचरा, मलमूत्र के फैलाव से संक्रामक रोगों में वृद्धि एवं महामारियाँ फैलती है।
5. बाढ़ में जल प्लावन से अनेक पादप एवं जन्तु प्रजातियां विलुप्त हो जाती है तथा भविष्य में उनके अस्तित्त का खतरा उत्पन्न हो जाता है।
6. जल संचयन से मृदा संरचना परिवर्तित हो जाती है।
7. बाढ़ के कारण भूमि कटाव, मृदा अपरदन एवं अवसादीकरण की समस्याएं पैदा होती है।
8. नदी मार्ग परिवर्तन से उपयोगी भूमियों से हाथ धोना पड़ता है।
9. बाढ़ बेरोजगारी, निर्धनता तथा तबाही का आलम प्रस्तुत करती है।
10. बाढ़ द्वारा आवासीय क्षेत्रों का विस्थापन होता है।
11. बाढ़ द्वारा नदी जल तल ऊपर उठता है जिससे नदी जल धारण क्षमता घटती है और पुनः बाढ़ की सम्भावनाएं बढ़ती है।
12. बाढ़ प्रदूषण को बढ़ावा देती है।

12.4 भारत में बाढ़ प्रकोप (Flood Hazard in India)

भारत का विस्तृत क्षेत्र बाढ़ प्रकोप से प्रभावित है। सामान्य रूप से नदियों के किनारे वाले भाग बाढ़ से अधिक प्रभावित होते हैं। गंगा मैदान के अंतर्गत पूर्वी उत्तर प्रदेश, बिहार एवं पश्चिमी बंगाल, ब्रह्मपुत्र घाटी, असम घाटी, महानदी, गोदावरी, नर्मदा और ताप्ती आदि नदियों के डेल्टाई प्रदेश बाढ़ से अत्यधिक प्रभावित रहते हैं।

बढ़ती हुई जनसंख्या का दबाव बाढ़ से होने वाले नुकसान का कारण है। नगरीय क्षेत्रों में नदियों के किनारे वाले भागों में बसाव के बढ़ने से बाढ़ की समस्या पैदा हो रही है। अधिकांश बाढ़ जुलाई से मध्य सितम्बर के बीच आती है। बाढ़ प्रभावित दिनों की संख्या में प्रायः अन्तर मिलता है। उदाहरण के लिए असम घाटी में 6 सप्ताह, गंगा मैदान में 4 से 6 सप्ताह, गुजरात, उड़ीसा पंजाब तथा दक्षिण की नदियों में 1 से 3 सप्ताह की अवधि में बाढ़ आती है। केन्द्रीय जल आयोग के ऑकलन के अनुसार बाढ़ प्रभावित क्षेत्र 25 लाख हेक्टेयर है जिससे लगभग 21,000 लाख रुपये की क्षति होती है और लगभग 31 लाख हेक्टेयर शस्य भूमि का प्रतिवर्ष नुकसान होता है (तालिका 12.2)।

तालिका 12-I

भारत में बाढ़ से क्षति का विस्तार

विवरण	1953-1975 का औसत	वर्ष का अधिकतम
1. प्रभावित क्षेत्र	7.4 मिलियन हेक्टेयर	13.72 मि. हेक्टे.
2. प्रभावित कृषि क्षेत्र	3.1 मि. हेक्टेयर	7.6 मि. हेक्टेयर
3. क्षतिग्रस्त मकान (संख्या)	0.8 मिलियन	2.31 मिलियन
4. मृतक चौपाये (संख्या)	50331	2,70,000
5. मृतक मनुष्य (संख्या)	742	3498
6. सकल रूप में प्रत्यक्ष नुकसान (लाख रुपये में)	2,10,400	88,500,00

पिछले कुछ वर्षों में बाढ़ से हुई क्षति बढ़ी है। 1950-65 की अपेक्षा 1966-67 में बाढ़ प्रभावित क्षेत्रों में नुकसान दो गुना अधिक हुआ है। इसी प्रकार यह क्षति 1971-75 के बीच तीन गुना और 1976-78 के बीच पाँच गुना बढ़ गयी है। संसद में दी गयी सूचना (7-7-1985) के अनुसार 1985 में 9.7 लाख हेक्टेयर क्षेत्र 181 लाख जनसंख्या तथा 340 मानव जीवन बाढ़ से प्रभावित हुए जो 1986 में क्रमश: 15.2 लाख हेक्टेयर 504 लाख जनसंख्या और 1577 लोगों के जीवन थे।

राज्य स्तर पर सर्वाधिक बाढ़ प्रकोप उत्तर प्रदेश, बिहार तथा आन्ध्र प्रदेश में उल्लेखनीय है। इन प्रदेशों में सम्पूर्ण देश की बाढ़ क्षति का क्रमश: 23.8%, 23.2% एवं 15.4% भाग मिलता है (तालिका 12-II)।

तालिका 12-II

बाढ़ क्षति से राज्यवार प्रभावित अंश (औसत 1971-1978)

राज्य का नाम	प्रतिशत क्षति अंश
1. आन्ध्र प्रदेश	15.4
2. असम	2.1
3. बिहार	23.2
4. गुजरात	5.7
5. हरियाणा	3.2
6. मध्य प्रदेश	1.3
7. उड़ीसा	4.5
8. पंजाब	1.4

9. राजस्थान	4.5
10. तमिलनाडु	3.8
11. उत्तर प्रदेश	23.8
12. प. बंगाल	7.0

स्रोत: राष्ट्रीय बाढ़ कमीशन, 1980

राष्ट्रीय बाढ़ आयोग, ऊर्जा एवं सिंचाई मंत्रालय नयी दिल्ली, 1980 द्वारा भारत में बाढ़ से प्रभावित क्षेत्रफल तथा क्षति (क्षेत्रफल लाख हेक्टेयर में) का अनुमान इस प्रकार किया है (तालिका 12-III)

तालिका 12-III

भारत में बाढ़ प्रभावित क्षेत्रफल एवं क्षति (क्षेत्रफल लाख हे. में)

मद	1953-65	1966-70	1971-75	1976-78
1. सम्पूर्ण प्रभावित क्षेत्रफल	59.62	75.10	91.08	175.70
2. फसल युक्त प्रभावित क्षेत्रफल	20.99	33.58	46.86	86.60
3. फसल विहीन प्रभावित क्षेत्रफल	38.63	41.52	44.22	89.10
4. फसल क्षति (करोड़ रु. में)	388.04	614.8	1016.01	1567.8
5. अफसलीय क्षति (करोड़ रु. में)	124.30	370.5	507.8	1027.6
6. सम्पूर्ण क्षति (करोड़ रुपये में)	312.3	922.3	1523.8	2595.4

12.5. बाढ़ नियंत्रण के उपाय (Measures of Flood Control)

बाढ़ नियंत्रण का कार्य एक दुरूह कार्य है। इसे रोक पाना मुश्किल है। केवल इसकी भयंकरता को कम करने का प्रयास मात्र ही किये जा सकते हैं। बाढ़ की रोकथाम करके पर्यावरण अपघटन को कम किया जा सकता है। बाढ़ नियंत्रण के उपायों को निम्नलिखित वर्गों में विभक्त कर सकते हैं।

1. जैविक उपागम कार्यक्रम (Biotic Approach) : इसके अंतर्गत दो उपाय है–

अ. वन रोपण एवं वनाच्छादन कार्यक्रम

ब. वृक्षों एवं वनस्पतियों द्वारा जल प्रवाह में अवरोध उत्पन्न करना बाढ़ को रोकने के लिए नदी उद्‌गम एवं ऊपरी क्षेत्रों में सघन वनावरण करने तथा जल प्रवाह मार्ग में वृक्षों एवं वनस्पतियों द्वारा अवरोध उत्पन्न करने से जल वर्षा का अन्तः स्पन्दन अधिक होता है और वाही जल में कमी आती है।

2. अभियान्त्रिक कार्यक्रम (Engineering Programme) : इसे संरचनात्मक उपाय (Structural Measures) भी कह सकते है। इसके अंतर्गत निम्न उपाय महत्वपूर्ण है–

अ. नदियों के जल विसर्जन में सहायता करना

ब. नदी जल आयतन को कम करना

स. नदियों के जल प्रवाह में दिक् परिवर्तन करना

द. नदी विसर्पण को दूर करना

य. नदियों के किनारे बाँध बनाना।

र. आवश्यकतानुसार जलाशयों (reservoirs), लेवीज (Levees), तटबन्धों (embankment), पुलियों (Culvert) तथा बाढ़ रास्तों (Flood ways) का निर्माण करना। सावेल (Sawell, 1967) के अनुसार "बाढ़ नियंत्रण के अभियान्त्रिक उपाय का तात्पर्य क्षतिग्रस्त सम्पदा से दूर बाढ़ प्रणाल को निर्देशित या नियमित करना होता है जिसके अंतर्गत नियन्त्रित कारकों जैसे बाँध, दीवाल या जलाशय का निर्माण या प्रणाल सुधार और तल मार्जन सम्मिलित होता है"

"Engineering measures of flood control is to regulate or direct the flood channels away from damageable property which may involve construction of control works such as dykes, flood walls and reservoirs or undertaking channel improvements and dredging."

3. प्रशासनिक कार्यक्रम (Administrative Programmes) : इस कार्यक्रम को गैर संरचनात्मक उपाय (Non-Structural Measures) के रूप में भी कह सकते हैं। इसके अंतर्गत बाढ़ नियंत्रण प्रत्यक्ष न होकर अप्रत्यक्ष होता है। प्रस्तावित उपाय इस प्रकार हैं–

अ. मकानों एवं सामग्रियों को बाढ़ प्रतिरोधी बनाना।

ब. बाढ़ के प्रभाव को कम करना

स. बाढ़ पूर्वानुमान (Fllod Forecasting) एवं समय पूर्व बाढ़ चेतावनी (Flood Warning) देना।

द. बाढ़ ग्रस्त क्षेत्रों को खाली कराना

य. बाढ़ के मैदानों को सीमांकित करना

र. नगर विकास के नियोजित कार्यक्रम का निर्माण करना।

4. सामाजिक उपाय या कार्यक्रम (Social Measures or Programmes) : सामाजिक उपायों के अंतर्गत निम्नलिखित कार्यक्रम सम्मिलित किये जा सकते है–

अ. बाढ़ से सम्बन्धित शिक्षा एवं सूचना देना

ब. बाढ़ बीमा कराना

स. राहत कार्य आयोजित करना

द. बाढ़ प्रभावित लोगों को सुरक्षित स्थानों पर बसाना।

12.6 बाढ़ नियोजन (Flood Planning)

भारत में बाढ़ नियोजन का कार्य इन्जीनियरिंग कार्यों से सम्बन्धित रहा है। 1990 तक देश में 15,600 किमी. नये तटबन्धों, 33100 किमी. निकासी नालियों (Drainage Channels), 765 शहरों की सुरक्षा तथा 470 गांवों को उच्च बाढ़ स्तर से ऊँचा कर दिया गया था। इन कार्यों से लगभग 136.4 लाख हेक्टेयर पर भूमि की सुरक्षा का प्रबन्ध किया गया। 1 मार्च 1997 तक इन पर लगभग 4052.41 करोड़ रुपये खर्च किये जा चुके हैं। प्रत्येक पंचवर्षीय योजना में बाढ़ खर्च बढ़ा है। आठवीं योजना में बाढ़ नियंत्रण पर सर्वाधिक धन पश्चिमी बंगाल (280.0 करोड़), बिहार (251.71 करोड़) आन्ध्र प्रदेश (143.54 करोड़), पंजाब (125.0 करोड़) आसाम (86.85 करोड़) तथा उत्तर प्रदेश (70.0 करोड़) में खर्च हुए हैं। भारत में पंचवर्षीय योजनाओं के अंतर्गत बाढ़ नियंत्रण पर किया गया खर्च (करोड़ रुपये में) इस प्रकार है (तालिका 12-IV)।

तालिका 12-IV

पंचवर्षीय योजनाओं में बाढ़ नियंत्रण पर खर्च (करोड़ रु. में)

योजना	बाढ़ नियंत्रण पर खर्च (करोड़ रुपये में)
प्रथम (1951-56)	13.77
द्वितीय (1956-61)	49.15
तृतीय (1961-66)	86.00
वार्षिक (1966-69)	43.61
चौथी (1969-1974)	171.78
वार्षिक (1978-80)	228.47
छठवीं (1980-85)	596.07
सातवीं (1985-90)	941.58
आठवीं (1992-97)	1623.37
योग	4052.41

बाढ़ नियोजन हेतु नियोजकों को निम्न बातों पर विशेष ध्यान देना चाहिए–

1. सही नियोजन हेतु क्षेत्र में बाढ़ ऑकड़ों को सही–सही उपलब्ध किया जाय।
2. बाढ़ मैदानों का उनकी प्रकृति के आधार पर निर्धारण करना।

3. बाढ़ विभीषिका के प्रत्येक स्तर उदाहरणार्थ उच्च बाढ़, मध्यम बाढ़ तथा निम्न बाढ़ को स्पष्ट रूप से प्रदर्शित करने के लिए बाढ़ मैदानों का मानचित्र तैयार करना।
4. बाढ़ मैदानों के मानचित्र पर क्षेत्र की सामाजिक एवं आर्थिक स्थिति स्पष्ट करना तथा बाढ़ जन्य कृषिगत, औद्योगिक एवं व्यापारिक क्षति को रेखांकित करना।
5. वार्षिक बाढ़ के ऑकड़ों की प्रश्नावलियाँ तैयार करना।
6. बाढ़ मानचित्रों को क्षेत्रीय निवासियों में वितरित करना।
7. सुदूर संवेदन तकनीक द्वारा बाढ़ की सही रूपरेखा तैयार करना।
8. बाढ़ नियोजन हेतु सामाजिक उपायों को प्रगतिशील बनाना।
9. बाढ़ पूर्वानुमान करना तथा उसकी जानकारी देना
10. देश में अत्यधिक वर्षामापी स्टेशनों की स्थापना करना।
11. फसल बीमा योजना को प्रभावी बनाना
12. बाढ़ के समय अतिरिक्त जल को भूमिगत आवेशन में प्रयुक्त कर दोहरा लाभ उठाना।

12.7. बाढ़ पूर्वानुमान (Flood Forecasting)

बाढ़ द्वारा अपार जन धन की हानि होती है। इस क्षति को दूर करने के लिए बाढ़ का पूर्वानुमान किया जाना आवश्यक है। बाढ़ पूर्वानुमान द्वारा मानव अपने पशुओं एवं सामानों के साथ सुरक्षित स्थान पर चला जाता है। पूर्व सूचना मिलने पर जलाशय के जल स्तर को घटाया जा सकता है जो बाद में बाढ़ के पानी को समाहित कर लेता है। हीराकुंड एवं दामोदर घाटी परियोजना में इस प्रकार की व्यवस्था उपलब्ध है। इस प्रकार स्पष्ट है कि बाढ़ की पूर्व जानकारी एवं खतरे से पूर्व सुरक्षित प्रयासों से बाद में होने वाली क्षति से बचा जा सकता है।

1. बाढ़ पूर्वानुमान प्रक्रिया (Flood Forecasting Process) : बाढ़ पूर्वानुमान प्रक्रिया तीन बातों पर निर्भर करती है–

अ. मौसम ऑकड़ों का संग्रह (Collection of weather data)

ब. बाढ़ अनुमान की तैयारी (Formulation of the Forecast)

स. बाढ़ का प्रसारण (Dissemination of the Forecast)

बाढ़ पूर्वानुमान के लिए जलगत ऑकड़ों का संग्रह आवश्यक होता है। सूचनाओं की जानकारी एवं सम्प्रेषण के लिए टेलीप्रिन्टर, टेलीफोन, रेडियों एवं ऑकड़ों को शुद्ध करने के राडार का प्रयोग किया जाता है। वर्षा पूर्वानुमान एवं बाढ़ पूर्वानुमान

की जानकारी वर्षा अपवाह, इकाई हाइड्रोग्राफ रूटिंग तथा गेज डिसचार्ज सम्बन्धों के आधार पर की जाती है। बाढ़ अनुमान तैयार होने पर प्रचलित संचार साधनों से उसका प्रसारण होता है।

2. भारत में बाढ़ पूर्वानुमान (Flood Forecasting in India) : वैज्ञानिकों एवं नियाजकों का ध्यान सर्वप्रथम प्रथम पंच वर्षीय योजना के दौरान बाढ़ पूर्वानुमान की ओर आकर्षित हुआ और तभी से भारतीय मौसम विभाग की जल शाखा को अधिक विकसित करने का प्रयास किया गया। सन् 1963 में सिंचाई एवं शक्ति मंत्रालय द्वारा बाढ़ अनुमान ढाँचे को तैयार करने हेतु एक तकनीकी समिति गठित की गयी। समिति के दिये गये सुझाव 1968 में कार्य रूप में परिणित हुए। भारत में बाढ़ पूर्वानुमान हेतु निम्नलिखित व्यवस्थाएं है–

अ. अल्पावधि एवं दैनिक पूर्वानुमान (Short range and daily forecasts) हेतु भारत में पाँच क्षेत्रीय अनुमान केन्द्र है–

केन्द्र का नाम		सम्मिलित क्षेत्र
1. चेन्नई	–	तमिलनाडु, आन्ध्र प्रदेश, कर्नाटक एवं केरल
2. नयी दिल्ली	–	हिमांचल प्रदेश, पंजाब, हरियाणा, उत्तर प्रदेश, जम्मू कश्मीर, राजस्थान एवं दिल्ली
3. मुम्बई	–	महाराष्ट्र (विदर्भ को छोड़कर), गुजरात,
4. कलकत्ता	–	असम, पश्चिमी बंगाल, उड़ीसा एवं खाड़ी द्वीप
5. नागपुर	–	मध्य प्रदेश एवं विदर्भ

ये केन्द्र मौसम चार्ट विश्लेषण द्वारा आगामी 24 से 48 घण्टे में होने वाली वर्षा का अनुमान लगाते है। ये बाढ़ की आने की सम्भावना प्रसारित करते हैं।

ब. क्षेत्रीय दैनिक समाचार पत्र, क्षेत्रीय मौसम केन्द्रों द्वारा सम्बन्धित क्षेत्रों के लिए प्रतिदिन मौसम सम्बन्धी जानकारी देने के लिए प्रकाशित किया जाता है। पूना से सम्पूर्ण भारत का अनुमान तैयार किया जाता है। नयी दिल्ली में उत्तरी गोलार्द्ध विश्लेषण केन्द्र तथा पूना में दक्षिणी गोलार्द्ध विश्लेषण केन्द्र द्वारा उत्तरी गोलार्द्ध एवं हिन्द मध्यसागर सम्बन्धी सूचनाएं तैयार की जाती है।

स. मध्यावधि पूर्वानुमान (Medium range Forecasts) अगले 3 से 7 दिनों के लिए निर्धारित होता है। ट्रापिकल इन्स्टीट्यूट् ऑफ मिटिरिओलाजी पूना द्वारा कृषि हेतु सिंचन सुविधा विकसित करने तथा जल व्यवस्था एवं जलकोष में वृद्धि करने के लिए इस प्रकार के पूर्वानुमान की व्यवस्था की गयी है।

द. अन्तरिक्ष सेटेलाइट एवं राडार द्वारा बाढ़ अनुमान का कार्य सर्वप्रथम मुम्बई में शुरू किया गया। इस प्रकार के यंत्र कलकत्ता, चेन्नई एवं नयी दिल्ली में भी लगाये गये हैं। इनके द्वारा उष्ण कटिबन्धीय चक्रवातों के स्थान निर्धारण में सहायता मिलती है। विशाखापटट्नम हवाई अड्डे पर 10 सेमी. राडार लगाया गया है जिससे बर्षा देने वाले बादलों की पहचान कर भारी वर्षा के अनुमान लगाये जाते है।

य. बाढ़ पूर्वानुमान केन्द्रों की स्थापना का कार्य अलग-अलग नदियों के लिए किये गये है। प्रमुख केन्द्रों एवं नदियों के नाम इस प्रकार है–

केन्द्र स्थान का नाम	नदी का नाम
दिल्ली	यमुना नदी
सूरत	नर्मदा एवं ताप्ती नदी
जलपाईगुड़ी	तिस्ता नदी
लखनऊ	गंगा नदी
गौहाटी	ब्रहमपुत्र नदी
पटना	गंगा नदी
बालासोर	सुवर्ण रेखा नदी

वर्तमान समय में पूरे देश में 157 पूर्वानुमान केन्द्र कार्यरत हैं। इन केन्द्रों से प्रतिवर्ष 5500 प्रसारण किये जाते हैं। 2000 ई. तक पूर्वानुमान केन्द्रों की संख्या 300 होने की बात की गयी थी। ऐसा अनुमान है कि इन केन्द्रों द्वारा 95% अनुमान सही पाये गये हैं।

सम्भावित प्रश्न

1. बाढ़ विभीषका के अर्थ को स्पष्ट करते हुए उसके कारणों का उल्लेख कीजिए।
2. बाढ़ द्वारा होने वाले पर्यावरणीय अपघटन की व्याख्या कीजिए।
3. भारत में बाढ़ प्रकोप पर एक निबन्ध लिखिए।
4. बाढ़ नियंत्रण के उपायों पर प्रकाश डालिए।
5. बाढ़ पूर्वानुमान को स्पष्ट करते हुए भारत में बाढ़ पूर्वानुमान के सन्दर्भ में किये गये प्रयासों पर टिप्पणी लिखिए।

अध्याय 13

जल संसाधन संरक्षण, प्रबंधन एवं नियोजन
(WATER RESOURCE CONSERVATION, MANAGEMENT AND PLANNING)

जल ही जीवन, जीवन का जनक एवं पोषक है। पौराणिक ग्रन्थों एवं सिन्धु घाटी सभ्यता के अवशेषों में भी जल संग्रहण विकास प्रणाली के प्रामाणिक उल्लेख मिले हैं। कौटिल्य का अर्थशास्त्र वर्षा जल से सिंचन तकनीक के विकास का उदाहरण प्रस्तुत करता है। भारत में जितना भी जल उपलब्ध होता है उसमें से 90% का उपयोग कृषि कार्यों हेतु ही किया जाता है। संयुक्त राष्ट्र संघ (UNO) की एक विज्ञप्ति के अनुसार यदि समय रहते जल संग्रहण द्वारा जल संसाधनों का विकास नहीं किया गया तो वर्ष 2050 तक आज की विशाल जनसंख्या हेतु ताजा पेयजल नहीं उपलब्ध हो पायेगा। ऑकड़े गवाह हैं कि पृथ्वी तल का 97 प्रतिशत खारा जल समुद्रों में संचित है जबकि 2.5 प्रतिशत जल ध्रुवीय प्रदेशों की वर्फ की चादर के रूप में विद्यमान है। मात्र 0.5 प्रतिशत भू जल तालाबों, झीलों तथा नदी स्रोतों के रूप में उपलब्ध है जिसका उल्लेख तालिका 13-I में प्रस्तुत है–

तालिका 13-I

मीठे जल की उपलब्धता एवं स्रोत

क्रम संख्या	उपलब्धता (%)	स्रोत
1.	52	झील एवं तालाब
2.	38	मृदा
3.	08	वाष्प
4.	01	नदियाँ
5.	01	वनस्पतियाँ
	योग 100	

अतः लोगों का ध्यान जल संरक्षण, वर्षा जल संचय, जल संग्रहण एवं प्रबन्धन पर आकर्षित करना आवश्यक होगा।

समस्त प्राणिवर्ग सहित मानव के लिए जल संसाधन एक महत्वपूर्ण संसाधन है। जल के उचित प्रयोग के साथ ही साथ स्वस्थ विकास के लिए जल संसाधन प्रबन्धन एवं नियोजन एक अनिवार्य प्रक्रिया है।

13.1 जल संकट (Water Crisis)

जल उपयोग बढ़ती जनसंख्या से सीधे सम्बन्धित है। विश्व की जनसंख्या में प्रतिवर्ष लगभग 6 करोड़ 85 लाख की वृद्धि हो रही है। इस बढ़ती जनसंख्या हेतु जल की खपत दिनोदिन बढ़ रही है साथ ही साथ पर्यावरण में मानवीय अतिक्रमण के कारण जल प्रदूषित हो रहा है और पेयजल की उपलब्धता निरन्तर घट रही है।

एक अनुमान के आधार पर भारत में जहाँ प्रति व्यक्ति जल की उपलब्धता स्वतंत्रता के समय 5236 घन मीटर थी वहीं वर्तमान समय में घटकर 1900 से 2100 घन मीटर हो चुकी है। जब प्रति व्यक्ति जल उपलब्धता 1700 घन मीटर से कम होती है तो उसे जल का अभाव माना जाता है। भारत के 38 प्रतिशत एवं 82 प्रतिशत गाँवों में पानी को शुद्ध करने की व्यवस्था नही है। गुजरात एवं राजस्थान में जहाँ भू जल स्तर 150-200 फुट तक उपलब्ध था वहीं अब उपयोग अतिशयता से 700 से 1000 फुट नीचे चला गया है। भारत के 18 राज्यों में कुल 200 जनपदों में भू जल अत्यधिक प्रदूषित हो गया है। भारत में जल वर्षण की व्यवस्था असमान है। जहाँ चेरापूँजी में 118.70 सेमी. वार्षिक वर्षा होती है वहीं राजस्थान के कुछ इलाकों में 10 मिमी. से भी कम वर्षा प्राप्त होती है। वर्षा के इस असमान वितरण से देश का लगभग 16 प्रतिशत भाग नियमित रूप से सूखा की भयावह चपेट में रहता है। भारत के विभिन्न क्षेत्रों में होने वाली जल की खपत (तालिका 13-II) एवं वर्ष 2050 में ऑकी गयी जल की सम्भावित खपत (तालिका 13-III) से स्पष्ट है कि भविष्य में जल की स्थिति अत्यन्त महत्वपूर्ण है। यदि समय रहते जल संकट के निराकरण का उचित प्रबन्धन न किया गया तो जल की बढ़ती मांगे एवं प्रदूषण की बढ़ती विषाक्तता के कारण जल संकट की अत्यन्त भयावह स्थिति पैदा हो जायेगी।

तालिका 13-II

भारत में जनसंख्या एवं जल उपलब्धता की स्थिति

वर्ष	जनसंख्या करोड़ में	जल की उपलब्धता (घन मी. प्रतिवर्ष प्रति व्यक्ति)
1947	40	5000
2000	100	2000
2025 (अनुमानित)	139	1500
2050 (अनुमानित)	160	1000

प्रस्तुत ऑकड़े से स्पष्ट है कि जनवृद्धि से जल उपलब्धता का ग्राफ निरन्तर नीचे गिर रहा है जो जल संकट का घोतक है।

तालिका 13-III
जल की खपत

क्षेत्र	वर्ष 1900		वर्ष 2000		वर्ष 2025	
	घन किलोमीटर	कुल खपत का प्रतिशत	घन किलोमीटर	कुल खपत का प्रतिशत	घन किलोमीटर	कुल खपत का प्रतिशत
कृषि	460	83.3	630	84.0	770	73.3
घरेलू	25	4.5	33	4.4	52	4.9
उद्योग	15	2.7	30	4.0	120	11.4
ऊर्जा	19	3.4	27	3.6	71	6.76
अन्य	33	5.9	30	4.0	37	3.5
कुल	552	—	750	—	1050	—

तालिका 13-III से स्पष्ट है कि कृषि, घरेलू कार्यों तथा अन्य विविध क्षेत्रों में वर्ष 1900 से 2025 के बीच जल खपत में निरन्तर ह्रास का अनुमान है जबकि उद्योग एवं ऊर्जा के क्षेत्रों में कुल खपत का प्रतिशत बढ़ रहा है। जैसे-जैसे औद्योगिक कार्यों में जल की आपूर्ति ज्यादा होगी वैसे-वैसे प्रदूषण की सम्भावनाएं बढ़ेगीं और घोर जल संकट उपस्थित होगा।

13.2. जल संकट निवारण हेतु सुझाव (Suggestions for Water Crisis Remedy)

विश्व में व्याप्त वर्तमान जल संकट के निवारण हेतु निम्नलिखित सुझाव दिये जा सकते हैं–

1. जल के महत्व एवं उसमें विद्यमान आध्यात्मिक संस्कारों का ज्ञान प्रत्येक व्यक्ति को उसके स्कूली शिक्षा की शुरूआत से ही देनी चाहिए।
2. जल, जमीन (भूमि) और जंगल तीनों प्रकृति की अनूठी निधि है इन्हें देखने, समझने एवं उपयोग करने की विद्या से लोगों को निरन्तर अवगत कराना चाहिए।
3. जल सम्बर्द्धन एवं संरक्षण कार्य को सामाजिक संस्कारों से जोड़ा जाना चाहिए क्योंकि संस्कारगत क्रिया से हम इनकी ज्यादा सुरक्षा कर सकते हैं। जितनी अच्छी सामाजिक सोच उपजेगी हम उतना अधिक सुरक्षा संस्कार विकसित कर पायेगें।
4. जल सम्बर्द्धन एवं संरक्षण के परम्परागत तरीकों की ओर विशेष रूप से ध्यानाकर्षित करना होगा।

5. भूमिगत दोहन का कार्य विवेक पूर्ण ढंग से किया जाय। अनियन्त्रित तकनीक से बचा जाय और इस सन्दर्भ में आवश्यक कानून बनाये जाय तथा उनका नियमित प्रयोग किया जाय।
6. जल संसाधनों (तालाबों, झीलों एवं अन्य जलाकृतियों) पर निजी स्वामित्व समाप्त कर उस पर समस्त समाज का सामूहिक अधिकार सौंपा जाना चाहिए।
7. नदियों एवं तालाबों को प्रदूषण मुक्त किया जाय।
8. नदियों एवं नालों पर जल के संचयन हेतु छोटे-छोटे चेक डैम बनाये जाय तथा खेतों का पानी खेत में ही संग्रहीत करने की व्यवस्था की जाय।
9. भू-जल का दोहन कम किया जाय एवं उनके स्थान पर सतही जल का प्रयोग किया जाय क्योंकि भू जल प्रयोग के बढ़ने से कुएं एवं हैण्ड पम्प सूख रहे हैं।
10. वर्षण जल का एक-एक बूँद सॅजोकर उसके वैज्ञानिक प्रयोग की विद्या विकसित की जाय।

13.3 जल संरक्षण की आवश्यकता (Need of Water Conservation)

जल संकट को कम करने के लिए वर्षा जल का संरक्षण प्रभावी एवं सुलभ साधन है। जल का संरक्षण सतही एवं भूगर्भ जल दोनों के लिए आवश्यक होता है। जल संरक्षण की आवश्यकता को निम्न रूपों में प्रस्तुत किया जा सकता है (चित्र 13.1)।

13.4. जल संरक्षण के उपाय (Measures of Water Conservation)

निम्न रूपों में प्रस्तुत किये जा सकते है–

1. जल स्रोतों का उचित रख रखाव एवं प्रबन्धन किया जाय जिससे कृषि योग्य उपजाऊ मिट्टी की उपलब्धि हो सके तथा जल स्रोत की जलधारण क्षमता में भी वृद्धि हो।
2. प्रथम जल वृष्टि की अवधि से ही खेतों में वर्षा जल संरक्षण के उपाय अपनाये जाय।
3. 'खेत का पानी खेत में' एवं 'घर का पानी घर में' के अनूठे सिद्धान्त को अमल में लाकर जल सम्पदा का संरक्षण किया जाना चाहिए।
4. आधुनिक जल तकनीकी विकास के साथ पारम्परिक जल संरक्षण एवं प्रबन्धन तकनीक को कार्यान्वित किया जाय।

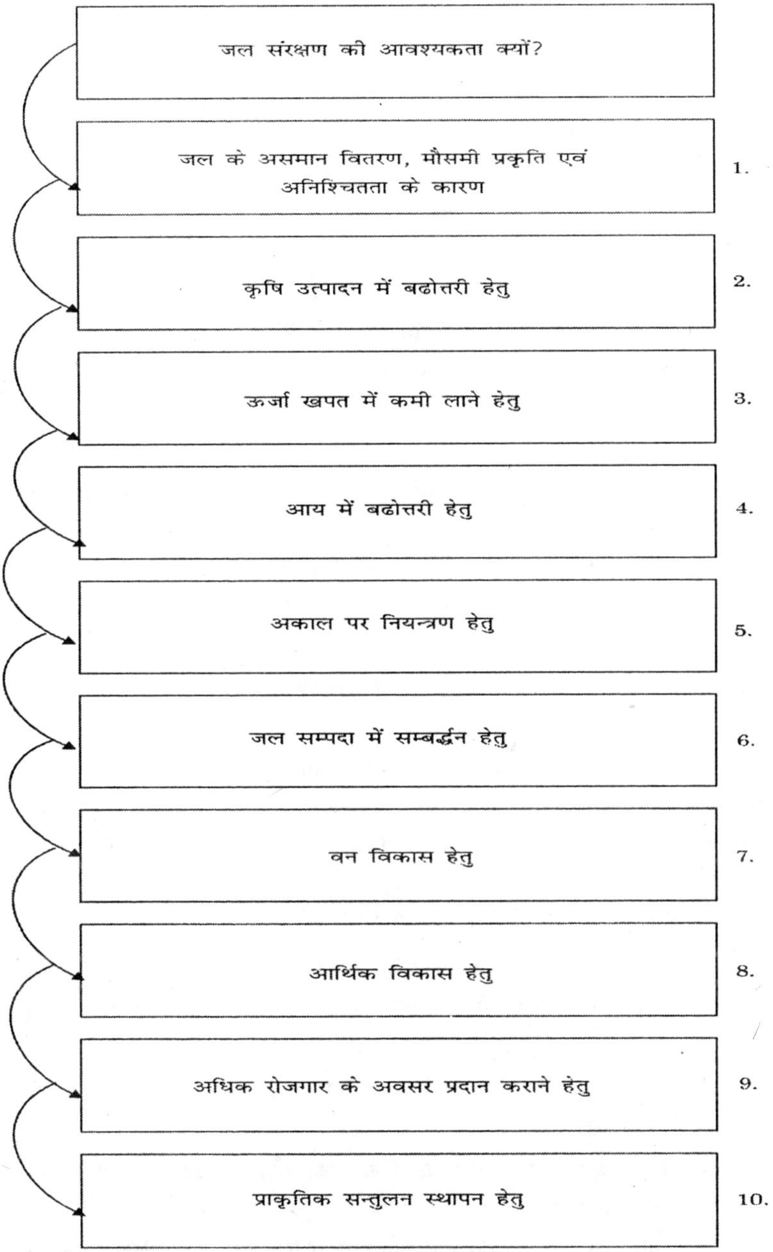
जल संरक्षण की आवश्यकता क्यों?
जल के असमान वितरण, मौसमी प्रकृति एवं अनिश्चितता के कारण
1.
कृषि उत्पादन में बढोत्तरी हेतु
2.
ऊर्जा खपत में कमी लाने हेतु
3.
आय में बढोत्तरी हेतु
4.
अकाल पर नियन्त्रण हेतु
5.
जल सम्पदा में सम्बर्द्धन हेतु
6.
वन विकास हेतु
7.
आर्थिक विकास हेतु
8.
अधिक रोजगार के अवसर प्रदान कराने हेतु
9.
प्राकृतिक सन्तुलन स्थापन हेतु
10.

चित्र 13.1

5. यथासम्भव सुलभ क्षेत्रों में मिश्रित वृक्षारोपण किया जाय।
6. सामाजिक संस्कार युक्त जल प्रबन्धन व्यवस्था लागू की जाय।
7. मृदा गुणवत्ता को परखकर तथा स्थानीय लोगों के कल्याणकारी उपयोग को दृष्टिगत करते हुए समुचित खाद्यान्न उत्पादन पद्धति अपनायी जाय।
8. ढलुवा भूमियों पर मेड़बन्दी करायी जाय तथा सीढ़ीदार खेतों का निर्माण कराया जाय।
9. चेकडैम के निर्माण को प्राथमिकता दी जाय तथा कृषि वानिकीकरण द्वारा वर्षाजल को खेतों में ही सँचित किया जाय।
10. जल संसाधन के विवेकपूर्ण उपयोग करने की जागरुकता एवं प्रशिक्षण शिविर की व्यवस्था की जाय।
11. नयी सिंचन तकनीक विकसित की जाय क्योंकि परम्परागत सिंचन तकनीक से जल का बहुत नुकसान होता है एवं मृदा का ह्रास भी बढ़ता है। इसलिए यदि मेड़ या क्यारी या चेक बनाकर तथा फौव्वारा सिंचाई विधि या टपक सिंचाई की तकनीक को अपनाया जाय तो बड़ी मात्रा में जल की बचत भी की जा सकती है और उत्पादन को भी बढ़ाया जा सकता है।

13.5. वर्षा जल संचय (Storage of Rain Water)

भारतीय कृषि का 70 प्रतिशत भाग वर्षा जल पर अवलम्बित है। वर्षण जल के समुचित संचयन से जल की वर्तमान समस्या का बहुत हदतक निराकरण किया जा सकता है। देश में कुछ ऐसे स्थान हैं जहाँ पर वर्षा जल के संचयन की व्यवस्था की जा चुकी है। चण्डीगढ़ में सूखों माझरी और महाराष्ट्र में रालेगाँव इसके प्रमुख उदाहरण है।

वर्षा जल का संरक्षण इसलिए आवश्यक है क्योंकि–

1. जल भराव भूमि के लवणीकरण एवं क्षारीयता को अधिक बढ़ा देता है।
2. वर्षा जल संरक्षण से बाढ़ के प्रकोप का परिसीमन किया जा सकता है।
3. वर्षा जल संरक्षण से जल बहाव की समस्याओं पर नियंत्रण कायम किया जा सकता है।
4. वर्षण जल संरक्षण द्वारा बढ़ती जल की माँग की पूर्ति आसानी से की जा सकती है।
5. कृषि उपज एवं उत्पादकता बढ़ाने में संरक्षित जल का समुचित उपयोग किया जा सकता है।

6. इस व्यवस्था से कम लागत की संरक्षण तकनीक एवं प्रबन्धन की प्रणाली अपनायी जा सकती है।
7. वर्षा जल का वैज्ञानिक शोधन कर पीने योग्य पानी की उपलब्धता सुनिश्चित की जा सकती है।
8. वर्षण जल के संचय से भूजल स्तर का पुनर्भरण किया जा सकता है।

वर्षा जल का संचय 'रेन वाटर हार्वेस्टिंग' (Rain water harvesting) तकनीक से किया जाता है। उत्तर प्रदेश में वर्षा जल संचय लगभग 81.56 लाख हेक्टेयर क्षेत्र पर किया जाना अति आवश्यक है। कुछ क्षेत्र ऐसे हैं जहाँ भू जल स्तर 5 मीटर से 8 मीटर गहरा है वहाँ के 35.87 लाख हेक्टेयर क्षेत्रफल में भी वर्षा जल संचयन किया जाना चाहिए।

वर्षा जल संचय की आवश्यकता मैदानी भाग तथा पहाड़ी क्षेत्रों में समान रूप में मिलती हैं वर्षा जल संचय तकनीक विभिन्न क्षेत्रों में इस प्रकार है–

अ. ग्रामीण क्षेत्रों के मैदानी भागों में वर्षा जल संरक्षण तकनीक

1. जल एकत्रीकरण हेतु नालियों का विस्तार एवं सघनीकरण का कार्य।
2. रिचार्ज कुओं, नालों आदि का कृषि भूमि एवं परती भूमि से सघनीकरण करना।
3. कृषि प्रक्षेत्र पर तालाब, छोटे गढ्ढे, चैनेल आदि बनाकर
4. छोटे बाँध एवं टैंक पुनर्भरण कार्य।

ब. पठारी क्षेत्र में जल संरक्षण तकनीक

1. ढाल पर समोच्च बन्धी, ट्रेन्च आदि के निर्माण
2. ढलुवा भू-भागों पर समस्थल निर्माण या मेड़बन्दी कराकर
3. छोटे चेक डैम का निर्माण कराकर।

मध्य प्रदेश के अधिकांश जिलों में पठारी भागों के अंतर्गत समोच्च बन्धी (Contour Bunding) का निर्माण कर निचले भागों में जल का संचय किया जाता है।

स. शहरी क्षेत्रों में जल संरक्षण तकनीक

1. पुनर्भरण पिट, ट्रेन्च आदि का भवनों के समीपवर्ती क्षेत्रों, सड़कों के किनारे वाले भागों या पार्कों के पास निर्माण सुनिश्चित करके।
2. सूखे कुओं का निर्माणकर पुनर्भरण के रूप में प्रयोग किया जा सकता है।

3. छत एव सड़क के जल का संचयन कार्य करके।
4. खुले भू-भागों में जल को एकत्रित कर।
5. समस्त जल संचयन क्षेत्रों में वृहत् वृक्षारोपण कार्यक्रम लागू करके।

13.6. जलसमेट प्रबन्धन (Watershed Management)

जल समेट एक प्राकृतिक जल विकास क्षेत्र होता है जहाँ से पूरा अपवाह जल एक ही निकास द्वारा निष्कासित होता है। इसे जल विभाजक क्षेत्र भी कह सकते हैं। जल समेट प्रवाह बेसिन के किनारों से सीमांकित होते हैं। किसी प्रवाह बेसिन के किनारों पर उच्चतम ऊँचाई बिन्दुओं को मिलाने वाली रेखा को ही जल समेट कहा जा सकता है। भूमिगत जल समेट एवं सतही जल समेट हमेशा एक दूसरे से सम्बन्धित एवं समायोजित नहीं हो पाता और जल एक प्रवाह बेसिन से दूसरे प्रवाह बेसिन की ओर अन्तर्निवेशित हो जाता है। यह क्रिया उन क्षेत्रों में सम्पादित होती है जहाँ पर अधिक गहराई तक अवसादी शैलों के संस्तर मिलते हैं। सतही जल समेट को कभी भी पार नहीं कर पाता। केवल अपवाद स्वरूप कनाडियन शील्ड के हिमीकृत समतल क्षेत्रों की कम विकसित प्रवाह बेसिन को छोड़कर।

(Watershed may be termed as the edge of a drainage basin. The watershed is commonly taken as the line of joining the highest points on the boundary of the basin. However, water sheds below the ground surface do not always coincide with the surface water shed and water can leak from one drainage basin into another, especially when there are steeply dipping sedimentary strata. Even surface water may cross, the watershed in exceptional cases, for example, in poorly defined basins in flat glaciated areas of the Canadian shield where bogs straddle the watershed (Jackie Smith, 1984).

समन्वित जल समेट द्वारा चारा, फसल एवं जलावनी ईंधन की प्रर्याप्त उपलब्धता होती हैं। ऐसे क्षेत्रों की अर्थव्यवस्था भी सुदृढ़ हो जाती है। जल समेट प्रबन्धन हेतु निम्नलिखित आवश्यक दशाओं की पूर्ति आवश्यक है–

1. सतही एवं भूमिगत जल का संग्रह हो।
2. संग्रहीत जल का समुचित संचालन हो।
3. भूमिगत जल का संयमित उपयोग हो।
4. जल समेट से जल संरक्षण प्रवृति के लिए नव जागृति उत्पन्न हो।

जल समेट प्रबन्धन का कार्य कृषि योग्य भूमियों में भू संरक्षण उपचार, मेड़बन्दी, सीढ़ीनुमा खेत बनाकर, घास युक्त जल क्षेत्रों एवं तालाबों का निर्माण करके किया

जा सकता है। ऐसे क्षेत्र जो कृषि अयोग्य हैं, वहाँ पर वृक्षारोपण, उद्यान विकास एवं चारागाह प्रबन्ध द्वारा प्रबन्धन लागू हो सकता है। नदी तट एवं जल बहाव के क्षेत्रों में सीमा बाँध का निर्माण करके एवं वृक्षारोपण की नीति से भू-क्षरण को नियन्त्रित किया जा सकता हैं। इसी प्रकार अनुपयोगी भूमियों पर समोच्च खाइयाँ बनाकर तथा उन पर पौधे रोपण कर भूमि सुरक्षा एवं जल उपचार हो सकता है।

13.7. जल संसाधन नियोजन (Water Resource Planning)

जल संसाधन का नियोजन बहुउद्देशीय योजनाओं के माध्यम से किया जा रहा है। बहुउद्देशीय योजनाएं दो प्रकार की होती हैं–

प्रथम–बहुउद्देशीय एकल विकास परियोजना (Multipurpose Single Development Project) : यह परियोजना सीमित क्षेत्र के किसी एक उद्देश्य की पूर्ति के लिए क्रियान्वित की जाती है।

द्वितीय–बहु उद्देशीय क्षेत्रीय विकास परियोजना (Multipurpose Areal Development Project) : यह परियोजना बड़े भौगोलिक क्षेत्रों के बहुत उद्देश्यों पर आधारित एवं क्रियान्वित होती है। बहुउद्देशीय परियोजनाओं के नियोजन में निम्नलिखित बातों पर विशेष ध्यान दिया जाता है–

1. परियोजना क्षेत्र से सम्बन्धित समस्त भौतिक, आर्थिक एवं सामाजिक विशेषताओं की आख्या प्राप्त करना।
2. हाइड्रोलाजिकल विवरण प्राप्त करना।
3. जल आपूर्ति सम्बन्धी ऑकड़े यथा-जल आपूर्ति के साधन, जल आपूर्ति परिवर्तन, जल गुणवत्ता एवं जल सम्बन्धी कानूनों की जानकारी प्राप्त करना।
4. डिजाइन एवं नियोजन सम्बन्धी सामान्य विचारों की जानकारी प्राप्त करना।
5. बाढ़ नियंत्रण के लिए बाढ़ की बारम्बारता एवं मात्रा, बाढ़ डिजाइन एवं बचाव सीमा तथा बाढ़ से हुई क्षति के ऑकड़े प्राप्त करना और नियंत्रण के तरीके अपनाना।
6. जल के कृषिक उपयोग की जानकारी प्राप्त करना।
7. जल विद्युत के वर्तमान उत्पादन, सम्भावित मात्रा एवं अन्य स्रोतों का पता लगाना।
8. जल यातायात सम्बन्धी तथ्यों की जानकारी प्राप्त करना।
9. घरेलू एवं औद्योगिक जल आपूर्ति सम्बन्धी ऑकड़े प्राप्त करना।

10. ज़ल का मनोरंजन के साधन के रूप में उपयोग करना।
11. मत्स्य एवं वन्य जीवों के ऑकड़े प्राप्त करना।
12. नदियों की प्रकृति एवं प्रणाली की जानकारी लेना।
13. जल गुण के नियंत्रण के तरीके ज्ञात करना।
14. आर्थिक विषयों का लेखा जोखा रखना।

भारत में जल संसाधन नियोजन पर तेजी से प्रयास किये जा रहे हैं। वर्तमान समय में पर्यावरण बचाओं समर्थकों द्वारा वृहद नदी घाटी परियोजनाओं एवं बांधों का विरोध किया जा रहा है। जल नियोजन में जल विभाजक प्रबन्धन जल समेट प्रबन्धन का कार्य भी महत्वपूर्ण हैं जिसमें 'गाँव का पानी गाँव में, 'घर का पानी घर में' तथा खेत का पानी खेत में' के सिद्धान्त से जल का संरक्षण किया जाता है। देश में लघु स्तर पर एक नदी बेसिन से जल को दूसरे क्षेत्र में भेजने का कार्य चल रहा है जिसमें निम्न परियोजनाएं उल्लेखनीय हैं–

अ. पेरियार डाईवर्जन कार्यक्रम

ब. करनूल कुडप्पा नहर

स. पराम्बीकुलम्–अलियार परियोजना

द. राजस्थान नहर

य. व्यास, सतलज लिंक

र. राम गंगा से गंगा में डाइवर्जन

भारत में जिन नदियों को जोड़े जाने का विचार चल रहा है वे इस प्रकार है–

- गंगा कावेरी को जोड़ना।
- ब्रह्मपुत्र गंगा को जोड़ना।
- गुजरात एवं पश्चिमी राजस्थान हेतु नर्मदा से नहर निष्कासन की योजना।
- मध्य राजस्थान में चम्बल से नहर निकालने की योजना।
- पश्चिमी घाट की नदियों से पूर्व की नदियों को जोड़ना।

भारत के दक्षिणी राज्यों में जल को शुद्ध करने की अलवणीकरण प्रक्रिया भी तेजी से चल रही है।

सम्भावित प्रश्न

1. भारत में जल खपत एवं जल संकट पर एक लेख लिखिए।
2. जल संरक्षण की आवश्यकता पर प्रकाश डालिए।
3. जल संरक्षण के वैज्ञानिक उपायों की व्याख्या कीजिए।
4. जल समेट प्रबन्धन के व्याख्यात्मक विवरण प्रस्तुत कीजिए।
5. जल संसाधन नियोजन के मुख्य सिद्धान्तों एवं पक्षों की अवधारणा से अवगत कराइये।

सन्दर्भ ग्रन्थ सूची
(BIBLIOGRAPHY)

1. Bruce, J.P. and Clark, R.H. 1996 : Introduction to Hydrology, Pergamon, Press.
2. Chow, V.T. 1964 : Hand Book of Applied Hydrology, McGraw Hill.
3. Klimentov, P.P. 1980 : General Hydrology, MIR Publishers, Moscow.
4. Raghunathan, H.M. 1985 : Hydrology, Wiley Eastern Limited.
5. Reddy, J.R. 1986 : A Text Book of Hydrology, Laxmi Publications, Delhi.
6. Sharma, R.K. : A Text Book of Hydrology and Water Resources.
7. Todd, D.K. 1959 : Ground Water Hydrology, John Wiley & Sons, Newyork.
8. Varshney, R.S. 1979 : Engineering Hydrology Nemechand and Brothers, Roorkee.
9. Ward, R.C. 1975 : Principles of Hydrology, McGraw Hill Book Company, London.